뇌를 아니?

뉴로피드백
Neurofeedback

느티나무가 있는 풍경

뇌를 아니?

뉴로피드백
Neurofeedback

초판 1쇄 발행 2022년 4월 11일

지 은 이 정은아 외
펴 낸 이 김희경
기획편집 이영희
디 자 인 오세은

펴낸 곳 느티나무가 있는 풍경
주소 경기도 남양주시 가운로4길 6-8 302호(다산동)
전화 031 · 555 · 6405 **FAX** 031 · 564 · 6405
출판등록 제399-2020-000042
ISBN 979-11-971341-7-3

뇌를 아니?

뉴로피드백
Neurofeedback

정은아 외 지음

느티나무가 있는 풍경

천사와 악마를
호르몬으로 만들 수 있다.

뇌를 아니?

천재를 만들 수 있듯
범죄자도 만들 수 있다.

서문

〈뇌腦를 아니?〉를 쓰며

내가 살아있다는 놀라운 생명현상이 내 안에 있다. 내가 살아있다는 것도 기적 같고, 내가 존재하는 지구라는 청빛별의 존재방식도 놀랍다. 원구형, 다시 말해 축구공 같은 지구라는 별의 표면에 물이 찰랑거리고, 축구공 표면에서 사람이 떨어지지 않고 살아가는 것이 신비롭다. 몸은 살아있는 생명체로서 전기작용에 의해 작동되고, 놀라운 물리적인 현상에 의해 생명이 유지되고 있다는 것이 기적 같다.

기적의 현장에 주인공으로 존재하는 것이 나다. 인간이다. 그리고 생명체다. 인간은 궁금함을 해부하기 시작했다. 파고들수록 기적은 더욱 기적 같았다. 인간을 움직이는 것은 전기다. 전기적인 신호에 의해 신경세포가 작동되고, 호르몬이 분출되고, 가동되기 시작한다. 지구는 평평한 들판 같은 것이라고 생각했던 것이 원구형으로 만들어져 허공에 떠있는 별이란 것에 놀라고, 지구가 중심인 줄 알았다가 지구는 태양을 중심으로 도는 행성에 불과하다는 것이 밝혀지듯 인간을 연구하면서 새롭게 밝혀지는 것에 의해 놀라워하고 있다.

지능은 타고나는 것이라고 배워왔다. 천재와 바보는 부모로부터 타고난, 고정된 것이라고 알고 있었다. 아니었다. 천재는 만들어질 수 있다. 범죄자들의 뇌도 태초에 만들어져 나온 줄 알았다. 그것이 아니었다. 다시 말하지만 천재는 만들어질 수 있다. 또한 범죄자도 만들 수 있지만 윤리적인 면에서 할 수 없다. 그래서 범죄자는 치료할 수 있다고 한다. 잘못을 모르는 범죄자는 죄인으로 취급할 것이 아니라 치료받아야 할 환자라는 생각으로 전환해야 할 때가 왔다.

정말 가능할까. 답은 가능하다. 명쾌하게 답할 수 있다. 하늘이 지구를 주위로 돈다는 천동설이 지구가 태양을 주위로 돈다는 지동설에 의해 인간의 의식이 확장되듯 천재는 만들어지고 죄에 대한 인식이 부족하게 만들어진 범죄자는 죄인이 아니라 치료받아야 할 환자라는 인식 전환의 때가 왔다.

내 아이를 사랑한다면 이 책을 끝까지 읽어라. 내가 세상의 중심에 서고 싶다면 이 책을 읽어라. 인간의 뇌에 대한 인식이 바뀔 것이고, 나의 뇌를 성장시키고 발전시켜 보다 나은 인생을 만들 수 있다. 치매로부터 자유로울 것이며 파킨슨병으로부터 자유로울 것이다. 또한 내 아이의 머리가 좋아지고 건강해져서 영향력 있는 아이로 성장할 것이다.

놀라운 세상이 기다리고 있다. 뇌는 살아있는 생명체와 같아 자극을 주면 성장한다. 뇌는 뇌파를 안정시키면 잃어버렸던 건강을 찾을 수 있다. 인간의 질병 중에서 외상을 제외하고는 대부분 뇌의 영향을 받는다. 뇌의 통제가 잘못되면 몸이 망가지고 병이 찾아온다. 우리는 흔히 장기가 독립적으로 작동하는 것으로 알고 있지만 위액의 분비도 뇌에서 통제하고, 위의 수축운동도 뇌에서 통제한다. 또한 위는 뇌에서 자극을 두려움으로 받아들이면 위가 경련을 일으키고 수축된다. 위경련도 뇌에서 통제를 받아 움직인다. 인간 신체는 뇌에서 지휘하고 뇌의 통제를 받는다. 건강을 지키려면 뇌를 알아야 한다. 모든 장기는 뇌의 통제권에서 벗어날 수 없다. 인간의 신체는 뇌에서 가까운 곳부터 가장 먼 곳까지 뇌의 영향권에서 벗어날 수 없다. 뇌가 만사다.

인간의 지능도 뇌의 영향권에 있다. 지능은 곧 뇌의 작동원리에 의해 확인받는다. 뇌를 운동시키고 학습시키면 뇌는 발전한다. 운동을 시키고 학습을 시키는 기법이 발명되었다. 아이의 성적이 오르고, 더 놀라운 것은 아이의 이성능력이 확대되고, 통제 못하던 감정을 통제하는 신비로운 변화가 일어나게 한다. 무엇보다 아이가 건강해진다. 아이의 문제가 아니라 모든 사람에게 공통적용 된다. 놀랍다. 놀라운 내용이 뇌 과학에 있다.

뇌는 만들어진다.
천재도 만들 수 있다.

프롤로그

뇌야, 놀자

내 아이를 영재로 만들 수 있다

세상에서 가장 신비한 존재는 무엇일까. 허공에 떠서 정확한 궤도를 유지하는 하늘의 별, 계절마다 정확하게 맞춰서 피는 꽃, 다시 봐도 신기할 정도로 아침마다 찾아오는 태양. 정말 신기하다. 신기한 일은 끝이 없다. 살아있는 생명현상의 놀라움. 세상은 기적으로 이루어진 기적의 마법 상자 같다. 우리가 사는 세상은 기적과 경이로움으로 가득 차 있다. 모든 것이 기적 같은 일인데 너무나 평범하게 받아들이고 산다. 진정으로 신비한 것은 다름 아닌 나다. 내가 지금, 여기에 존재하고 있다는 기적 같은 일이다.

내 안에는 우주의 원리가 그대로 들어있다. 태어나면서부터 지금까지, 더 정확하게 말하면 어머니의 뱃속에서부터 지금까지 심장이 뛰고 있다. 내 안에 생명현상이 존재하고 있다는 것도 신비로운 일이다. 지구라는 원구에 물이 찰랑찰랑 넘칠 듯이, 흘러내릴 듯이 존재하고 있다. 지구라는 특별한 곳에 생명들이 모여 사는 것도 놀랍다. 다시 말하지만 세상에서 가장 놀라운 일은 나란 존재가 존재하고 있다는 현상이다.

나를 구성한 것들 중 가장 신비로운 것은 생각이다. 생각이란 설명하기 어려운 현상이다. 내가 존재하고 있다는 기적 같은 일은 생각을 통해서 확인된다. 도대체 생각은 무엇인가. 사실 몸보다도 마음의 현상이 핵심이다. 동물적인 몸도 중요하지만 신의 영역으로 끌어올릴 수 있는 것은 마음이다. 사람을 사람답게 하는 것은 무엇보다도 생각의 출현이다. 감성과 이성, 그리고 판단과 결정을 하는 것이 마음이다. 마음을 만들어내고 있는 인간의 신체는 머리다. 머리는 곧 뇌다. 뇌는 놀라운 세상을 선물하고 있다.

우리는 흔히 '머리가 좋고 나쁘고'가 결정되어 태어난다고 생각해왔다. 명석한 아이와 우둔한 아이가 태어나는 것이라는 결정론에 입각해 생각해왔다. 결정론적인 결과가 아이의 지능이나 성격이라고 생각했다. 하지만 '아니다'가 정답이다.

뇌에 대해 20여 년간 연구해온 박병운 박사의 이야기를 들어보면 새로운 세상이 열린다. 뇌과학의 선구자인 박병운 박사의 이론이다. 문명 충돌의 대전환이 일어난다.

"뇌는 만들어진다. 영재와 범죄자도 만들어진다."

박병운 박사의 이론이다. 다시 말하지만 박병운 박사는 단언한다. 뇌는 만들어진다고. 영재와 범죄자도 만들어진다고 한다. 기본적인 인식의 틀을 바꾸어놓는 발언이다. 더욱 놀라운 것은 실제로 확인되고 결정되어지는 것을 체험할 수 있다는 점이다. 먼저 뇌는 얼마나 발달하는가에 대해서 실험한 것을 보자.

두뇌훈련으로 영재가 만들어질 수 있을까를 실험한 내용이다. 일반적으로 똑똑한 아이는 태어난 것이라는 생각을 뒤집어 놓는다. 경북대학교 체육교육과에서 실험을 했다. 대구 지역에 거주하는 유아들을 상대로 뉴로피드백Neurofeedback 두뇌훈련이 지능에 미치는 결과를 실험하기 위해 광고를 냈다. 많은 아이들이 응시를 했다. 5세에서 7세 사이의 유아들로 선별 구성을 맞췄다. 지능분포를 다양하게 해 30명을 선발했다. 훈련에 들어가기 전에 아이큐 검사를 했다. 선발된 30명의 평균 아이큐는 115점이었다. 훈련은 한국정신과 연구소에서 뉴로피드백 장치인 뉴로하모니를 가지고 두뇌 안정성을 높이는 훈련을 이틀에 15분간씩 실시했다. 시행기간은 3개월이었다.

30명 중에는 아이큐가 100 이하의 아이들도 있었고, 130 이상인 아이들도 있었다. 또한 주의력이 부족해 산만한 아이들도 있었다. 어떤 경우는 성인과 비슷할 정도의 집중력을 가진 아이들도 있었다. 결과가 놀라웠다. 예상은 했지만 결과가 보여주는 수치는 확실했다. 아이큐가 평균 10점이 올랐다. 많이 오른 아이는 20점이 올랐다. 불과 3개월 만에 평균 10점이 올랐다는 것은 경이로운 일이었다. 어디에서도 실현해내지 못한 대단한 결과였다. 지금까지 어떤 연구에서도 없었던 결과였다. 사람의 뇌는 태어나는 것이 아니라 개발되는 되는 것이라는 확실한 증거였다.

연구를 진행하는 과정에서 어려움도 있었다. 대부분의 아이들은 컴퓨터 게임과 비슷한 훈련프로그램에 재미있게 응했다. 컴퓨터게임에 익숙한 아이들이 단순한 훈련프로그램에 일찍 싫증내지 않도록 미리 아이들에게 뉴로피드백 훈련 프로그램이 컴퓨터게임과 비슷하나 두뇌를 훈련시키는 특수한 프로그램이기 때문에 게임프로그램으로 생각하지 않도록 주의를 주었다. 그럼에도 같은 게임을 한 달가량 반복하자 싫증을 내거나 짜증내기 시작했다.

아이들에게는 설득이 필요했다. 직접 아이들의 뇌파를 보여주고 자신의 뇌파가 변화되고 있다는 것을 보여주면서 격려해주는 것이 필요했다. 대체로 지능지수가 높고 뇌가 안정되어 있는 아이들의 뇌파는 낮고 고르게 분포되어 있었다. 반면 지능지수가 낮고 불안정한 뇌를 가진 아이들은 뇌파가 높고 산만하며 불균형적인 분포를 가지고 있었다. 그런 아이들이 한 달만 지나면 뇌파가 안정적으로 바뀌었다.

한 달이 지나자 싫증내고 짜증을 내면서 훈련하기 싫어하는 아이들에게 자신들이 변화하는 것을 보여주자 신기해하며 아이들이 변하기 시작했다. 자신의 머리가 좋아지고 있다는 것에 만족해했다. 놀라운 변화는 산만한 아이들이 차분해지고 지구력과 집중력이 증가했다. 그리고 한 가지 일에 진지하게 오랫동안 집중하는 경향이 나타나기 시작했다.

분명한 훈련의 효과였다. 변화에는 차이가 있었다. 지능지수가 높은 아이들에게서 먼저 변화가 시작되었다. 지능지수가 높은 아이들의 학습효율이 높아졌다. 두 달이 지나면서 지능지수가 낮고 주위가 산만한 아이들에게도 분명한 변화가 나타나기 시작했다. 학습태도도 좋아졌다. 산만한 행동도 눈에 띄게 사라졌다. 그리고 3개월 뒤에 훈련을 마치면서 다시 아이큐 검사를 했다. 앞서 설명한 대로 평균 10점이 올랐다. 그리고 많이 좋아진 아이는 무려 20점이 올랐다. 반갑고 고마운 결과였다. 사람의 지능지수와 성격은 타고나는 것만이 아니라 훈련을 지속적으로 하면 변할 수 있다는 놀라운 결과였다. 이 결과를 미국 심리학회에 보고했다.

사사로이 볼일이 아니다. 뇌에 의해서 성격이 결정된다는 것은 일반적이지만 뇌파훈련을 통해서 성격이 달라진다는 것은 생소하다. 정말 가능할까. 훈련의 결과는 큰 변화를 가져왔다. 산만하고 어수선한 아이가 참하고 집중력을 보이는 아이로 변화했다. 집중력이 없는 아이가 집중력이 생기고, 산만한 아이가 차분해지는 놀라운 변화가 찾아왔다. 성격도 변했다. 감정조절이 되지 않아 화를 쉽게 내고, 언제 그랬냐는 듯이 금방 잊어버리는 아이가 감정조절을 하는 아이로 변화했다. 타인을 이해하는 아이로 변했다. 뉴로피드백은 놀라운 결과를 보여주었다.

결국 사람은 뇌의 영향을 직접 받는 존재였다. 뇌파를 조정해주는 훈련만으로 사람의 지능지수가 올라가고 성격이 바뀌는 놀라운 변화를 발견했다. 타고난 천재가 있고 타고난 둔재가 있다는 것이 상식인 세상에서 새로운 발견이다. 지능지수가 떨어지는 아이도 훈련을 통해 수재가 될 수 있고 천재가 될 수 있다는 것을 증명한 것이 뉴로피드백이다.

또한 산만한 아이가 차분한 아이가 되고, 감정을 조절하지 못하는 아이가 감정을 조절해 이성적인 행동을 하는 아이로 발전하는 것을 확인한 실험이었다. 사람의 감정조절이나 이성도 뇌의 영향권에 있다는 것을 실증한 사례다. 뇌를 훈련시킬 수 있다면 얼마든지 긍정적인 방향으로 발전시킬 수 있음을 보여주는 것이 뉴로피드백이다.

반대로 포악한 사람을 만들거나 영재를 둔재로 만드는 것도 가능하다는 등식이 성립한다. 범죄를 저지르는 사람도 뇌의 영향에서 왔다고 보는 것이 타당하다. 죄의식을 느낄 수 없는 뇌구조가 있다. 타인의 감정을 이해하는 것은 생각에서 온다. 생각의 핵심은 상대의 마음을 파악할 수 있는 능력이다. 뇌에 이상이 생기면 판단능력이 떨어진다. 판단능력이 떨어진 사람이 상대의 마음을 읽지 못하고 자신만의 입장만으로 볼 때 범행도 일어난다. 뇌의 영역은 일반적으로 생각하는 것보다 훨씬 크고, 깊은 곳까지 영향을 준다.

뇌는 인간의 전반적인 활동영역뿐만이 아니라 정신영역을 지배한다. 뇌가 가지는 영역은 인간 진화와 맞물려있다. 지금 인류는 첨단기술과 문화혁명을 경험하고 있다. 인류에게 내려진 숙제 중에 뇌에 대한 영역을 이해하고 발전시킬 수 있는 뇌과학의 세계에 들어왔다. 뇌를 지배하는 자가 세상을 지배할 것이다. 뇌를 이해하는 자가 세상을 이해할 것이다. 인간 이해도 뇌에서 찾을 수밖에 없다. 뇌는 인간의 중심이고 뇌는 인간을 움직이는 사령부이기 때문이다.

반 전체의 학습 분위기도 바꿀 수 있을까?

학습 분위기는 반 전체가 변해야 가능하다. 반마다 다르다. 담임선생님의 영향도 있고 반원을 구성하는 학생들에 의해서 좌우되기도 한다. 특별한 몇몇의 독특한 아이에 의해서 분위기가 깨지기도 한다. 실제로 실험을 했다. 변별성을 확인하기 위해서 한 반 만을 선택해 뉴로피드백 훈련을 실시했다.

뉴로피드백 훈련을 하는 뉴로반 아이들을 관찰했다. 한 달 후 반 전체 분위기가 달라지기 시작했다. 아이들 특유의 산만함과 부산스러움이 사라지기 시작했다. 집중력과 차분함, 그리고 침착함까지 보이기 시작했다. 아이들의 순간 집중력은 아주 경이적인 변화를 보였다. 반 전체 아이들이 일순간 아주 평온하면서도 깨어있는 듯한 느낌을 주었다. 가르치는 선생님도 기분이 좋아지고 아이들은 집중하면서 소통이 되는 학습 분위기가 만들어졌다. 선순환이 진행되어 더없이 진지한 학습 분위기가 만들어졌다.

한국인들은 유난히 성적에 매달린다. 성적 향상이 부모로서의 역할 중 최대의 목적인 듯하다. 한국의 엄마들은 극성이라고 할 수 있을 정도로 성적에 매달린다. 경쟁사회에서 살아남게 하기 위해 부모로서의 관심이 도를 넘을 정도로 집착한다. 좋은 성적, 좋은 학교를 고집하는 한국의 엄마들에게 뉴로피드백은 경사다. 일본 도쿄대학에서 실시한 뉴로피드백 훈련 예에서 확인된다. 학생들에게 일주일에 불과 15분 훈련을 실시했다. 기간은 9개월이었다. 기간은 시간에 비해 긴 편이었다. 그럼에도 의미 있는 결과가 나왔다. 일주일에 15분은 정말 적은 시간이다. 결과는 이렇다.

참여한 학생의 90%가 성적이 향상되었다. 놀랍지 않은가. 15분 공부를 줄여서 뉴로피드백을 했다면 반대로 성적이 떨어져야 하는 것이 정상이다. 하지만 예상을 훨씬 뛰어넘은 수치인 90%가 성적이 향상되었다. 훈련을 통해서 공부를 잘하고 성격을 바꿀 수 있다는 것은 변하게 한 요소가 있기 때문에 가능했다. 뇌를 변하게 하는 요인이 무엇일까. 지금까지는 아니었지만 지금부터는 가능한 세계다.

이유는 자명하다. 지금까지 뇌는 분석하는 세계가 아니었다. 뇌는 교육되는 것이 아니라 탄생에서부터 이어져 오는 것이었다. 뇌는 성장하는 것이 아니라 유전적으로 받고 태어난 것을 이용하는 것이었다. 하지만 지금부터는 달라져야 한다. 뇌과학의 역사는 오래 되었지만 일반인들의 인식은 아직도 뇌는 타고난다는 인식에서 벗어나지 못하고 있다.

뇌가 결국은 사람을 만든다

뇌가 변할 수 있다고 했다. 뇌가 변할 수 있는 영역이 어디까지일까. 생각보다 넓고 깊다. 단순무식하게 생각하면 답이 쉽게 보인다. 복잡함을 단순함으로 만들 수 있다면 일단 큰 성공이다. 혼란을 하나의 원리로 단순화할 수 있게 되는 순간 상황파악이 가능해진다. 마찬가지 원리다. 성격은 타고난다고 한다. 인정한다. 하지만 변화시킬 수 있다가 또 다른 정답이다. 타고난 것을 바꿀 수 있을까. 가능하다가 답이다.

앞에서 이야기한 것과 같이 단순하게 생각해 보자. 사람에게는 호르몬이 있다. 단순하게 남성에게는 남성호르몬이, 여성에게는 여성호르몬이 있다. 남성에게는 남성호르몬만 있을까. 아니다. 여성호르몬이 공존한다. 남성을 남성답게 해주는 남성호르몬의 분비량이 변한다면 사람은 변할까, 변하지 않을까. 누구나 잘 알고 있다. 변한다. 갱년기를 겪으면서 남성에게는 여성호르몬 양의 비율이 늘고, 여성에게는 남성호르몬의 양의 비율이 는다. 호르몬 분비량이 남성이 여성적인 경향을, 여성이 남성적인 경향의 성격으로 변화시킨다는 것은 알려진 사실이다.

갱년기를 지나면서 남성이 수다스러워지고 집안에서 나가는 횟수가 줄어든다. 여성은 밖으로 나가려 하고 활달해진다. 여성은 생리 전에 신경이 날카로워지고 감정의 변화가 커진다. 무엇 때문일까. 호르몬의 영향이다. 그렇다면 호르몬의 양을 조정하는 것이 무엇인가. 뇌다. 호르몬을 직접적으로 조절할 수 없다면 뇌를 자극해서 호르몬을 인위적으로 조절한다면 성격도 변할 수 있다는 가정이 성립된다. 가능할까. 가능하다가 정답이다.

목차

2장 뇌 과학

뇌는 기적이다.
인간의 사랑, 기쁨, 행복,
그리고 눈물, 고통, 슬픔을
뇌가 생산한다.

뇌 신비

1 장

1. 뇌는 거대한 신비다

뇌는 기적이다
인간은 뇌에서
작동하고 소멸한다

뇌가 먼저냐, 마음이 먼저냐, 뇌가 마음이냐는 여기에서 논의할 내용이 아니다. 뇌의 영향권에 몸과 마음이 들어있음은 확실하다. 몸의 지배자인 뇌의 역할은 적어도 인체 내에서는 방대하다. 온몸을 움직이게 하는 신경계, 오장五臟과 육부六腑를 움직이게 하는, 그리고 남자를 남자답게 하고, 여자를 여자답게 하는 호르몬이 뇌의 직접적인 영향권에 있다. 오장은 간장, 심장, 비장, 폐장, 신장을 가리킨다. 육부는 대장, 소장, 위장, 담낭, 방광, 삼초를 가리킨다. 몸에서 신경계가 마비되면 몸은 더 이상의 기능이 멈추어버린다. 혈관이 막히면 영양분과 산소 등을 공급할 수가 없어 몸의 역할은 정지된다. 또한 호르몬이 정상적으로 분비되지 않고, 운반되지 않으면 육체는 정상적인 작동을 멈추어 버린다. 또한 감정의 기복이 심해지고, 감정조절능력이 떨어지고, 성장과 분비액의 이상으로 장기도 정상 운영이 되지 않는다. 기본적인 것들이면서 가장 중요한 것들이 머리, 즉 뇌에 들어 있다. 뇌의 중요성은 거듭 주장해도 무리가 아니다. 지휘계통이 문제가 되면 인간의 몸은 오케스트라의 단원들이 지휘자의 통제가 없이 각자 연주하는 것과 같은 상황을 만나게 된다. 대부분의 병의 시작도, 대부분의 장기의 작동도, 대부분의 생각과 마음의 안정도 뇌에서 작동시킨다.

손끝에 마비가 온 것도 뇌에서, 가장 먼 발가락의 움직임이 원활치 못한 것도 뇌에서 정상적으로 신경계통으로 명령을 내리지 못했기 때문이다. 외과적인 문제가 아닌 것은 대부분이 뇌의 영향을 받아서 작동된다. 뇌를 먼저 바르게 만드는 것이 필요한 이유다. 뇌는 장기의 모든 것이다.

좀 더 자세하게 알아보자. 통신역할을 하는 신경은 신경세포와 신경줄기세포로 구성되어 있다. 전기선처럼 직접적인 신경선이 있어 연결되는 것이 아니라 무선과 유선을 함께 받아들인 신호체계에 의해 작동되어 복잡하고 설명이 어렵다. 전문적으로 들어가는 순간 일반인들은 머리에 지진이 난다. 흐름만 이해하는 것으로 넘어가야 한다. 전문가 수준은 전문가들의 영역에서 확인하기 바란다. 그래도 기본은 공부해야 이해되지 않겠냐고 하시는 분을 위하여 살펴보자.

"뇌세포의 신경원Neuron은 신경계의 구조 및 기능상의 기본 단위다. 세포체와 돌기로 구성되어 있다. 신경교세포Glial cell는 성상교세포, 희돌기세포, 소교세포, 상의세포 등이 있으며 신경원 세포를 유지하면서 영양을 공급한다. 수초를 형성하고 항상성을 유지하며 신경 신호 전달에 기여한다."

읽는 순간 책을 덮어버리고 싶어진다. 이건 아니다 싶다. 다시 쉬운 방향으로 길을 찾아든다.

신경의 주된 역할은 통신이다. 혈관이나 호르몬 분출보다 빠르다. 뇌는 정말 복잡하다. 1천억 개의 뉴런이 100조 개의 개별 접속으로 서로 얽혀 있다. 개별접속이라는 것도 신비로운 접속방법이다. 직접적인 연결이 아니라 공간이 비어있는 상태에 전기 작용에 의해 무수한 화학 반응이 일어난다. 매초마다 무수한 화학 반응이 일어나서 조절하고 통제되어 움직인다. 능률적이고 집중적으로 작동한다. 실제로 뇌는 인간의 몸이 소비하는 에너지의 20% 정도를 소모한다. 뇌는 쉬지 않고 가동되는 화학공장과 기계설비가 가득한 곳으로 이해하면 에너지 소모량이 많은 것이 이해된다.

신경세포의 핵심인 뉴런은 어떻게 생겼을까. 실 가닥을 펼친 자루걸레 모양이다. 자루걸레의 손잡이는 축삭軸索axon이며 실 가닥은 수지상 돌기dendrite다. 실 가닥과 자루는 세포체cell body에 붙어 있다. 축삭은 전선, 수초는 전선을 피복하는 절연성 전선 껍질로 이해하면 된다.

뉴런은 종류가 다양하다. 하지만 기본적인 구조는 모두 동일하다. 뉴런 사이 통신을 전달하는 방법은 한 가지가 아니라 여러 가지 방법을 종합해서 작동시킨다. 전기, 화학, 통신, 언어로 메시지를 전달한다. 상호 대화해서 작용한다. 한 방향으로 작동하는 일방적인 전달이 아니라 상호 주고받는 교환방식이다.

신호체계를 살펴보자. 놀라지 마시라. 인간의 몸속은 마치 전쟁터와 같다. 천둥번개가 치고 거대한 화학공장 같은 모습이다. 뉴런 간의 대화는 번개 같은 전기 화학적 신호로 이루어진다. 인간이 보고 듣고 느끼는 것들이 신호체계로 전달되어 생각하고, 근육이 이완되기도 하고 수축되기도 하며 경련을 일으키기도 하는 것이 '번개 같은 전기 화학적 신호'로 이루어져 있기 때문이다. 생명은 신기하고 생각의 전달은 더 신기하다. 사랑하고 미워하는 감정도 '번개 같은 전기화학적 신호'에 의해서 만들어지고 이루어진다는 것에 난감해지지만 사실이다.

결론적으로 뉴런의 상호작용에 의한 신호를 서로의 축삭에 전송해서 메시지를 전달한다. 자극을 받은 신경은 즉시 자신을 충전시켜 축삭을 통해 신호를 보낸다. 전기신호로 보내고 다시 전기신호로 받는다. 일단 수신된 신경 충동은 뚜렷한 방향, 즉 수지상 돌기에서 축삭의 말단 쪽으로 보내는데 시속으로는 320km 정도 된다. 자극이 축삭 끝에 도달하면 뉴런은 이웃한 뉴런에게 신경 자극을 다시 전달한다. 뉴런과 뉴런 사이에는 연결망이 없다. 떨어져 있는 공간이다. 공간의 간격은 백만 분의 1인치다. 미터단위로 환산하면 0.00000254cm 정도 된다. 이해하기도 쉽지 않은 길이다. 비어있는 미세한 공간을 시냅스라고 한다. 신경 자극은 시냅스를 넘어야 이웃 신경에게 신호를 전달할 수 있다. 뉴런과 뉴런 간에 10만개의 시냅스를 형성하기도 한다. 전달방식은 통상 1:1의 통화 방식이 아니라 1:99998의 그룹 발송 형식이다.

이해가 쉽지 않다. 앞서 말한 바와 같이 정말 이해하기 어려울 만큼 복잡하고 세밀한 구조로 만들어져 있다. 생명현상은 알면 알수록 미궁으로 빠져들게 한다. 특정 신호가 신경 끝에 도달하면 신호전달을 위한 화학 물질이 시냅스로 쏟아져 나와 백만 분의 1인치의 좁은 틈을 건너 이웃한 신경 세포 수용체에 전달된다. 충분한 양의 신경 전달물질이 충분한 숫자의 수용체와 결합하면 이웃 신경 세포는 비로소 메시지를 전달 받은 것이다. 메시지를 접수한 이웃 신경세포는 즉시 번갯불을 번쩍이며 점화된다. 즉 신호를 전달 받은 신경이 작동되며 또다시 이웃한 신경에게 자신이 받은 신호를 전달하는 방법으로 전기를 발생시킨 것이다.

놀라지 마시라. 뇌가 신체에 특정한 내용을 지시할 때마다 같은 일들이 초당 수백만 번 반복된다. 초당 수백만 번을 상상해 보시라. 전문가가 되고 싶은 사람이 아니라면 그냥 넘어가면 된다. 뉴런이 꼬인 곳이나 접힌 곳에는 다른 종류의 세포들이 숨어있다. 신경교세포glial cell 다. 신경계 세포는 신경의 발판 기능을 하며 뉴런 1개마다 약 10개씩의 신경교세포가 자리 잡고 있다. 신경계세포는 신경 조직의 결합, 지지, 영양 공급 등을 담당한다. 단어도 생소하고 어렵다. 지금부터는 어렵게 풀지 않고 누구나 이해할 수 있도록 쉽게 풀어갈 것을 약속한다.

뇌는 몸 전체를 관장한다

뇌는 복잡하고 거대한 조직을 일사불란하게 움직이게 하는 지휘자다. 각기 다른 악기를 가진 다른 연주자들의 연주를 하나의 음악으로 완성시키는 오케스트라의 지휘자와 같다는 설명을 한 바 있다. 지휘자가 없다면 다른 악기와 독립된 단원들이 연주하는 것은 소음에 불과하다. 연주가 시작되기 전 잠시 각자의 악기를 점검하기 위해 연주할 때는 시끄럽고 정신이 없다. 지휘자가 지휘봉을 들고 지휘를 시작하면 각기 다른 소리를 내는 악기들은 조화롭게 하나의 음률을 가진 음악으로 만들어진다.

뇌는 오케스트라와는 비교가 되지 않을 정도로 복잡하다. 작동원리나 조직도 훨씬 다양하고 세밀하게 작동한다. 수적인 면이나 세밀한 부분에서 오케스트라와는 비교가 되지 않는 보다 정밀한 체계를 가지고 있다. 난해하고 어수선해 보이지만 일정한 체계를 가지고 있다. 뇌는 전략을 가진 군사지휘체계를 닮았다. 수많은 신경 세포들이 서로 정보를 주고받아 척수와 같은 중추신경부터 손끝과 피부의 말초신경까지 뇌에서 제어한다. 손가락을 까닥거리고 빠르거나 느리게 걷는 것도 모두 뇌가 손과 다리에 시킨 일이다. 심지어 눈의 깜빡임까지 뇌에서 관장한다. 뇌는 성격이 포악해지고 부드러워지는 것까지 관장한다. 뇌를 바꾸면 성격도 바뀔 수 있다는 것을 뇌의 역할에서 확인할 수 있다.

인간의 뇌는 최초의 단세포에서 시작해 조금씩 발전하고 커지면서 현재의 상태를 가지게 되었다. 뇌는 몸무게의 100분의 2 정도 된다. 작지만 엄청난 양의 일을 수행하는 뇌의 작동으로 표정만 보고도 친구의 마음을 이해하고, 다른 사람을 감동시키는 그림을 그릴 수도 있다. 물속을 잠행하는 잠수함도 만들고, 우주선을 쏘아 올리고, 도시를 건설하고 미래를 예측할 수 있는 역할도 갖는다.

뇌는 여러 공동체가 다시 하나의 커다란 공동체로 통합되어 있는 구조다. 뇌의 각 부분들은 하는 일이 나뉘어 있다. 사물을 보고, 소리를 듣고, 감정을 느끼는 부분이 다르다. 정보를 저장하는 역할도 특정 부위에서 주관한다. 놀라운 것은 각기 다른 행동과 생각을 동시에 수행할 수도 있다. 밥을 먹으면서 티브이를 시청하고, 함께 식사하는 사람과 대화를 한다. 놀라운 능력이다. 다기능을 가진 뇌는 동시에 다른 행동을 할 수 있다. 행동과는 다른 생각까지도 실행할 수 있는 능력을 가진 기관이다.

몸에서 일어나는 대부분의 일을 지휘하는 뇌는 크기는 작아도 우리 몸이 사용하는 전체 에너지로 볼 때 부피 대비 10배나 된다. 다른 기관보다 일을 10배 많이 하고, 복잡한 임무를 수행하기 때문이다. 뇌를 활성화시키려면 세포를 만드는 단백질과 뇌를 움직이는 연료가 필요하다. 뇌는 전체를 파악해서 원활하게 지휘하기도 하지만 지휘체계가 무너져 혼란을 겪게 하기도 한다.

예를 들면 청소년기의 뇌는 80% 정도만 완성된 상태다. 뇌는 항상성을 가지고 안정되게 몸과 마음을 관리하지만 지나치기도 해서 중독되게 하기도 한다. 호르몬 편에서 다시 자세하게 다루겠지만 청소년기의 아이들이 흥분하거나 화를 내고 반항적인 생태를 갖는다. 게임과 같은 중독에 쉽게 빠진다. 청소년기 아이들의 뇌는 도파민의 양을 조절할 능력이 부족한 것이 원인이다. 조절이 원활하지 못해 과다 분비하게 되면 중독에 빠질 수 있다. 도파민을 적절히 조절해서 분비하지 못하기 때문이다. 도파민은 사람을 행복하게 해주는 호르몬이다. 도파민은 즐거울 때 분비되는데 뭔가에 빠지면 계속해서 분비된다. 하나에 빠지게 한다. 즐거움을 주는 것에 자연스럽게 몰입하게 되는데 그것이 바로 중독이다.

도파민Dopamine은 동물들의 중추신경계에서 발견되는 호르몬이나 신경전달물질이다. 뇌신경세포 사이에 신호를 전달하기 위해 분비되는 신경전달물질 중의 하나다. 넘치면 중독되고 모자라면 우울증이 오기도 한다. 넘쳐도 문제, 모자라도 문제다. 그래서 뇌는 일정한 상태를 유지해야 한다. 그것을 지휘 통제하는 곳이 바로 뇌다. 뇌를 알면 자신을 이해하게 되고 뇌에 더욱 흥미가 생긴다. 뇌는 건강을 유지하기 위한 출발이자 마지막이다. 또한 뇌는 종합지휘통제소다.

뇌는 인간의 중심이고,
인간을 지휘하는 총사령부다.
뇌가 무너지면 인간은 없다.

2. 뇌를 아니?

대뇌 소뇌 뇌간

어려운 과제다. 뇌가 그렇다. 내가 나를 알까. 어렵다. 어려운 것은 뇌가 담당하고 있다. 내가 누구인가를 생각하고 있는 기관은, 당연히 뇌다. 뇌는 우선 대뇌, 소뇌, 뇌간을 설명해야 한다. 뇌가 관장하는 가장 중요한 세 가지를 담당하고 있기 때문이다. 첫째 생각하는 대뇌大腦cerebrum, 둘째 운동을 조절하는 소뇌小腦cerebellum, 셋째 생명을 유지하는 뇌간腦幹brain stem이 있다. 뇌간은 순간 어렵게 느껴지지만 줄기 간幹자를 써서 뇌간이고 뜻을 그대로 받아 뇌줄기라고 한다. 이것보다 더 중요한 것이 있으면 나와 보라고 해라. 그렇다고 다른 부분이 중요하지 않지 않다는 것이 아니다. 들어보면 아하, 한다. 뇌간, 즉 뇌줄기에는 중간뇌가 있다. 중간뇌中間腦midbrain, mesen-cephalon는 시각과 청각 신경이 지나는 곳이며 대뇌가 중요한 일에 집중할 수 있게 도와준다. 그리고 교뇌腦橋pons가 있다. 어렵게 느낄 필요가 없다. 다리 교橋자를 써서 다리뇌라고도 한다. 교뇌는 중간뇌와 숨뇌, 소뇌를 다리처럼 연결해준다. 숨뇌medulla, myelencehalon도 있다. 말 그대로 호흡을 관장하고 심장박동, 소화 등을 조절하는 기능을 가지고 있다. 모두 생명유지 기능을 담당하는 핵심적인 기관이다.

근원적이고 원초적인 역할을 담당하고 있다.

보다 세부적으로 들어가 보자. 이유가 있다. 뇌의 역할을 알면 바로 뇌로 인한 문제점을 알아낼 수 있다. 뇌가 정상적이지 않으면 문제가 생기고, 문제가 곧 질병으로 연결될 수 있다. 인간에게는 뇌가 절반이 넘는 역할을 수행하고 있다. 뇌가 총사령부로 생각을 담당하고 있다면 뇌에 문제가 생길 경우 당연히 존재 자체에 문제뿐 아니라 몸과 마음이 정상적인 작동을 하지 못한다는 것을 의미한다. 뒤집어서 말하면 뇌를 알고 뇌가 정상적으로 작동되게 한다면 문제가 없다는 것도 성립된다. 그런 의미에서 뇌의 역할에 대해 살펴볼 필요가 있다.

부분별로 살펴보자. 대뇌는 척수와 함께 우리 몸의 중추신경계에 속하는 뇌로 신체 각 부분을 통솔하는 기관이다. 척수를 뇌로 이야기하기도 한다. 뇌는 약 천억 개의 신경세포들이 끊임없이 정보를 교환하여 근육과 심장, 소화기관 같은 모든 기관의 기능을 조절한다. 무엇보다 생각하고 기억하고 상상하는 등 인간의 복잡한 정신 활동의 주요 공간이다.

대뇌는 생각하는 뇌라고 할 수 있다. 인간의 뇌 중에서 4분의 3을 차지하는 가장 큰 대뇌는 좌우 두 개의 반구로 이루어져 있으며 넓게는 사이뇌까지 포함시켜 말하기도 한다. 얼마나 중요한 역할을 하는지 보라. 사고와 언어, 감정과 기억 등 고등한 정신 활동을 담당한다. 고등동물일수록 크게 발달되어 있다. 특히 인간의 뇌는 다른 어떤 동물보다도 크고 표면에 주름이 많다.

소뇌에 대한 내용이다. 운동을 조절하는 소뇌는 대뇌보다 뛰어난 부분이 있다. 100m 달리기의 출발 신호 시에 소뇌는 대뇌가 출발 신호음을 인지하는 것보다 빠르게 반응하여 신호와 함께 선수가 몸을 일으켜 앞으로 달려 나가게 한다. 머리 뒤쪽에 있는 소뇌는 150g 정도로 작으며 표면에 있는 자잘한 주름이 특징이다. 평형기관에서 전달된 정보를 바탕으로 몸의 균형을 유지하며 대뇌겉질이 내린 운동 지시가 제대로 이루어지도록 우리 몸의 근육을 선택하여 어느 정도 움직이게 할지를 판단한다. 운동선수들이 보통 사람들보다 훨씬 빠르고 정교하게 움직일 수 있는 것은 체력 단련을 하는 동안 소뇌가 함께 발달한 덕분이다. 달리 말하면 소뇌를 발달시킬 수 있으면 운동신경도 발달하게 된다.

이번에는 생명을 유지하는 뇌간, 즉 뇌줄기다. 뇌간은 뇌에서 대뇌와 사이뇌, 소뇌를 제외한 나머지 부분을 이르는 말로 대뇌와 척수 사이를 연결한다. 대뇌나 소뇌가 의식적인 활동을 조절하는 반면 뇌간은 호흡과 소화, 혈액 순환 등 무의식적인 생명 유지 기능을 담당하기 때문에 '생명의 뇌'라고 한다.

뇌간은 중간뇌와 다리뇌(교뇌), 숨뇌(연수)로 구성되어 있다. 뇌의 정중앙에 위치한 중간뇌는 눈의 운동과 눈동자의 크기를 조절하고, 아래쪽의 다리뇌는 중간뇌와 숨뇌를 소뇌와 연결해 준다. 숨뇌는 호흡과 순환을 조절하며 침 분비, 하품, 재채기와 같은 무의식적인 활동을 일으켜 몸의 상태를 일정하게 유지하는 기능을 한다.

대뇌겉질의 표면적은 본래 신문지 한 장 정도의 넓이로 머리뼈 안에 양 주먹을 합한 정도의 크기로 쭈글쭈글하게 뭉쳐져 있다. 대뇌는 전두엽(이마엽), 두정엽(마루엽), 측두엽(관자엽), 후두엽(뒤통수엽), 4개의 엽葉으로 나뉘며 저마다 다른 기능을 담당한다.

대뇌의 4개 영역은 많이 다루므로 살펴본다. 전두엽은 사고와 언어, 감정, 의식적인 운동을 담당한다. 두정엽은 몸의 여러 감각들을 인식하고 종합한다. 측두엽은 청각 조절 중추가 있으며 인지와 기억 기능을 조절한다. 마지막으로 후두엽은 눈으로 들어온 시각 정보를 분석한다.

또한 학습과 기억 기능은 주로 대뇌의 해마가 관여하고, 항상성의 유지는 자율신경계 및 호르몬 분비를 통한 대사 조절, 체온과 일주리듬 circadian rhythm의 유지, 갈증, 굶주림, 피로의 조절 등 기초적인 신체 대사를 유지하고, 주로 시상하부에서 이루어진다. 빼놓을 수 없이 중요한 것으로 호르몬의 분비는 주로 뇌하수체에서 일어나는 기능으로 신체 대사 및 생식과 관련된 여러 호르몬을 분비한다. 일주리듬은 환경의 주기적 변화를 배제한 항상상태恒常狀態 아래에서 1일 주기로 변동하는 생명 현상으로 생명이 있는 한 유지된다.

뇌의 기능은 크기에 비례하지 않는다. 펜필드의 뇌 지도라는 것이 있다. 1930년대부터 1950년대까지 캐나다 맥길대학교McGill University에서 일했던 신경외과의사인 와일더 펜필드Wilder Penfield는 뇌수술 환자의 피질을 전기적으로 자극하면서 체감각피질의 부위와 반응하는 신체부위를 관찰하여 신체지도를 만들었다. 신체지도에서 두드러진 특징은 뇌의 피질에 신체가 순서대로 배치되지 않는다는 점과 해당 피질 부위가 신체 크기에 비례하지도 않는다는 점을 확인했다. 몸에서 특히 많이 사용하는 손, 입술, 혀 등의 부위가 다른 신체부위에 비해 감각피질에서 큰 부분을 차지하고 있다는 것을 발견했다. 많이 사용하고 정밀한 것을 요구한 곳이 뇌에서도 발달했다는 것을 보여준다.

뇌는 내용을 이해할 수 있을 정도, 다시 말해 내용을 파악하기 위한 정도까지 소개하려 한다. 그리고 뇌 부위의 역할을 알아야 하는 이유가 있다. 뇌의 역할을 알아야 뇌 교육이나 뇌치료가 가능하고, 자신이 가지고 있던 다른 세상이 이미 상당 부분 와 있다는 것을 깨닫고 새로운 길을 선택해 나갈 수 있기 때문이다. 뇌 훈련을 하면 뇌 건강이 찾아오고, 뇌 건강이 대부분의 질병과 관계가 있다는 것을 깨닫게 된다. 뇌 훈련을 하면 아이의 성적을 올릴 수 있고 어른의 기억력을 되돌릴 수 있고 건강을 찾을 수 있다. 작은 선택이 큰 변화를 이끌 수 있는 길을 알게 되기 때문이다. 그러기 위해서 뇌의 역할을 알아야 한다.

전두엽

뇌에서 대뇌가 가장 크고 중요한 역할을 한다. 대뇌에서 종합지휘소 역할을 하는 곳이 전두엽이다. 전두엽前頭葉/frontal Lobe은 지휘하는 뇌다. 판단하고 분석하고 지휘하는 몸의 총사령부다. 대뇌에서 가장 큰 피질이고 모든 감각이 모이는 곳이다. 대략적인 역할은 언어기능, 감정과 논리적 사고 등의 판단이다. 추리, 계획, 운동, 감정, 문제해결에 관여하는 핵심 부분이다. 특히 전두엽의 앞쪽 부위에 위치한 전전두피질에서는 기억력, 사고력 등의 최고로 높은 단계의 생각을 관장하며 다른 연합영역으로부터 들어오는 정보를 조정하고 행동을 조절한다. 한 마디로 종합통제소다.

핵심 중에 핵심 기관이다. 뇌 중의 뇌다. 사회성과 운동신경을 모두 좌우한다. 선천적 또는 후천적으로 전두엽에 조금이라도 손상이 가면 인간으로서 역할을 제대로 하기 어렵다. 당장 감정조절능력이 떨어지고 판단능력이 떨어진다. 자폐성 장애도 전두엽의 선천적 결함에서 오는 것으로 밝혀졌다.

전두엽이란 이름은 한자에 그대로 담겨있다. 머리 앞에 있어서 전두엽이다. 정확히는 대뇌 피질의 중간에 있는 중심구central sulcus의 앞쪽, 실비우스열sylvian fissure의 위쪽에 존재한다. 이렇게 설명하면 독자들이 화를 낼 것 같다. 앞머리라고 번역하는 것이 이해가 빠르다. 앞짱구라고 할 때의 튀어나온 부분이라고 이해하면 더 쉽다. 전두엽은 뇌의 깊숙한 곳, 즉 변연계를 포함하지 않는다. 이렇게 설명을 더해도 불만일 것이다. 글은 쉬워야 제 맛이 난다. 전두엽은 영장류, 특히 인간의 경우 발달되어 있는 특별한 부분이다. 전문가의 영역이 아니라 뇌를 이해하는 정도로 만족해야 하는 것이 이 책의 목표다.

전두엽은 주로 합리적 판단과 대인관계능력, 실행 능력을 담당한다. 뇌과학자들은 흔히 전두엽의 중요한 기능을 자신과 자신이 아닌 것을 구분하는 것이라고 표현한다. 다시 말하면 나와 나 아닌 것으로 구분하는 것이 기초적이면서도 꼭 필요한 인지능력이다. 인간의 자아 형성에 가장 기초가 되는 것이 나와 나 아닌 것을 아는 것이다. 전두엽이 손상될 경우 대부분 무의식 상태에 빠지게 된다. 거의 판단능력이 상실되는 것으로 보면 된다. 자아가 없는 상태, 즉 나를 인식하지 못하는 영혼 없는 상태다. 사회생활이나 독립적인 활동에 어려움을 겪을 수 있다.

다른 기능으로 단기기억과 미래계획 기억을 가능하게 해준다. 단기기억은 짧은 시간의 기억이 뇌의 해마라는 부분에 저장되는데 시간이 지나며 장기기억으로 바뀌게 된다. 해마가 정상적인 기능을 못해서 새롭게 들어온 정보를 기록하지 못하게 되면 바로 전에 있었던 일을 기억하지 못하는 증상이다. 오늘 날짜를 몰라서 물어 답을 들었는데 기억이 안 나 또다시 몇 번씩 묻는 것과 어떤 물건을 어디에 두었는지를 모르는 것이다.

미래기억은 앞으로 일어날 전쟁이나 굶주림, 집에 불이 났을 때 어떻게 행동해야 할지를 생각하는 것처럼 마음을 미래로 투사하여 아직 일어난 적 없는 일을 상상하거나 경험하게 해준다. 가장 일상적인 미래기억은 상대방의 반응이나 대답을 유추하는 것이다.

전두엽의 또 다른 기능으로 차가운 인지, 즉 지각, 단기기억이나 실행기억, 계획, 규칙성 등의 사고 처리와 관련된 것들을 담당한다. 전두엽은 감정과 공감 등을 담당한다. 대인관계에 꼭 필요한 기능이다. 사회생활을 하면서 감정의 교류와 공감능력의 유무에 따라 사회성과 붙임성 같은 것들을 발휘해서 성공으로 가는 길을 열 수 있다. 전두엽은 사회생활을 하는 동물로 발전하게 되는 중요한 역할을 담당하는 부분이다. 감정기억과 사회, 윤리, 도덕을 바탕으로 한 행동을 실행할지 말지에 관한 판단을 하는 사회성을 갖게 하는 핵심 부분이다. 전두엽이 발달한 사람은 자신의 감정조절 능력이 뛰어나고 상황판단을 잘 해 대인

행동과 사회적 행동을 잘 할 수 있다.

전두엽은 상황판단을 하는 뇌다. 위험여부를 확인하고 의사결정을 한다. 그리고 동기부여를 해서 주의집중을 하게 한다. 계획을 세우거나 결심을 하는 등의 목표 지향적인 행위를 주관하며 인간성과 도덕성을 관장한다. 미래를 계획하고 창의적인 일과 연관성이 있다. 다시 말하면 전두엽이 손상을 받거나 망가지면 계획을 세우고 복잡한 행동을 하거나 창의적인 일을 하기가 불가능해진다. 또한 새로운 환경에 적응하지 못하고 비합리적인 자극에 예민해진다. 전두엽은 진정 중요하다. 인간을 인간답게 만드는 핵심적인 기능을 가지고 있는 것이 전두엽이다. 전두엽이 손상되면 인간성이 파괴되고 비도덕적인 인간이 된다. 전두엽과 사이코패스의 관계가 깊은 이유다. 전두엽에 손상이 있으면 환경의 변화에 적응하고 새로운 미래 계획을 세우는 일이 어려워진다.

후두엽

후두엽後頭葉 occipital lobe은 '보는 뇌'다. 시각을 관장하는 뇌다. 후두엽은 뒤쪽에 위치한 뇌여서 뒷머리라는 의미의 후두엽이다. 주요 기능은 시각과 관련이 있다. 시각은 중요한 만큼 뇌가 접하는 정보가 가장 먼저 들어오는 곳이다. 세상을 바라보는 눈은 정면을 바라보도록 만들어져 있다. 눈은 감각기관 중에서도 중요한 기관이다. 눈은 앞에 있는데 시각을 관장하는 뇌는 뒤에 있다. 눈의 방향과 초점 등 눈의 운동을 조절한다. 그리고 이전의 시각 경험이나 감각자극과 상호 연계된 시각정상, 즉 시각연합기능도 담당한다. 시각기능을 담당하는 뇌가 뒤에 위치한 것은 눈으로 본 상像이 후두엽에 위치하는 망막에 맺히기 때문으로 보인다. 후두엽의 핵심기능은 눈으로 들어오는 시각정보를 두정엽과 측두엽으로 전달하는 역할을 한다. 시각정보와 청각정보는 어느 것이 더 빠르게 전달될까. 답은 예상을 벗어난다. 일반적으로 빛이 소리보다 빠르다는 인식을 가지고 있어 시각정보가 청각정보보다 빠를 것으로 예상한다. 실제로 확인해 보면 청각정보가 더 빨리 전달된다. 실제로 확인해 보면 시각정보는 머리 뒤쪽으로 갔다가 다시 앞쪽으로 와 전두엽이 판단하기 때문에 시간이 걸린다. 청각은 즉각적으로 처리한다.

후두엽의 핵심기능은 보는 것에 있다. 시각에 대한 정보를 종합하는 시각연합영역과 시각 겉질이라고 하는 시각의 중추로 구성이 된다. 사물의 위치나 모양을 파악하고 운동 상태를 분석한다. 후두엽은 시각에 관한 정보를 일차적으로 담당한다. 곧 후두엽에 문제가 생기면 앞을 볼 수 없게 된다는 것을 의미한다. 조금 더 설명하면 눈으로 들어온 시각정보는 시각 피질에서 분석한다.

빛이 들어오는 관문은 눈이다. 눈에서 동공을 통해 망막으로 들어온다. 망막에서 시각수용체가 빛의 자극을 받아 전기신호로 바뀐다. 결국 빛을 통해 전달받은 그림과 형상으로 보이는 물체의 운동 모습이 전기신호로 바뀐다. 눈을 통해 들어온 상은 맹점으로 모여서 시신경다발로 나간다. 이어서 시상하부 바로 아래에서 시교차optic chiasm를 통과하여 절반은 반대편 뇌로, 다른 절반은 같은 편의 뇌로 연결된다. 시교차란 망막에서 들어온 시각정보가 눈 뒤에서 좌우가 교차되어 후두부의 시각 뇌로 전해지는데 시각정보가 교차되는 지점을 시교차라 한다.

시교차에 대해 조금 더 살펴보자. 시교차에 의해 들어온 정보가 위치를 바꾼다. 오른쪽 눈으로 들어온 정보는 왼쪽으로, 왼쪽 눈으로 들어온 정보는 오른쪽으로 보낸다. 신기하다. 특별한 것은 세상을 바라보는 구역을 나누어서 뇌가 관장하고 있다는 점이다. 왼쪽 눈의 정보를 오른쪽 뇌에서 처리하는 단순한 교차가 아닌, 같이 바라보고 있는 양쪽 눈에서 좌측 시야는 우뇌에서, 양쪽 눈의 우측 시야는 좌뇌에서 처리한다. 인체는 신비하다. 인체를 조정하고, 명령하고, 다시 몸에서 느끼고 감지한 것을 다시 받아서 뇌에서 조정한다. 뇌가 고장 나면 직접적인 기관이 정상이라고 해도 정상 작동할 수가 없다. 뇌의 시각피질이 손상되면 눈이나 나머지 시각 경로에 이상이 없다 하더라도 장님이 되는 이유다.

후두엽 기능의 장애에 의해서 생기는 소증상巢症狀이란 것이 있다. 소증상은 뇌의 일정한 부위가 파괴되어 신체의 특정 부위에 나타나는 증상으로 뇌종양, 뇌연화증, 뇌 외상 등을 말한다. 후두엽의 증상들은 주로 시각영역에서 발생한다. 환시幻視, 시공간실인, 반맹半盲, 정신맹 등이 나타난다. 정신맹은 독특한 증상이다. 정신맹은 시각실인視覺失認 visual agnosia이라고도 하는데 망막에서 후두엽의 시각전도는 정상이다. 시각에 대한 것들은 정상적으로 작동해서 제대로 보고 있는데, 자신이 보고 있는 것을 깨닫지 못한다는 묘한 증상이다. 시력이나 시각계통의 기관들은 정상이어서 형태와 색은 알 수 있어도 본 대상이 무엇인지 모르는 증상이다. 대뇌의 후두엽에 있는 시각령視覺領이라고 불리는 부분의 이상으로 생기는 증상이다. 시각령은 시각전도로의 최종부로 시각령에 손상이 생기면 눈에 전혀 이상이 없어도 눈이 보이지 않게 된다. 눈으로 본 것도 뇌가 정상적으로 작동하지 않으면 보고 있는 것을 해석하지 못한다. 또한 자각하지 못한다. 뇌의 중요성을 새삼 확인하게 된다.

측두엽

측두엽側頭葉emporal lobe은 '듣는 뇌'다. 청각과 깊은 관계가 있다. 측두엽은 귀 바로 옆에 있다. 정면에서 바라봤을 때 귀가 있는 양 옆을 말한다. 귀와 인접하고 있으며 청각정보를 처리하는 영역이 측두엽에 있다. 측두엽에 손상이 생기면 귓속의 청각기관에 아무 문제가 없는 경우에도 청각정보를 제대로 처리할 수 없게 된다. 들으면서도 들은 것에 대해 인식하지 못한다. 예를 들면 늑대 우는 소리를 들으면 소리가 났다는 사실은 아는데, 그것이 늑대의 울부짖음인지 여우 소리인지 알지 못한다. 음악을 들으면서 멜로디 같은 특정 요소를 인식하는 데 어려움을 겪는 수도 있다.

측두엽은 청각뿐만이 아니라 시각정보 처리에도 일정 부분 관여한다. 측두엽의 아랫부분이 손상되면 의자 같은 일반적인 물체들을 인식하는 데 결함이 생기고 특정한 사람의 얼굴을 알아보지 못하는 경우도 있다.

뇌의 영역은 역할이 정확하게 나뉘지 않고 복합적으로 작용하며 상호작용을 한다. 측두엽이 듣는 뇌지만 시각에 대한 영역도 관할하게 된다. 보는 뇌로 알려진 후두엽의 시각피질에서 나가는 시각정보가 두 갈래로 나뉘는 것과 연관성이 있다. 한 갈래는 두정엽으로 가고 한 갈래는 측두엽으로 가는 것과 관계가 있다. 시각정보를 관장하는 후두엽에서 받은 정보를 두정엽에서는 사물의 위치를 파악하고 측두엽의 시각정보 기능은 지금 보고 있는 것이 무엇인지 알아채는 기능을 한다. 앞서 설명한 특정한 사람의 얼굴을 알아보지 못하는 이유가 설명된다. 시각정보로 보고 있는 것을 아는 것과 보고 있는 것이 무엇인지를 아는 것은 다른 영역이기 때문이다.

측두엽의 또 하나의 역할은 기억하는 것에도 일정 부분 작용한다. 기억기능을 주로 담당하는 것은 해마다. 해마가 측두엽 바로 안쪽에 자리잡고 있어 기억창고 역할을 담당한다. 특히 장기기억에는 측두엽의 신피질에 저장하는 것으로 밝혀졌다.

측두엽은 다른 뇌 영역보다도 여러 기능을 함께 가지고 있다. 주 기능은 듣는 뇌로서의 역할이지만 시각정보를 일부 담당하고 기억기능의 한 부분을 담당하기도 한다. 감각, 행동, 기억을 다시 떠올릴 수 있는 역할도 담당한다. 와일더 펜필드Wilder Penfield는 뇌의 운동피질과 감각피질에서의 신체지도를 완성한 인물이다. 두뇌에 전기 자극을 가하는 실험을 했다. 전기 자극을 받은 사람들은 특정한 과거의 경험이 되살아나고 환각작용과 비슷한 증상을 보이기도 했다. 측두엽에서 일어나는 간질 발작이 복합적인 감각과 행동, 그리고 기억을 되살릴 수 있음을 확인했다.

듣는 역할을 수행하는 청각피질Auditory Cortex은 귀 안쪽에 있는 측두엽에 자리하고 있다. 피질皮質cortex은 생물체를 이루는 기관에서 겉층과 안층이 기능이나 구조면에서 서로 다를 때 겉의 층을 피질이라 한다. 인간 몸의 기관은 뇌, 신장, 그리고 부신에서 이와 같은 조직을 찾을 수 있다. 대뇌에서 대뇌반구의 표면에는 회백색을 띤 얇은 층이 있는데, 이를 대뇌피질이라 한다. 대뇌피질에는 신경세포체가 많이 분포하고 있어서 회백색을 나타내며 고도의 지적기능을 담당한다.

다시 듣는 뇌로서의 역할을 수행하는 과정을 살펴보자. 소리는 공기압에 의해 생기는 파장이다. 음파가 가진 물리적인 힘이 귀의 고막과 뼈에 진동을 준다. 진동은 귀의 와우관 내부의 액체에 압력파를 만들고 압력파는 와우관의 세포에 의해 신경신호로 바뀐다. 시각과 후각, 그리고 촉각 정보는 감각이 들어온 쪽과 반대편 뇌반구로 들어간다. 하지만 청각정보는 한쪽 귀로 들어온 정보가 좌뇌와 우뇌로 모두 들어가 인식하게 된다.

측두엽의 역할은 차지하는 용적에 비해 크다. 작지만 여러 역할을 담당한다는 의미다. 측두엽이 손상을 입으면 환각이 나타나거나 기억장애가 일어난다. 뇌졸중으로 좌측 측두엽에 손상을 입으면 실어증이 나타나고 두 장소에 있는 것과 같은 느낌이 든다. 의식 속에 현재와 과거의 일이 동시에 존재하는 것과 같은 환각을 느낀다.

뇌는
상상하는 것과 실제로 행동하는 것을
구별하지 못한다.
뇌치료는 상상만으로도 가능하다.

3. 인간을 인간답게 하는 것은 대뇌다

두정엽 頭頂葉 parietal lobe

두정엽은 감각뇌다. 당연히 하나의 감각만을 담당하지 않는다. 감각을 담당하는 것이 기본으로 감각의 처리와 집중할 수 있는 역할을 수행한다. 그리고 언어에도 관여한다. 오른쪽의 두정엽이 손상되면 익숙한 공간에서조차도 방향감각을 잃게 되며 왼쪽 두정엽이 손상되면 다른 사람의 말을 이해하거나 글을 이해하는 능력이 떨어진다. 실제로 두정엽은 계산 및 공간지각력, 지문독해력에 주로 영향을 끼치는 뇌 부위다. 두정엽이 발달되면 상대적으로 공부를 잘한다. 사람이 서 있을 때 가장 높은 곳에 위치한 곳이 두정엽이다. 한자의 뜻 그대로 머리의 정수리 부분에 위치하는 것이 두정엽이다.

한 번에 이해될 수 있는 이야기 하나를 소개한다. 보통사람의 뇌와 천재의 뇌가 다르다면 어느 부분이 다른가를 확인해 볼 수 있는 예다. 아인슈타인의 뇌와 보통 사람의 뇌가 다른 곳이 확인된 곳은 두정엽이다. 아인슈타인의 뇌는 두정엽의 하단 부위가 평균보다 15% 더 크고 신경세포가 조밀한 것으로 나타났다. 후두엽의 피질이 지능의 차이를 좌우하는 열쇠라는 연구결과가 증명해 주고 있다. 복잡한 문제를 풀 때 활성화하는 뇌 영역을 기능적 자기공명영상fMRI으로 촬영한 결과 전전두피질 부위와 두정피질이 활성을 보였다. 영재를 구분할 수 있는 뇌 부위를 두정엽으로 본다. 두정엽의 역할을 살펴보자.

- 감각 자극에 반응하는 곳이다.
- 자신의 위치와 자세에 대한 감각에 관여한다.
- 정보를 받으며 체감각 자극에 민감하게 반응한다.
- 시감각에 대한 정보와 모양에 대한 정보를 담당한다.

두정엽에 문제가 생기면 내 몸에 오는 자극을 감지할 수 없고 내가 지금 어디에 서 있는지 조차 알 수 없다. 또한 눈으로 들어온 시감각 자극에 반응할 수 없다. 그리고 사과를 만지거나 애완동물의 털을 만질 때 다른 느낌의 질감을 알 수 없으며 접시모양으로 생겼거나 주전자모양으로 생긴 것을 알 수 없다. 모양에 대한 변별성을 알 수 없다. 더욱 중요한 것은 언어영역에 대한 기능을 담당하고 있다는 점이다.

두정엽의 상측부는 감각을 담당하고 있어 상측부가 손상되면 인지불능 상태에 빠지고, 하측부는 언어영역을 담당하고 있어 손상되면 언어장애가 나타난다. 그래서 두정엽을 마루엽이라고도 한다. 순우리말인 마루란 의미는 '높다'는 뜻이다. 코에서 가장 높은 곳이 콧마루, 들에서 제일 높은 곳이 들마루, 산에서 가장 높은 곳을 산마루라고 한다. 집에서 가장 높은 곳을 용마루라고 한다. 마루라는 의미 그대로 가장 높은 곳에 위치하고 가장 높은 정신을 관장하는 곳이 두정엽이다. 높이뿐만이 아니라 인간이 가진 가장 상위개념인 정신세계를 공부하는 곳이다. 인간이 다른 동물과 구분되는 대표적인 것이 공부할 수 있는 능력을 가졌다는 점이다. 공부할 수 있는 능력을 발휘하는 곳이 바로 두정엽이다.

두정엽은 대뇌반구의 위쪽 후방에 위치한다. 기관에 운동명령을 내리는 운동중추가 있다. 체감각 피질과 감각연합영역이 있어 촉각, 압각,

통증 등의 체감각 처리를 한다. 또한 피부, 근골격계, 내장, 그리고 맛을 느낄 수 있는 역할을 담당한다. 맛은 미뢰味蕾 또는 맛봉오리라고 하는 부분으로 주로 혀 · 연구개 등 구강에 있는 세포다. 맛세포는 침에 용해된 음식과 접촉하여 맛을 느끼는 역할을 한다. 미뢰는 다섯 가지 맛을 느낄 수 있다. 단맛 · 쓴맛 · 짠맛 · 신맛 · 감칠맛이다.

또 다른 두정엽의 중요한 역할은 외부로부터 들어오는 정보를 조합하는 곳이다. 예를 들면 입력된 문자 하나하나를 단어로 조합하여 의미와 상징이 가진 의미를 갖게 하는 것이 두정엽의 역할이다. 두정엽은 무엇인가를 생각하여 만들어 내는 생각의 조립공장이라고 할 수 있다. 두정엽이 손상되면 할 수 있는 것이 없다. 무인식증Agnosia이라는 것이 있다. 아무 것도 알지 못하는 상태를 말한다. 생각의 백지 상태가 되어 공부는 물론 어떤 일도 할 수 없다. 버논 마운트 케슬Vernon Mount-castle 박사가 자기 몸의 한쪽을 알지 못하는 두정엽 손상 환자에 대해 보고했다. 오른쪽 두정엽이 손상된 환자가 자기 몸의 왼쪽을 전혀 알지 못하는 것을 발견했다. 두정엽의 피질은 신체 이미지를 관장하는 부분으로 손상되면 자신의 신체 일부를 무시하는 피질무관심증후군cortical neglect이 나타날 수 있다. 피질무관심증후군은 자신의 몸의 반쪽에 관심이 없는 상태를 말한다. 손상된 반대쪽의 주위 세계에도 주의를 기울이지 않게 되어 없는 것으로 인식하는 경우다. 신체적인 마비는 없음에도 자신의 몸의 반쪽을 쓸 수 없어 걸을 수도 없다. 그래서 몸의 양쪽을 사용하는 운동을 할 수 없다.

그리고 두정엽에 이상이 생기면 음악이 연주될 때 노래의 음을 따라하지 못하거나 사용하던 물건을 만지면서도 어떤 용도로 사용하는 것인지를 모르는 경우도 있다. 두정엽은 신체의 각 부위로부터 올라오는 감각 정보를 해당 대뇌 피질에서 최종적으로 종합하고 나서 각 부위로 보내는 역할을 한다.

대뇌피질 皮質 cortex

우리는 일반적으로 안의 것이 중요하다고 인식하고 있다. 사실 대부분의 경우 안에 있는 것이 중요하다. 당연하다. 중요한 것을 안에 보관하는 것이 당연하다. 하지만 뇌에서는 그렇지 않다고 주장할 수 있다. 겉도 중요하다. 뇌에서는 어느 한 부분도 무시할 수 없다. 뇌의 겉을 피질이라고 한다. 앞에서 설명한 바와 같이 피질皮質cortex은 생물체를 이루는 기관에서 겉층과 안층이 기능이나 구조면에서 서로 다를 때 겉의 층을 피질이라 한다. 피질의 역할을 보면 놀랍다. 의외로 최고로 높은 단계의 일을 수행하고 있다. 피질은 창조하는 고등사고를 할 수 있는 영역이다. 인간이 인간다울 수 있는 것은 누가 뭐래도 창조적인 능력을 가졌기 때문이다. 창조영역을 담당하고 있는 것이 바로 피질이다. 겉이라고 해서 무시하면 안 되는 이유다. 피질부분이 바로 연상능력을 가지고 있다. 하나의 사실에서 새로운 사실을 연결해서 추론하는 능력이 연상이다. 그리고 공부나 문화 창조와 같은 고등사고를 담당하는 부분이 피질이다.

그렇다면 이번에는 공부 뇌는 어디일까. 공부 또한 다른 동물에게서는 찾아보기 힘든 인간만이 가진 능력이다. 창조하는 영역이 피질이라는 것이 놀라운 데 공부는 어느 영역에서 담당할까. 벌써 눈치챘을 것이다. 답은 피질이다. 공부를 할 때 작동되는 부분이 피질이다. 보다 자세히 설명하면 공부를 하는 기능은 뇌의 가장 바깥쪽 껍질 부위인 대뇌피질에서 일어난다. 대뇌피질에서 인간의 창조적 생각이 생긴다. 공부가 이루어지는 대뇌 피질이 발달해야 머리가 좋다고 할 수 있다.

인간의 뇌에서 독특한 영역이 피질이다. 다른 동물과 변별성을 많이 가지고 있는 부분이다. 주름진 모양인 인간의 대뇌피질은 침팬지를 비롯한 다른 유인원에 비해 월등하게 넓은 표면적을 가지고 있다. 인간이 인간다울 수 있게 만들어주는 영역이 다름 아닌 피질이라는 점이다. 피질 덕분에 인간은 우수한 두뇌를 가지고 문화를 창조할 수 있었다.

대뇌 전체의 피질의 역할은 크다. 대뇌피질에 핵심사령부가 총집합해 있다. 중앙에는 운동과 감각을 관할하는 운동사령부와 감각사령부가 있다. 옆쪽에는 언어사령부와 청각사령부, 뒤쪽에는 시각사령부가 있다. 사령부는 전체를 총괄하면서 성장 발전해야 하는 목적을 가지고 있다. 각자의 사령부가 효과적으로 기능을 잘 수행해야 공부나 일을 원활하게 할 수 있다. 나머지 대뇌피질 부위는 공부와 고도의 정신 기능, 창조 기능을 담당하는 연상영역이며 대뇌 피질 중 가장 큰 부위를 차지하고 있다. 인간은 미래를 위해 만들어진 뇌를 가지고 있다.

대뇌 피질은 두께가 평균 2.5~3mm다. 표면적이 상당히 넓다. 신문지 한 면의 크기와 비슷하다. A4용지 4장에 해당하는 면적이다. 언뜻 A4용지 4장으로 머리를 감싼다면 한참 남는다. 2장만 해도 충분하다. 하지만 뇌는 표면적이 넓다. 주름으로 이루어져 예상보다 훨씬 큰 표면적을 가지고 있다. 대뇌피질은 다른 부분보다 연상영역의 발달 정도에 따라 두뇌의 우수성이 결정된다. 두뇌가 좋으면 연상능력과 창조능력을 발휘할 수 있고, 공부하는 뇌의 역할을 충실히 수행할 수 있어 지능이 높다.

가볍게 볼 수 있는 뇌의 겉면인 피질은 인간이 문화를 창조하는 역할을 할 수 있도록 하는 부위다. 껍데기는 가라가 아니라 뇌에서는 껍데기가 세상을 창조하고 미래를 여는 중요한 역할을 하고 있다. 다른 동물들의 피질의 표면적 차이를 살펴보자. 쥐는 우표 크기만 하다. 원숭이는 엽서 크기 정도로 제법 크다, 침팬지는 A4 용지 한 장 정도를 차지하고 있다. 인간은 앞서 설명한 바와 같다. A4 크기 종이의 4장 정도 되는 표면적을 가지고 있다.

숨어있는 대뇌피질 뇌섬엽

뇌섬엽insular lobe은 전두엽, 두정엽, 그리고 측두엽에 덮여 보이지 않는 대뇌피질 부위다. 꼭꼭 숨어있는 피질이다. 은둔의 영역이다. 하지만 하는 일은 외부세계를 경험하고 인식하는 데 핵심적 역할을 한다. 정확하게는 안과 밖의 일들을 뇌가 인식하는 데 직접적인 연관성이 있으며 사회성을 가지게 하는 역할을 한다. 또한 어떤 일을 경험하기 전에 예측할 수 있는 능력과도 관계가 있는 부위다.

뇌섬엽의 역할은 외부적으로는 숨겨져 있는 많은 역할을 한다. 누군가 이야기를 하면 거짓인지 아닌지를 판명하는 데 도움을 준다. 그리고 슬픈 감정이나 친구에게 보낸 문자에 답이 없을 때 받는 불쾌함이나 좋아하는 음악을 들을 때 받는 기분을 뇌섬엽에서 관장한다. 뇌섬엽은 감성적인 것이나 감지능력을 갖도록 하는 역할을 한다. 뜨거운 것과 차가운 것, 기분의 좋고 나쁨, 고통과 즐거운 자극 같은 것을 인식하게 해주는 부분이다. 달콤한 초콜릿을 먹고 싶거나 사랑에 빠졌을 때 활성화된다. 반대로 역겨움을 느꼈을 때 뇌섬엽 부분이 활성화되는 것을 확인할 수 있다. 명상을 하는 사람들의 뇌섬엽이 일반인보다 두껍다는 것이 밝혀졌다.

뇌섬엽은 인간이 고등동물이라는 것을 확인시켜주는 부분이다. 더러운 것을 분별하는 것은 물론이고 자신이 공정하게 대우받고 있는가에 대한 정보를 수집해 공정 여부를 확인하는 능력을 갖게 하는 부분이다. 사람들이 사회생활을 하면서 현실과 감정이 충돌하곤 한다. 대처방법이 다르다. 나이에 따라 구분되기도 한다. 뇌를 연구하는 사람들의 연구에서 나이 차이에 의해 반응이 다른 것이 밝혀졌다. 뇌섬엽의 활성화가 나이에 따라 차이가 나기 때문이었다. 인간은 결국 뇌의 영향권에서 벗어나지 못한다는 것을 반증하는 예 중에 극히 하나다. 젊은 대학생들이 사회적 불의에 항거해서 거리로 나서는 것도 뇌섬엽이 발달했기 때문이다. 공정한 것을 주장하고 사회적 선을 실천하려는 행동을 하는 성향이 큰 나이이기 때문이다.

재미있는 예를 소개한다. 뇌졸중에 걸린 사람들은 쉽게 금연을 한다는 것이 서던 캘리포니아대학 베차라Bechara 박사팀이 과학저널 사이언스Science에 발표한 중독과 뇌섬엽의 역할에 대한 연구결과다. 뇌 손상을 입은 69명의 흡연자를 대상으로 연구를 진행했다. 뇌 손상 중에서도 뇌섬엽 부위의 손상을 입은 환자 19명 중 13명이 뇌손상 후 어떤 금단 증상 없이 쉽게 담배를 끊은 것을 발견했다. 일부는 하루 40개피의 담배를 피웠으나 뇌섬엽 부위의 뇌졸중 후 바로 담배를 끊었다. 담배를 끊게 된 이유를 찾았다. 연구팀의 연구결과는 뇌섬엽이 인체로 들어온 정보를 신호로 변화시켜 배고픔이나 통증, 탐닉, 중독 같은 주관적인 감각을 느끼게 하는 것을 돕는 부위라는 것을 확인했다. 다시 말하면 뇌섬엽이 중독을 돕는다는 말이다.

최근에는 신경외과 의사들은 신경외과 수술을 통해 의도적으로 특정 뇌 영역을 손상시켜 파킨스씨병을 고쳐 호전시키고 통증증상과 아울러 중증 우울증을 치료하고 있는 것과 상관관계가 있다. 특정부위를 제거함으로써 나쁜 상태를 호전시킨다는 점에서 그렇다. 베차라 박사팀의 연구에서 나머지 6명이 왜 담배를 끊지 못했는지는 알 수 없었으나 뇌섬엽 부위의 신경외과 수술을 통해 담배를 끊을 수 있을 것으로 기대했다.

간뇌 間腦

간뇌는 내장을 담당한다. 간뇌는 '장기담당 뇌'다. 다른 뇌와 마찬가지로 한 가지 역할만을 하지 않는다. 혈관의 활동을 조절하기도 한다. 또한 시상과 시상하부로 나뉘어져 있어 시상은 모든 감각기로부터 대뇌

피질로 가는 흥분을 중계한다. 하지만 한 가지 감각만은 이곳을 지나지 않는다. 후각신경이다. 다른 역할로는 대뇌 피질의 활동 수준을 통제하고 있는 조절계 신경로의 중계 장소다.

시상하부는 대뇌 피질 전체를 조절하는 중추이고 내장을 지배하는 자율신경계의 중추 역할도 수행한다. 시상하부는 체온 조절, 혈당량 조절, 삼투압 조절의 중추이고 식욕, 생식, 수면에 대한 본능적 욕구의 중추다. 특히 시상하부에는 신경 분비세포들이 있어 뇌하수체 호르몬의 분비를 지배함으로써 항상성 유지에 중요한 역할을 한다. 시상하부의 복면에 시신경 교차가 있고, 하면에는 뇌하수체가, 배면에 송과선이 나와 있으며 체온, 수면, 섭식, 섭수, 생식기능 조절에 관여한다.

간뇌는 척추동물 뇌의 한 부분으로 대뇌와 소뇌 사이에 위치해서 간뇌間腦다. 대뇌 바로 아래에 있다. 대뇌와 중뇌를 연락하는 부분으로 배면부의 시상과 복면부의 시상하부로 구별된다. 뇌는 상호 연결되어 협력 체제를 구축하고 있다. 간뇌의 뒤쪽에는 송과선이, 시상하부 아래에는 뇌하수체가 붙어 있다. 송과선松果腺pineal gland은 송과샘 또는 솔방울 샘이라고도 하며 먹장어를 포함한 몇몇 종을 제외한 대부분의 척추동물 뇌 내에 존재하는 작은 내분비 기관이다. 송과선은 멜라토닌melatonin이라는 호르몬을 분비하여 수면 양상을 조절한다. 송과선은 소나무의 열매라는 의미로 송과松果다. 솔방울을 닮아 붙여진 이름이다.

송과선에 대해 알아보자. 송과선은 신비한 역할을 담당한다. 신비한 능력은 10세 이전에 가지는 능력이다. 10세 이후에는 사라진다. 송과선은 빛을 감지하는 중요한 기관이다. 어렸을 때만 존재하며 제3의 눈이라고도 한다. 눈을 가리고도 앞을 보는 초능력을 가진 사람들이 있다. 투시력이 바로 송과선과 관계가 있다. 송과선은 하등동물일수록 더 발달했다. 본능이 더 발달될수록 발달하는 것으로 보인다. 인간의 송과선

능력은 많이 퇴화되어 있으나 어릴 때는 일부 기능이 유지되고 성장하면서 점점 더 퇴화된다. 송과선이 오래 보존될수록 젊음이 오래 간다는 주장도 있다. 불교의 수행문화를 가진 사람들과 인도의 요가문화 등에 나오는 제3의 눈은 마음의 눈이라 하여 신성시한다. 세속에 물들지 않은 근본적인 눈이라고 해석하여 불상의 이마와 요가를 수행하는 사람들의 이마에 붉은 점을 찍어 놓은 것이 바로 송과선과 관계가 있다. 과학적 증명 이전에 이미 송과선의 존재가 존재해왔다. 종교나 철학 등에서 이마에 나타나는 제3의 눈은 마음의 눈이며 순수한 눈을 의미한다.

제3의 눈이라고 불리는 송과선은 중요한 기능이 또 있다. 멜라토닌의 생성과 분비다. 멜라토닌의 생성과 분비로 인해서 일정한 시간이 되면 잠을 자고 몸의 피로를 해소할 수 있게 한다. 멜라토닌이 부족하면 우울해져 심신이 늘어지고 기력이 떨어져 정상적인 생활이 어려워진다. 또한 성호르몬에도 영향을 주어서 나이에 맞는 성욕 억제력을 제공하고, 나이가 들면 퇴화되기 때문에 잠이 줄어들어 새벽에 일찍 일어나게 되는 것도 송과선의 역할이다. 하루의 생체리듬을 조정하고 인생 전체의 생체리듬을 담당하기도 하는 중요한 능력을 가지고 있다.

인간의 뇌에서 대뇌가 이성적 판단을 하고, 다른 뇌들은 신체에 관한 본능적인 움직임에 관여한다. 특히 간뇌는 진화론의 관점에서 보면 대뇌가 발달하기 이전의 오래된 뇌로 생존과 정서를 담당하는 뇌다. 간뇌에서도 가장 오래된 부분은 송과체다. 청소년기에는 밤에 푹 자야 한다. 키를 크게 하는 멜라토닌을 가장 많이 내보내는 시간이 밤 10시에서 새벽 2시 정도이기 때문이다. 나이가 들어 송과선이 퇴화가 되면 멜라토닌 호르몬의 분비가 적어져서 오래 잠을 못자고 새벽에 일찍 일어나는 변화가 생기는 것도 송과선의 영향이다.

멜라토닌은 세로토닌이 변화하여 생긴다. 세로토닌이 너무 적으면 우울증에 걸리게 되고, 멜라토닌이 너무 적으면 면역력이 약해져 송과선의 역할이 크다. 더구나 청소년기의 멜라토닌은 성욕 억제기능도 가지고 있어 송과선이 제 기능을 못하면 조숙증에 걸릴 확률도 높다.

참고로 하나만 더 살펴보자. 잘 때 휴대폰을 옆에 두고 자는 것도 송과선을 퇴화시키는 원인 중 하나라고 알려져 있다. 사람이 늙으면 송과선은 석회화된다. 석회화하는 데 불소가 한 역할을 한다고 한다. 송과선의 퇴화에 영향을 주는 것으로 불소가 지목되고 있다. 불소는 일상생활과 밀접한 관계가 있어 문제가 된다. 불소는 살균제, 충치예방 등에 사용되는 산화제다. 수돗물에 불소를 넣어서 논란이 되기도 했고, 치약에도 들어 있다. 떼려야 떼기 어려운 불소다. 송과선이 체내로 들어온 불소를 빨아들여서 칼슘화되고 딱딱해진다는 주장이다.

그리고 전자파는 송과선 세포에 영향을 주어 멜라토닌 생성을 억제한다는 주장이다. 취침 시에 휴대폰을 머리맡에 두지 말 것을 권한다. 송과선은 과거에서부터 현재까지 이어온 신비한 인체의 일부다.

마음 상태에 따라
생각과 감정에 따라 몸이 달라진다.
마음은 몸을 만드는 창조자다.
또한 몸은 마음을 만드는 화학물질이다.

4. 인간을 움직이는 건 전기다 그리고 화학물질이다

시상하부 hypothalamus

시상하부는 나룻배와 같은 역할을 한다. 전혀 다른 세계를 연결해주는 나룻배다. 신경계와 호르몬의 관계를 맺어주는 것이 시상하부다. 시상하부는 뇌하수체와 밀접한 관계가 있다. 호르몬 합성을 수반하는 현상에 관련이 있는 신경계의 부위로 내부 환경의 물리적, 화학적 변화에 관한 정보를 직접 받는 중추신경계의 부위다.

시상하부는 신경계로 호르몬을 분비하도록 명령하는 상위기관이다. 그래서 물리 화학적 변화라고 하는 것이다. 신경계의 전기자극의 물리적인 현상이 호르몬을 분비하는 화학적 작용으로 변환시켜주는 역할을 하는 기관이다. 부피는 그리 크지 않다. 시상하부는 뇌 전체 부피의 1% 이하다, 역할은 항상성 유지를 위한 중추로 작용한다. 항상성은 인체관리에 중요한 역할이다. 항상성은 다양한 자극에 반응하여 개체 혹은 세포의 상태를 일정하게 유지하려는 성질이다. 주변 환경에 의해 깨진 평형 상태를 원래대로 복구하여 최적화된 상태로 만들려고 하는 것을 항상성이라고 하고, 항상성 유지는 동물이 생명을 유지하기 위해서 꼭 필요한 상황이다. 살아있는 생명체로서의 개체, 기관이나 세포는 스스로가 가진 항상성 유지를 위하여 고유한 조절 체계를 가지고 있다. 시상하부는 항상성을 유지하기 위한 기본적인 역할을 수행하는 부위다.

인간의 시상하부가 하는 일의 핵심은 내분비계의 기능과 자율신경계의 기능을 조절하는 역할이다. 얼마나 광범위한 일을 하는가를 확인할 수 있는 것이 바로 내분비계의 기능조절과 자율신경계의 역할이다. 살펴보자. 내분비계는 동물의 몸에서 호르몬을 분비하는 기관들의 모임을 말한다. 생명을 가진 동물들의 물질대사, 생장, 조직을 통제하고 기분까지 영향을 준다. 먼저 단어부터 정리해 보자. 인체에 대한 단어들은 어렵고, 전문적이며, 생소하다. 일상생활에서 만나기 쉽지 않기 때문이다. 호르몬에 대한 기본적인 정의가 사전에 이렇게 적혀 있다. '동물은 자신의 몸의 특정한 곳에서 만든 화학 물질로 동일한 조직 혹은 다른 조직의 활동을 조절한다. 화학 물질은 내분비샘이라는 특정한 조직에서 합성 · 분비되어 체액을 통해 혈액으로 들어가 이동한 후 특정한 조직의 기능을 조절할 때, 이 물질을 호르몬이라 한다.' 호르몬에 대한 정의다. 이번에는 내분비계의 정의다. '호르몬을 분비하는 세포 혹은 조직으로 이루어진 기관계를 내분비계라 한다.'역시 이해가 쉽게 오지 않는다. 조금 더 설명하면 조금씩 이해가 간다. 호르몬을 분비하는 장소를 내분비샘이라 하며 갑상선, 흉선, 부신, 이자, 난소, 정소가 주요 내분비샘이다. 한편 호르몬이 영향을 미치는 기관을 표적기관이라고 한다. 표적기관 標的器官target organ은 호르몬이 혈관을 따라 온몸을 순환하다가 작용하게 되는 최종 목표 기관을 말한다. 예를 들어 혈당량 감소 호르몬인 인슐린의 최종 표적 기관은 간이 된다. 표적기관에 대한 정의까지 설명했다.

다음 설명을 이해하기 위한 포석이다. 내분비샘 혹은 분비세포 등에서 분비된 호르몬은 혈액으로 분비된 후 혈류를 통해 몸 전체로 수송된 후 표적기관의 기능을 조절한다. 호르몬이 조절하는 기능은 성장과 발달, 대사, 몸 내부의 환경 조절, 생식 기능 등이다. 뇌하수체를 설명할 때 나왔던 부분을 이번에는 조금 쉽게 설명한다. 정보량을 오히려 줄이고 단순화시켰다. 그래도 어렵다.

내분비샘의 대표적인 호르몬의 종류를 보자.

- 프로락틴
- 갑상샘자극호르몬
- 부신피질자극호르몬
- 성장호르몬
- 생식샘자극호르몬

그리고 시상하부의 전엽이 있으면 후엽이 있을 것으로 추정되고 실제로 후엽이 있다. 전엽前葉은 앞부분으로 나뭇잎을 닮았다 해서 잎사귀 엽葉이다. 후엽後葉은 당연하게 뒷부분에 있는 잎사귀 모양의 부위라고 이해하면 된다. 뇌하수체 후엽에서 분비되는 바소프레신은 몸의 수분균형을 조절하고, 옥시토신은 수유기 동안에는 모유를 방출시키고, 분만 시에는 엄마의 자궁 수축을 조절한다. 조금 이해가 되었으면 고마운 일이다. 이번에는 내분비계의 중요성에 대해 살펴보자. 호르몬의 역할이 크기 때문에 분비량이 중요하다. 일정하게 유지하는 것이 필요한 덕목이다. 호르몬의 균형이 곧 건강을 유지하는 데 필수적인 요소다. 내분비계가 담당하고 있는 부위가 인체의 대부분이라고 할 수 있다. 인체의 대부분에서 문제가 발생할 수 있다는 것을 의미한다.

인체는 복잡하고 세밀한 작용을 하는, 움직이는 기계이고 화학공장으로 거대 조직이다. 인간의 신체는 80kg 정도의 무게와 부피를 가지지만 신체 내부에서 일어나고 있는 역할과 작동원리는 우주의 흐름과 닮아있고 크다. 내분비계의 이상은 호르몬의 생산과 이동에 지장을 주어 전반적인 생리기능의 저하와 이상 현상을 일으킨다.

시상하부의 역할이 내분비계와 자율신경계를 작동하도록 한다고 했다. 내분비계를 살펴봤으니 자율신경계에 대해서 살펴보자. 신경계와 호르몬에 대해서는 다시 설명을 자세하게 할 것이다. 시상하부를 이해하는 만큼의 정보가 필요하기 때문에 언급한다.

자율신경계통自律神經系統, autonomic nervous system은 말초신경계통에 속하는 신경계다. 역할은 평활근과 심근, 외분비샘과 일부 내분비샘을 통제하여 인간 신체 내의 환경을 일정하게 유지시킨다. 자율신경은 자율이란 의미 그대로 지배를 받지 않고 자율적으로 독자적인 작동을 한다는 것을 말한다. 정확하게 말하면 대뇌의 직접적인 지배를 받지 않는다는 의미다. 하지만 실제 상황은 시상하부와 여러 중추신경의 지배를 받아 어느 정도 의식적인 조절이 가능하다.

특별한 점은 신경계 내에서도 치열하게 밀고 당기는 '밀당'을 한다는 점이다. 전혀 다른 역할을 신경계 안에서 한다. 자율신경은 교감신경과 부교감신경으로 나뉘는데 역할이 반대다. 개별적으로 작동하기까지 한다. 결국은 신체를 정상적으로 유지하기 위한 방편이지만 마찬가지로 국회 내의 여당과 야당 같다. 서로 자신의 목적을 관철하기 위해 다투지만 상호작용에 의해 신체의 안정을 만들어 낸다.

기능을 살펴보면 시상하부가 담당하는 역할에 놀라움을 가지게 된다. 자율신경이 하는 일은 포괄적이다. 자율신경은 교감신경과 부교감 신경의 역할이 다르다고 했다. 교감신경의 역할을 보자.

교감신경

- 골격근과 폐의 혈액 흐름 증가
- 심박수 및 심근세포의 수축력 증가
- 동공 및 모양체 근육 이완
- 심장의 관상혈관 확장

- 장 괄약근, 요도 괄약근 수축
- 연동운동 억제
- 성적흥분

이번에는 부교감신경의 역할을 보자.

부교감신경

- 위장 확장 및 혈류량 증가
- 동공 및 모양체 근육 수축
- 침샘자극, 연동운동 촉진

자율신경계가 하는 역할이 광범위하고 중요한 것을 한 번에 인식할 수 있다. 자율신경에 문제가 발생하면 질병으로 바로 연결된다. 자율신경의 문제점으로 생긴 증상을 자율신경실조증이라고 한다. 자율신경에 대한 문제는 현재까지 확인된 것에 의하면 정신적인 압박이나 육체적인 피로에 의해 두통이나 현기증이 일어나거나 땀이 많이 난다거나 손이 떨리고 배가 아파서 설사를 하기도 한다. 사람에 따라 매우 다양한 증상이 나타나며 정신적인 압박이나 육체적인 피로에 의해 증상이 더 심해진다. 정신적인 안정과 마음의 평화를 갖고 육체적인 휴식을 취하면 증상이 완화된다. 심할 경우에는 신경전달물질이나 증상을 조절하는 약물투여로 치료하기도 한다.

시상하부가 하는 일중에 중요한 자율신경계와 호르몬의 역할에 대해 알아보았다. 정리해 보자.

첫째 자율신경 조절이다. 내장활동과 몸 기능을 조절하는 주된 조절 중추다. 정말 자신들끼리 싸우는 곳이 바로 이곳이다. 시상하부의 앞부분에서는 부교감신경을 흥분시키거나 교감신경을 억제한다. 한데 시상하부의 뒷부분에서는 부교감신경을 억제시키거나 교감신경을 흥분시키는 역할을 한다. 주먹으로 한 대 쳐놓고는 어르고 달래는 격이다.

두 번째는 뇌하수체 조절이다. 뇌하수체 호르몬은 시상하부에서 합성되고, 뇌하수체 전엽의 호르몬은 시상하부에서 생산된 호르몬에 따라 조절된다. 시상하부는 뇌하수체에서 생산되는 호르몬을 조절하는 통제 역할을 한다.

셋째는 체온 조절이다. 시상하부 전 영역은 체온에 민감하다. 체온을 조절하는 역할이다. 병원에서 건강을 확인할 때 제일 먼저 확인하는 것이 체온이다. 체온을 관장하는 혈액의 온도를 유지시키는 기능을 수행한다. 이곳에서도 마찬가지로 서로 반대되는 역할을 함께 수행한다. 시상하부의 앞부분은 혈액의 온도를 낮추는 역할을 하며 시상하부의 뒷부분은 혈액의 온도를 올리는 역할을 한다.

체온 조절을 하는 앞 시상부에 있는 온열중추를 자극하면 말초혈관확장, 땀, 호흡촉진, 심장 박동수 감소, 혈압 강하 등의 체열방출활동이 활발해진다. 시상하부 뒤에 위치한 한랭중추를 자극하면 말초혈관 수축, 심작박동수 증가, 근육의 떨림, 혈당치가 상승하는 현상이 일어나고 놀라거나 징그러운 것을 볼 때 소름이 돋는 것도 한랭중추에서 관장한다.

넷째는 음식물 섭취와 수분대사의 조절이다. 배의 안쪽에는 포만중추가 있다. 포만중추가 손상되면 음식물 섭취량이 증가하여 과식과 폭식을 하게 된다. 반대로 바깥측 시상하부에는 식욕중추가 있어 식욕중추가 손상 받게 되면 음식물의 섭취량이 감소하여 거식증이 발생한다. 그리고 소변이 농축되지 않아 희석되어 정상인보다 소변량이 증가하고 과도한 갈증을 느끼는 증상이 발생하는데 안쪽 시상하부에 있는 음수중추가 손상된 경우다.

음수중추는 비깥쪽 시상하부에 있으며 음수중추의 신경세포는 삼투압수용체로서 작용하여 혈액의 삼투압이 높아질수록 갈증을 느껴서 물을 먹으려고 한다. 음수중추에 식염수를 주입하거나 전기적으로 자극하면 다량의 물을 먹는다. 사람은 정확하게 기계적인 작동을 하도록 되어 있음을 알 수 있다.

다섯째 감정 표출이다. 유쾌와 불쾌, 공포와 분노 등의 심리상태를 감정이라고 한다. 식욕, 성욕 등의 본능에 기초한 욕구가 충족되면 쾌감을 느끼고 충족되지 않으면 불쾌감을 느낀다. 불쾌감이 심해지면 공포나 분노, 증가하면 공격이나 투쟁으로 발전한다. 감정은 대뇌겉질의 작용에 의한 것이지만 감정 표출은 시상하부의 통합 작용에 의해서 작동한다. 시상하부의 앞쪽 핵을 자극하면 동물은 분노를 나타낸다. 그리고 정서와 관계된 육체적 표현은 시상하부에 의해서 조절되어 자율신경계통이 활성화된다. 혈압과 심박동의 변화, 얼굴의 홍조와 창백해짐, 입안의 건조 현상, 동공의 확대 같은 반응이 온다. 혈압의 상승과 하강은 각각 심장박동수의 증가와 감소를 수반하는데 뒤 시상하부를 자극하면 혈압이 올라가고 앞 시상하부를 자극하면 혈압이 내려간다. 또 시상하부 앞부분을 자극하면 위액이 분비되고, 시상하부의 앞부분을 파괴하면 소화관에 궤양, 출혈 현상이 일어난다. 신체에서 느끼는 갈증, 식욕, 그리고 즐거움을 담당하는 중추가 모두 시상하부에 있다. 먹는 것과 마시는 것, 체온조절, 심장기능, 내장운동, 성적활동 등에 관여한다. 또한 수면 각성주기에 대한 반응을 신체의 각 영역에 연결시키고 후각반사, 냄새에 대한 감정의 반응과 관련된 역할을 해내는 능력자다.

뇌하수체 腦下垂體 pituitary hormone

뇌하수체는 '호르몬의 옹달샘'이다. 시상하부의 지배를 받아 사람을 포함한 척추동물의 생명 유지에 중요한 호르몬을 분비하는 중요한 기관이다.

‘중요한 호르몬’이라는 부분과 ‘중요한 부위’라는 것을 이어서 강조하는 이유가 있다. 특히 시상하부에서 분비하는 호르몬은 다른 내분비기관 호르몬 분비를 조절한다. ‘다른 내분비 기관의 호르몬 분비를 조절한다’는 부분도 기억해야 한다. 뇌하수체는 내분비기관의 사령부와 같다.

내분비기관이란 우리 몸의 내부로 호르몬을 분비하는 신체기관들을 총칭한다. 호르몬을 만들어 분비하여 몸의 여러 가지 기능을 조절 혹은 제어하는 샘이나 기관의 모임이다. 호르몬이 분비되는 곳은 시상하부, 하수체, 갑상샘, 부갑상샘, 이자의 랑게르한스섬이 있다. 그리고 남성에게는 정소, 여성에게는 난소가 있다. 각각 1개 또는 몇 개의 특정 호르몬을 만든다. 임신 중에는 태반이 다른 기능에 더하여 내분비샘으로서도 작용한다.

인간의 신체는 다양한 호르몬의 영향권에서 벗어날 수 없다. 호르몬의 분비를 총괄하는 역할을 뇌하수체에서 하니 뇌하수체가 더욱 중요하다. 뇌하수체에 문제가 생길 경우 독자적으로 만들고 있는 호르몬의 분비에 이상이 생긴다. 기능이 정상범위 이상으로 활발해져도 문제가 생기고 적어져도 문제가 생긴다. 항상성을 유지해야 한다. 너무 활발해지면 유즙 과다분비, 거인증, 말단비대증 등을 유발할 수 있으며 기능저하가 일어날 경우 왜소증, 요붕증 등이 일어날 수 있다. 사람 몸에서 배출되는 하루 소변 양은 체내의 수분과 전해질 상태에 따라 결정된다. 체내 수분이 부족할 경우 뇌하수체에서 항이뇨호르몬이 분비되어 소변 양을 줄이게 된다. 요붕증diabetes insipidus은 이러한 작용을 하는 항이뇨호르몬이 뇌하수체에서 제대로 생성되지 않거나 분비된 항이뇨호르몬이 소변을 만드는 신장에서 제대로 작동하지 못해서 비정상적으로 많은 양의 소변이 생성되고 과도한 갈증이 동반되는 질환이다.

뇌하수체는 어떻게 생겼으며 이렇게 중요한 역할을 수행하는 뇌하수체의 크기는 얼마나 클까. 예상외로 못생겼고, 작다. 뇌하수체腦下垂體를 그대로 풀면 뇌 밑에 아래로 늘어진 부위라는 뜻이다. 뇌하수체는 간뇌를 이루며 역시 간뇌인 시상하부 아래쪽에 매달려 있는 내분비 기관의 하나다. 하수체 또는 골밑샘이라고도 한다. 사람의 경우 지름은 약 1cm, 무게는 0.5g 정도로 작다. 다른 종류의 호르몬들의 분비를 조절하는 호르몬들을 비롯하여 직접 많은 호르몬들을 분비하는 기능을 하는 내분비기관으로의 역할이 크다. 뇌하수체는 척추동물의 내분비계에서 중심적인 작용을 한다. 호르몬 작용을 총괄하는 대표적인 기관이다. 뇌하수체는 전엽 · 중엽 · 후엽의 세 부분으로 되어 있다. 세 부분이 독자적으로 기능해서 각각 작용이 다른 호르몬을 분비한다.

뇌하수체는 호르몬의 보물창고다. 살펴보자. 머리가 복잡해지고 읽기를 포기하고 싶어진다. 그만큼 복잡하고 전문적인 글들로 가득하다.

뇌하수체에서 분비하는 호르몬. 하수체는 발생학적으로 전 · 중 · 후엽의 3엽으로 분리되고 각각 다른 호르몬을 분비한다.

1) **전엽호르몬**anterior pituitary hormone

전엽에서 5개의 호르몬이 분비된다.

- **성장호르몬**growth hormone – 단백성(폴리펩티드)의 호르몬으로 뼈의 성장, 단백질합성 등 대사를 촉진하여 성장을 촉진한다.
- **갑상선자극호르몬**thyroid stimulating hormone – 전신의 세포에 작용하여 산화를 촉진시킨다. 혈중 갑상선호르몬 농도에 따라서 분비가 조정된다.
- **부신피질자극호르몬**adrenocorticotropic hormone – 부신피질을 자극하여 주로 글루코코르티코이드를 분비시킨다. 혈중 부신피질호르몬의 농도에 따라서 분비가 조절된다.

- **성선자극호르몬**gonadotropic hormone – 성선을 자극하는 호르몬의 총칭. 여성에서는 난포자극호르몬follicle stimulating hormone과 황체형성호르몬luteinizing hormone이 있고, 난소에 작용하며 상호보완적으로 난포의 성숙, 배란을 재촉하여 황체를 형성시킨다. 남성에서는 정자 형성호르몬spermatogenic hormone과 간질세포자극호르몬interstitial cell stimulating hormone이 상호 보완하여 정소에 작용하며 정자형성, 남성호르몬의 생성 등을 하고 있다.
- **프로락틴**prolactin **황체자극호르몬**luteotropic hormone – 유선의 발육을 촉진하고 유즙을 분비시킨다. 또한 황체의 유지 및 분비를 촉진시킨다.

2) 중엽호르몬intermediate pituitary hormone

멜라닌세포자극호르몬melanocyte stimulating hormone이 분비되어 멜라닌세포의 멜라닌과립을 세포 내에 확산시킨다.

3) 후엽 호르몬posterior pituitary hormone

후엽에서는 2개의 호르몬이 분비된다.

- **바소프레신**vasopressin **또는 항이뇨호르몬**antidiuretic hormone – 신장의 원위세뇨관에 작용하여 물의 재흡수를 촉진시킨다. 체액삼투압의 상승, 탈수상태 등의 시기에 분비된다. 또 말초혈관의 평활근에 작용하여 수축시키기 위해서 혈압을 상승시킨다.
- **자궁수축호르몬** – 옥시토신oxytocin. 자궁근에 작용하여 평활근이 수축을 일으키게 하고 유선의 근상피세포에 작용하여 수축시켜 모유를 분비하게 한다.

뇌하수체와 호르몬의 관계에 대한 네이버 지식백과에 나와 있는 내용 그대로다. 어렵고 복잡하다. 그래도 약간 순화시켜 올렸다. 호르몬에 대한 내용은 다른 곳에서 자세하게 다룰 예정이다. 여기에서는 뇌하수체만을 다룬다.

뇌하수체는 앞서 크기와 무게를 설명했지만 정말 작다. 콩알만 하다. 콩알만 한 뇌하수체가 인간을 가지고 논다. 인간을 조정할 수 있다. 아주 큰 영향을 끼친다. 작다고 무시하면 후회한다. 영향력이 그만큼 크다. 뇌하수체는 뇌의 깊은 곳에 자리 잡고 있다. 이름도 생소한 터키안 sella turcica이라는 곳에 들어가 있으며 뇌하수체는 대부분의 다른 내분비샘의 기능을 조절하는 주요 기능을 가지고 있어서 주 분비샘으로 인정받는다. 종합하면 뇌하수체의 조절을 받고 있는 샘, 다시 말해 표적샘에 의해 생산되는 호르몬 수치를 검출하여 표적샘이 어느 정도의 자극을 필요로 하는지 결정하는 핵심적인 역할을 한다. 쉽게 말하면 호르몬 분비량을 조절하는 기관이란 말이다.

분노는 자신을 죽이고,
미움은 자신을 자살 시킨다.

5. 단기기억과 장기기억은 무엇이 다른가?

해마 海馬 hippocampus

해마는 '기억뇌'다. 양쪽 측두엽에 위치해 있으며 기억 담당영역이다. 지름 1cm에 길이 5cm 정도 된다. 해마는 측두엽의 양쪽에 2개가 존재하는데 흥미로운 것은 역할이 다르다. 왼쪽 해마는 최근의 일을 기억하고, 오른쪽 해마는 태어난 이후의 모든 일을 기억한다. 또한 해마는 서술기억, 다시 말해 장기기억만을 처리하는 장소라는 점이다. 단기기억이나 감정에 관한 기억은 담당하지 않는다. 신기하다. 오른쪽 해마는 태어난 이후의 일 모두를 기억하면서 왼쪽 해마는 현재의 일만을 기억하는데 묘하게도 단기기억은 저장하지 않는 것이 해마다.

해마는 시상하부의 기능을 조절하는 역할도 한다. 해마도 신경의 일부다. 해마는 뉴런을 지속적으로 생성하지만 과도한 우울증과 정신적 긴장을 오랫동안 가지면 해마가 작아지는 경우도 있다. 해마는 성장하기도 하고 죽어가기도 한다는 것이다. 타고난 것이 일정 기간 성장해서 이후부터 성장이 없는 것으로 인식되었지만 최근에 와서는 나이 들어서도 성장할 수 있음이 확인되고 있다. 뇌는 살아있는 생명체로 죽는 날까지 성장과 쇠퇴를 계속하고 있음을 보여준다.

원상으로 복원되는 것을 가소성이라고 한다. 1998년 미국 솔크연구소의 프레드 게이지Fred Gage 교수 연구팀은 성인의 뇌 특정 부분에서 수는 적지만 계속해서 새로운 신경세포가 만들어지고 있다는 사실을 처음으로 밝혔다.

이전까지는 나이가 들수록 뇌의 신경세포가 감소한다고 생각했으나 운동을 꾸준히 하면 해마 부위에서 새로운 신경세포가 생겨날 뿐 아니라 늙은 신경세포 간에 새로운 연결망이 만들어지고, 뇌로 가는 혈류량을 증가시켜 뇌세포에 더 많은 영양과 산소를 공급함으로써 뇌 기능이 향상되는 것을 연구팀은 확인했다. 또한 뇌 신경망을 만드는 '뇌 유리 신경성장 인자Brain Derived Neurotropic Factor 생성도 증가시켜 뇌의 지적 능력이 더 향상된다고 한다.

뇌에서 기억이 이루어지는 과정을 살펴보자. 크게 나누어보면 3단계를 거친다. 첫 번째 단계는 기억할 것이 만들어져야 한다. 보고 듣고 냄새 맡고 맛보고 접촉한 감각 정보가 뇌로 들어온다. 뇌로 들어온 정보가 조합돼 하나의 기억이 만들어진다. 두 번째 단계가 시작된다. 해마가 담당하는 역할은 기억 활동이다. 뇌로 들어온 감각 정보를 해마가 단기간 저장한다. 해마의 역할은 여기까지다. 세 번째 단계는 해마에서 단기기억 정보를 대뇌피질로 보낸다. 장기기억으로 저장하려는 단계다. 여기에서 필요 없다고 판단한 정보는 삭제한다. 단기기억은 저장하지 않는다.

그렇다면 기억 활동은 시간대가 없이 상시 저장하는 체계일까. 아니다. 기억을 형성하는 정보의 이동은 주로 밤에 이뤄지는 것으로 추정된다. 학습이나 업무 능률을 올리려면 밤에 정보처리가 잘 일어나도록 잠을 푹 자는 것이 좋다. 우리 한국의 아이들은 바쁘다. 학교가 끝나고 바로 학원으로, 학원이 끝나면 다른 학원으로 이동한다. 자라날 시간도 주어지지 않고 기억해야 할 시간도 제대로 주지 않는다는 결론이다.

해마가 새로운 기억을 담당하는 역할을 한다는 사실을 알게 된 경위를 살펴보자. 자신이 한 행동을 자신이 기억하지 못하는 희귀한 상태를 만나게 된 것에서 발단되었다. 그리 오래되지 않았다. 1950년대였다. 미국인 HM은 심각한 간질병으로 고통받고 있었다. 3년 뒤인 1953년 간질병의 원인이 되는 뇌의 중앙 측두엽의 일부를 잘라내는 수술을 받았다. 동시에 뇌의 한 부분인 손가락만 한 크기의 해마도 함께 떼어 냈다. 간질병을 고치기 위한 방법이었다. 수술 후에 예상치 못한 일이 벌어졌다.

수술 뒤에 일어난 모든 일을 기억할 수 없게 된 것이다. 매일 아침 HM은 자신이 있는 곳이 어디인지 전혀 기억할 수 없었다. 그럴 때마다 의사가 HM에게 무슨 일이 일어났었는지 설명했다. 듣는 순간 이해하지만 곧 자신에게 무슨 일이 있었는지 잊어버렸다. 특별한 것은 HM은 수술 뒤 자신에게 일어난 일은 아무것도 기억 못 했지만 수술 전에 겪었던 일은 거의 완벽하게 기억했다. 수술 전에 있었던 기억 자체가 없어진 것이 아니라 새로운 것을 기억하는 능력을 잃어버린 것이었다. 뇌과학에서는 이런 상황을 '전방 기억상실증'라고 부른다. 자신 앞에서 이루어지고 있는 현실적인 일들이 기억으로 저장되지 않는다는 특이한 현상이다. 다시 말하면 뇌수술 이후에 자신이 살아가고 있지만 살아가고 있는 기억은 없는 특별한 인생으로 살고 있다.

예상 밖의 결과가 알려진 후 뇌 과학자들은 비슷하지만 다른 환자들을 통해 인간의 기억에 대해 연구했다. '기억'이라는 것은 개별 신경세포로부터 나온 정보들의 연합이라는 사실이었다. 예를 들어보자. 만약 아이가 엄마의 얼굴을 보면서 얼굴을 '얼굴'이라고 들으면 얼굴의 시각적, 청각적 정보가 거의 동시에 뇌에 도착한다. 뇌의 해당 부분에서 정보를 받은 신경세포들의 연결성이 강해지게 된다. 정보를 담당한 뇌의 각 부분에서 얼굴이라는 단어를 들으면 얼굴의 모습이 자연히 떠오르는 것이다. 뇌에서 정보들의 연합으로 학습되는 것을 '헤비안 학습 Hebbian learning'이라고 부른다.

헤비안 학습을 하는 동안 신경세포들 간의 협업은 점점 확고해지면서 신경세포의 연결부인 시냅스를 통해 정보를 교환한다. 일종의 정보의 출입을 담당한 시냅스들은 정보의 양에 따라 열리는 정도가 다르다. 협업하고 있는 정보가 동시에 시냅스에 들어오면 협업이 활발하게 이루어진다. 일단 정보를 파악한 후에 비슷한 정보가 시냅스에 도착하면 협업에 의해 만들어진 정보로 나중에 들어온 정보를 파악한다.

헤비안 학습이 일어나는 곳이 어디일까. 해마다. 해마는 기억을 저장하는 장소가 아니라 새로운 기억을 조합하여 기억을 만들어내 분석하고 알아내는 중요한 부분이다. HM이 과거의 기억은 기억하고 있었던 것은 해마가 없어졌어도 가능했다. 하지만 새로운 정보들을 조합하여 새로운 기억을 만드는 해마가 사라져 해마를 제거한 후의 일은 기억하지 못하게 된 것이다. 수술 이후 경험하는 새로운 상황들을 기억하지 못할 뿐이었다. 정말 특별한 것은 약 20초 정도 지속되는 단기 기억도 정상적이었다. 장기기억에만 문제가 생긴 점이었다. 그렇다면 정보를 받아들여 기억을 오랫동안 저장하는 기억창고는 어디일까. 지금까지는 확실하게 밝혀지지 않았다. 기억은 뇌의 전 부분에 나누어 저장된다고 추측하고 있다.

척수 脊髓 Spinal cord

척수도 뇌의 한 부분으로 뇌다. 뇌에서 마지막으로 다루는 부위다. 등골뼈 속에 들어있는 것을 총칭한다. 척추 내에 위치하는 중추신경으로 감각, 운동신경들을 모두 포함한다. 척수는 100만 개의 신경섬유로 구성되어 있다. 척수의 위쪽 부분은 호흡과 팔의 움직임을 조절하고 중간과 아랫부분은 몸통과 다리의 움직임, 성기능을 조절한다.

척수는 크게 두 가지 역할을 한다. 하나는 뇌에서 근육으로 전달되는 정보를 전달하는 역할로 운동뉴런이라고 하고, 둘째는 몸에서 뇌로 전달되는 정보를 감각뉴런이라고 한다. 다시 말하면 뇌와 몸의 말단의 정보를 주고받는 교량역할을 수행한다. 운동뉴런은 근육, 내장근육, 심장 등으로 운동조절 신호를 전달하고, 셋째로 연합뉴런은 뉴런과 뉴런을 연결하는 역할을 담당한다. 연합뉴런은 인간 세포의 대부분으로 영장류들에서 신경 세포의 99%를 차지한다. 또한 뇌를 거치지 않고 자체적으로 신호를 판단해서 순간적인 자극에 반사운동을 하게 하는 중추기관이다.

반사反射는 자극에 반응하여 자발적이지 않으면서 거의 즉각적으로 일어나는 운동이다. 반사는 명령이 뇌까지 가지 않고 중추 부위에서 명령을 내려 다시 돌려보낸다. 감각을 받은 정보가 뇌의 명령, 즉 운동령을 경유하지 않고 운동 신경으로 보내서 일어난다. 가장 짧은 경로를 가진 것이 척수에서 돌아 나오는 척수 반사다. 근육을 당기면 강한 수축을 일으키는 신장伸張 반사, 수면 중에 발바닥을 건드리면 엄지발가락을 뒤로 젖히는 바빈스키 반사 등이 있다. 그리고 고양이를 거꾸로 떨어뜨리면 몸을 회전시켜 바른 자세로 착지하는 것을 직립 반사라고 한다.

반응 시간은 얼마나 될까. 반사 작용에서 반응 시간은 자극이 비롯할 때부터 생물이 반응할 때까지의 시간을 가리킨다. 궁금하지만 감이 오지 않는 시간 단위에 당황하게 된다. 짐승에게 시각적으로 보이는 반응 시간은 보통 150~300밀리초 정도 된다. 감이 오는가. 밀리초millisecond, ms는 천 분의 1초를 가리키는 말이다.

척수는 중추신경계통에서 간단한 하위구조다. 신체의 끝부분까지 전달하는 중간역할을 한다. 말초신경을 통해서 들어오는 신체의 모든 변화에 대한 정보를 받아들여 상위 중추인 뇌로 보내고 뇌에서 정보를 분석, 통합한 후 다시 척수를 통해 신체 각 부분의 말단까지 전달한다.

뇌에서부터 아래로 내려가는 운동신경은 손과 발을 포함한 모든 근육의 운동기능을 담당하고 반대로 신체 말단부의 감각 수용기로부터 뇌로 올라가는 감각을 담당한다. 또한 부분적으로 자율신경 기능을 담당하는 신경다발도 포함이 되어 있어 방광 조절이나 항문조임근 조절 기능도 있다.

척수 신경은 끝으로 갈수록 가늘어지는 구조로 31쌍의 척수 신경을 가지고 있다. 목 신경은 8개로 호흡을 조절하며 팔, 목, 위쪽 몸통 감각을 담당하고, 가슴과 등 신경은 12개로 몸통, 배의 기능을 담당하고, 다리 신경과 엉치 신경은 각각 5개씩 가지고 있어 다리, 방광, 창자, 성 기관을 담당한다. 정리하면 아래와 같다.

목 신경	8개, 숨쉬기, 심박수, 머리, 목, 어깨, 팔꿈치, 손, 손가락의 움직임
가슴과 등 신경	12개, 교감신경 활성도
다리 신경	5개, 생식기, 엉덩이, 무릎, 발, 다리
엉치 신경	5개, 생식기, 장, 방광
꼬리 신경	1개

총 31개의 척수 신경의 역할이다. 척수가 손상이 되면 부위에 따라 다르지만 하반신마비를 겪을 수 있다. 다리가 움직이지 않는 상태가 된다. 뇌에서 근육으로 전달되는 정보를 운동뉴런, 몸에서 뇌로 전달되는 정보는 감각뉴런이라고 한다. 척수는 중추신경계통에서 가장 간단한

하위구조의 부분으로, 말초신경을 통해서 들어오는 신체 내외의 모든 변화에 대한 정보를 받아들여 상위 중추인 뇌로 보내고 또 뇌에서 정보를 분석, 통합한 후 다시 말초신경을 통해 신체 각 부분에 전달하여 적절한 신체 반응과 정신 활동까지도 할 수 있게 하는 고속도로며 척수분절 수준에서의 반사활동의 중추다.

신경세포nerve cell와 시냅스synapse

인체에서 중요한 것은 뇌와 장기, 그리고 혈관 정도로 알았다. 우선 눈에 보이는 것이 중요하고 인체를 유지하는 것의 핵심은 뇌와 장기, 그리고 혈관 정도로 알았다. 하지만 숨어있는 존재들의 힘이 컸다. 각 기관들이 작동하려면 필요한 것이 있었다. 연결된 신경조직에 의해 상호 연결되어 작동되는 것을 알게 되었다.

인간의 몸이 유지되게 하는 원동력은 온몸에 퍼져있는 신경계에 의해서였다. 도시를 이루는 혈관이 고속도로로 눈에 확연히 띈다면 통신역할을 하는 신경계는 보이지 않는다. 그리고 도로마다 설치되어 있는 무수한 화학공장들이 있었다. 화학공장에서 일어나고 있는 것들을 알 수가 없었다. 도시에서 중요한 것은 고속도로만큼 통신역할을 하는 신경이 필요하고, 도시에서 필요로 하는 것들로 화학공장이라고 할 수 있는 호르몬 생산공장이 필요하다. 일차적으로 인체는 신경을 사용해 몸의 다른 기관을 빠르게 통제하고 조정한다. 혈관을 통해 필요한 열량과 산소, 그리고 호르몬을 이송한다. 그리고 혈관과 통신체계가 정상 작동하도록 하는 뉴런과 시냅스의 역할이 있다.

기원전 300년경에 그리스에서 죄수나 빈민을 대상으로 해부를 하다가 근육, 장기와는 별도로 끈과 같은 실이 온몸에 펴져 있음을 보고 신경이 발견되었다. 뉴런과 시냅스의 역할은 뇌와 척수, 그리고 인체의 각 부분 사이에 통신역할로 필요한 정보를 서로 전달해 도시에서 필요로 하는 생산공장에서 호르몬과 필요성분을 분비하게 하는 역할을 수행한다. 신경계는 각 기관을 연결하여 신체의 활동을 조절하고 각종 호르몬과 분비액으로 인체의 항상성을 유지하는 역할을 한다. 결국 생명을 유지하고 번식하는 모든 과정에 관여하는 것이 뉴런과 시냅스다.

뇌는 신경세포가 분열하고 증식하고 이동하는 배양기이며 인간의 의식과 행동은 모두 신경세포의 영향권 아래에 있다. 뇌에서 통제하고 관리하는 역할에 의해 인체는 유지된다. 뇌는 생명의 출발이자 마지막까지 책임지는 총괄사령부다. 뇌에서 신경신호가 사라지는 순간이 인체의 종말을 말한다.

신경은 한마디로 말하면 통신이다. 통신을 담당한 신경에서 전달된 정보는 뇌로 모여 정부를 분석하고 판단하는 역할을 한다. 뇌는 1천억 개의 뉴런이 100조 개의 개별 접속으로 서로 얽혀 있다. 접속 부위에서는 매초마다 무수한 전기작용과 화학반응이 일어난다. 전기작용과 화학 반응은 집중적으로 에너지를 소모한다. 실제로 뇌는 신체에서 사용하는 에너지 총량의 20% 정도를 소모한다. 뇌는 운동할 때의 근육만큼 많은 에너지를 소모한다.

인간은 위험에서 벗어나기 위해, 생존을 위해 필요한 정보를 전달해야 할 필요가 있다. 보고 듣고 냄새를 맡고 피부로 감지되는 감촉을 뇌로 전달해서 뇌가 판단한 후에 다시 말단으로 명령을 내려 대처해야 한다. 인간은 자극을 감지하고 통합하여 반응하는 정보 처리를 모든 세포 각각이 하는 것보다는 일부 특수화된 체제가 담당하도록 진화했다. 쉽게 정리하면 자극에 대한 반응을 전달하고 통합하여 판단하고 다시 명령을 전달하는 체제가 신경계다. 인간의 뇌는 수억 개의 뉴런으로 이루어져 있고, 뉴런들은 매우 복잡하게 조직화되어 정보처리를 하고 몸의 다른 부위로 정보를 신속하게 전달한다. 뇌의 뉴런이 가진 능력으로 인간은 학습하고 기억하고 지각하며 상황에 맞게 움직일 수 있다.

신경계는 중추신경계와 말초신경계로 되어 있다. 중추신경계는 뇌와 척수로 감각기관에서 수신된 생체신호를 수신하고 신경 정보를 통합 조정하는 기관이다. 말초신경계는 몸의 감각기관에서 받은 정보를 중추신경에 전달하거나 중추신경계의 명령을 직접 전달하는 기능을 담당한다.

통신으로 전달하는 체계를 담당하고 있는 것이 뉴런이다. 뉴런은 종류가 다양하나 기본적인 구조는 동일하다. 뉴런 사이에는 전기와 화학 반응을 뉴런만이 가진 독특한 통신 언어로 신호를 전달하고 받는다. 뇌 전도는 뉴런 간의 전기언어에 의한 통신 내용을 파악하는 검사다. 간단해 보이지만 하나의 동작인 팔을 들어 올리거나 눈을 깜빡이거나 발가락이 움직일 때에 수백 개의 뉴런 사이에서 전기적인 언어로 소통이 이루어진다. 책을 읽는 동안에도 눈으로 읽고 내용을 이해하기 위해서 수천 개의 뉴런들이 이웃 뉴런과 전기적 언어로 소통하면서 비교하고, 확인하고, 받아들이는 작용을 계속한다.

뇌에는 1천억 개의 뉴런이 있다고 했다. 뉴런도 노화한다. 뉴런이 노화한다는 것은 뇌도 노화한다는 말이다. 30세부터 하루에 1만 개, 연간 365만 개의 뉴런이 소멸된다. 그리고 뇌세포도 신체의 다른 부위처럼 노쇠와 통상적 손상에 의해 파괴된다. 뇌세포는 기본적으로 통상적인 생물학적 운영체계에 따라 움직인다. 뇌는 50세쯤부터 위축되기 시작한다. 50세에 인간의 뇌는 평균 1.35kg이고 65세 인간의 뇌는 1.17kg이 된다. 뇌가 줄어든다. 뇌가 수축하는 주된 이유는 뇌 자체가 소멸되는 것이 아니라 뇌세포가 수분을 손실하기 때문이다. 피질 주름 사이의 간격이 넓어지고 뇌 안의 공간이 확장된다.

신경세포 뉴런은 신경계를 이루는 기본적인 단위세포로 신경계를 이루는 구조적, 기능적인 기본 단위다. 정보를 전달하는 방법은 두 가지의 신호체계를 가진다. 하나는 전기적 신호이고 하나는 화학적 신호다. 서로 연결된 신경세포를 통해 전달되고 연결되어 있는 세포들의 상호 협력하는 활동을 통해 감각, 운동, 사고를 비롯한 복잡한 생명 활동이 이루어진다. 그리고 신경세포는 뇌에만 존재하는 것이 아니라 전신에 고루 분포한다.

신경은 핵과 세포질이 있는 신경세포체와 신경세포체에서 튀어나온 부위인 축삭, 가지돌기로 크게 구분할 수 있다. 축삭의 끝에는 축삭 종말이 있고 축삭 종말은 다른 축삭이나 가지돌기와 연접한다. 돌기 사이에 신호를 전달하는 부분은 시냅스synapse라고 한다. 시냅스의 특별한 점은 공간이 있다는 점이다. 직접적인 연결이 아니라 떨어져 있다.

신호를 전달하는 방법이 관이나 선을 통해 물리적으로 이어진 것이 아니라 공간이 있어 독특한 전달방법을 선택하고 있다는 점이다. 뉴런과 시냅스는 식물에게는 없다. 신호 전달은 시냅스를 통해 이루어진다. 뉴런 내에서는 전기 신호로 보내고 다른 뉴런에는 화학 물질을 분비한다. 전기신호를 보내 화학작용으로 변환하도록 한다는 것을 의미한다.

전달체계가 다른데 주고받는 신호를 의도한 대로 전달하는 역할을 하는 것이 바로 시냅스다. 뉴런의 세포막에 이온이 드나들 수 있는 각종 이온채널이 존재해서 +전하를 띠고 있는 이온을 막 안팎으로 이동시켜 전기 신호가 전달된다. 전기신호를 받은 가지돌기와 축삭돌기가 맞닿아 있는 시냅스 부분에서 축삭돌기는 화학 물질을 분비한다. 분비된 화학물질은 다음 뉴런의 가지돌기에 자극을 전달하게 된다. 기존의 뉴런과 시냅스의 관계를 설명한 내용이다.

뉴런에 대한 개념은 현대 신경생물학에 큰 발전을 가져다주었다. 현재는 뉴런만으로 모든 신경계를 설명할 수 없다는 의견이 지지를 받고 있다. 보다 정밀하고 정확하게 측정할 수 있는 기술과 장비에 의해 새로운 이론이 힘을 얻고 있다.

첫째, 가지돌기와 축삭돌기가 화학 물질로 전달하는 것이 아니라 전기 신호로 전달하는 것이 중추신경계에서 많이 관찰되었다. 뉴런이 각각 떨어져 있는 단위가 아니라 하나로 연결되어 있는 거대한 단위일 수 있다는 점을 일깨워 준다. 둘째, 가지돌기도 축삭돌기와 같은 역할을 하는 경우를 발견했다. 가지돌기는 입력이며 축삭돌기는 출력만 한다는 개념이 무너졌다. 셋째, 글리아세포glial cell의 발견이다. 글리아세포는 뉴런과 함께 신경계를 구성하는 또 하나의 세포로서 근래에는 글리아세포가 뉴런보다 더 신경계 구성에 중요할 수 있다는 가설이 등장하고 있다. 넷째, 신경계 형성에 대한 개념의 변화이다. 신경계가 한 번 형성되면 변하지 않으며 특히 인간의 두뇌에서는 뉴런이 더 이상 증가하지 않는 것으로 알려졌으나 1990년대에 신경줄기세포가 뇌에서 발견되며 성인에게서도 신경세포의 증가가 계속 나타나는 것으로 관찰되었다. 새로운 발견으로 인한 새로운 학설이 설득력을 가지고 있다.

신경계에서 자율신경은 호흡, 순환, 대사, 체온, 소화, 분비, 생식 등 생명활동의 기본이 되는 기능이다. 자율신경은 항상성을 유지하는 데 중요한 역할을 한다. 자율신경은 단어의 의미 그대로 스스로 알아서 작용한다. 정신이 작용해서 움직이는 것이 아니라 스스로 작동하는 신경이다. 의식하지 않아도 각종 장기의 상태가 항상성을 유지하며 작동한다.

자율신경은 기능적으로 서로 다른 2종류의 신경으로 각 기관을 지배하고 있다. 교감신경과 부교감신경이다. 눈의 동공을 살펴보자. 교감신경에서 동공을 확대시키고 부교감신경에서는 축소시킨다. 눈물샘도 마찬가지다. 교감신경에서 혈관을 수축시켜 분비를 감소시키면 부교감신경에서는 분비를 증가시킨다. 이번에는 소화기관을 살펴보자. 소화관벽의 근육을 교감신경에서는 꿈틀운동을 억제하고 부교감신경에서는 꿈틀운동을 도와준다. 서로 반대되는 작용이 몸 안에서 일어나고 있다.

신경의 기능은 서로 길항하는 관계다. 길항拮抗이란 힘을 서로 버티고 대항하는 것을 말한다. 맞버팀으로 서로 힘을 겨룬다고 생각하면 쉽다. 의학적으로는 어떤 현상에 대해 상반된 2가지 요인이 동시에 작용했을 때 상대의 효과를 상쇄시키는 작용을 길항작용이라 한다. 쉬운 듯 어렵다. 하지만 자주 나온다. 정확하게 모르면 내내 불편하다. 예를 들어보자. 사람의 팔에는 늘어나는 근육인 신근伸筋과 줄어드는 근육인 굴근屈筋이 있다. 굴근은 팔의 바깥쪽으로 늘어나는 근육이고, 신근은 팔의 안쪽 근육으로 줄어드는 근육이다. 팔을 안으로 접으면 안쪽의 굴근은 굽으면서 줄어들고 반대쪽의 신근은 늘어난다. 팔을 굽히면 안쪽 근육은 수축하고 바깥쪽 근육은 늘어나는 것을 길항이라고 보면 된다. 한편이 늘면 반대편은 줄어드는 것을 말한다. 다시 설명하면 서로 반대되는 두 요인이 동시에 작용하여 서로 상쇄시켜 없애거나 감소시키는 작용이다. 심장박동을 촉진하는 교감신경과 억제하는 부교감신경, 아드레날린과 아세틸콜린, 세포의 활동에 대한 서로 다른 이온 사이의 길항작용이 있으며 이해가 쉬운 것으로 혈관수축제와 혈관확장제, 그리고 포도당과 인슐린을 들 수 있다. 포도당은 체내의 혈당을 올리고 인슐린은 포도당을 글리코겐으로 전환해 체내의 혈당을 떨어뜨리는 중요한 역할을 하는 호르몬이다. 길항에 대하여 알아봤다.

시냅스에 대해 다시 생각해보자. 시냅스는 신경과 신경이 신호를 주고받는 곳으로 신경돌기 끝 부분과 다음 신경세포의 가지돌기가 맞닿아 있다. 직접 연결되어 있지 않고 미세하게 벌어진 공간이 있다. 중요한 것은 앞서 설명했지만 신경이 받은 자극이 전기 신호의 형태로 신경세포를 흐르다가 신경돌기 끝에서 화학물질로 바뀐다는 놀라운 특성이다. 다음 신경세포의 가지돌기가 화학물질을 받아 신호가 끊어지지 않게 다시 전기신호를 만든다. 시냅스에서 신호를 주고받는 화학물질을 신경전달물질이라고 한다. 신경전달물질의 종류가 많다. 현재까지 각각 다른 기능을 하는 수십 종류의 물질이 발견되었다. 신경전달물질이 많아도 문제 적어도 문제다. 곧 질병으로 연결될 수 있다.

신경전달물질을 살펴보자. 많이 알려진 도파민으로 뇌 신경세포의 흥분을 전달하고 유지한다. 도파민은 각종 중독, 환각, 정신분열병으로 알려진 조현병과 주의력 결핍 과다행동장애, 파킨슨병을 유발한다. 그냥 훑어보는 것으로 몇 가지만 적어본다. 다음에 다시 자세하게 나온다.

- **노르에피네프린**

  스트레스에 반응하여 몸과 정신을 긴장시키는 역할을 하는 신경전달물질로 조증, 난폭 행동, 우울증, 주의력 결핍 과다행동장애 유발
- **세로토닌**

  다른 신경전달물질의 과잉 분비를 억제하여 조화와 균형 유지하는 신경전달물질로 정서 불안, 폭식증, 우울증
- **아세틸콜린**

  혈압을 낮추고 심장박동을 억제하며 골격근 수축 등 생리 작용에 관여하는 신경전달물질로 파킨슨병, 알츠하이머병

뇌는 태어나는 것이 아니라 만들어진다.
끝없이 변화하고, 끝없이 재창조한다.

뇌 과학

2장

1. 뇌는 과학이다 과학적 원리에 의해 작동한다

뇌는 태어나는 것이 아니라 발전하는 것이다

뇌는 태어난 대로 사는 것이 아니라 뇌는 개발하고 교육하면 좋아진다는 이론이 옳다. 어렸을 때 머리가 좋은 아이나 머리가 나쁜 아이로 한 번 낙인이 찍히면 그대로 평생을 살아야 하는 것이 정상이라고 믿는 시대가 있었다. 그렇지 않다. 뇌는 성장 발전하며 사용하지 않거나 문제가 생기면 퇴보하고, 뇌 세포가 줄어들고 뇌줄기가 약화되어 뇌의 기능이 떨어진다. 뇌의 기능이 떨어진다는 것은 곧 기억이나 사고력이 줄어든다는 것을 의미한다.

뇌는 불모지대였다. 뇌에 대한 연구는 100년 정도가 전부다. 뇌는 타고난 대로 정해진 것이고 성장을 한 후부터는 퇴보하는 것으로 인식되어 왔다. 뇌에 과학이라는 이름을 붙이며 연구한 역사는 짧다. 100년의 세월 동안 뇌 과학의 가장 대표적인 연구 성과 중 하나로 손꼽히는 것이 바로 뇌가소성이다. 뇌가소성이란 뇌는 다시 빚어진다는 이론이다.

'뇌는 훈련하면 변할 수 있다'는 명제가 확립되었다. 인간의 뇌는 지속적으로 강렬하게 변하고 있는 살아있는 생명체다. 타고난 것으로 평생을 사는 것이란 생각을 벗어나지 못하고 있었지만 이제 뇌는 변화와 적응을 하는 존재로 진화하고 발전했다.

뇌세포는 한번 가지고 태어나면 영구적으로 퇴화되고 소멸되어가는 것이란 기존 가설을 뒤엎는 연구결과가 나오면서 뇌의 대한 인식이 달라지기 시작했다. 뇌를 연구하는 과학계에 커다란 충격을 주었다. 일반인들에게도 놀라운 발견이었고, 전환이었다. 물론 모든 신경세포가 증가한다는 것은 아니다. 뇌 속에서도 특정 부위의 신경세포만 증식하는 것으로 알려졌다. 대표적인 것이 바로 해마다. 뇌에서 기억조절을 담당하는 부위로 '기억제조공장'이라고도 불리는 해마, 뇌 과학의 통념을 깨뜨린 연구 성과를 우선 살펴보자.

불과 20여 년 전으로 최근의 일이다. 1999년 과학잡지 사이언스Science에 색다른 논문이 발표되었다. 원숭이에게 자극을 가했을 때 해마 부위에 있는 신경세포의 개수가 증가하는 것을 발견했다. 자극에 의하여 뇌가 변화하는 것을 확인했다. 2000년 런던대학의 엘리너 매과이어Eleanor Maguire 교수가 미국과학아카데미회보에 게재한 논문은 독창적인 시각으로 뇌를 설명했다. 거미줄처럼 복잡한 것으로 유명한 영국 런던의 택시기사의 뇌를 조사한 결과 베테랑 운전사일수록 해마가 크다는 사실을 발견했다. 뇌를 많이 사용하면 뇌도 변화한다는 것을 증명하는 예다. 학습과의 상관성에 대한 연구도 있다. 미국의 트레이시 쇼어스Tracy Shors 교수가 2004년 신경과학저널The Journal of Neuroscience에 발표한 논문 내용이다. 쥐의 기억력을 조사하는 과정에서 사물을 학습시키면 쥐의 해마 신경세포가 증식된다는 사실을 발견했다. 흥미로운 점은 기억력이 뛰어난 쥐일수록 새로운 신경세포가 더 많이 생겨났다는 점이다.

더 확실한 변화를 설명하는 연구도 있다. 먹이와 물만 있는 단조로운 환경에서 생활하는 생쥐와 다양한 놀이 환경을 갖춘 복잡한 곳에서 생활한 생쥐를 실험했다. 복잡한 환경을 갖춘 곳에서 생활하는 쥐의 해마가 크게 나왔다. 특별한 것은 단조로운 환경에 있는 쥐를 자극적인 환경장소로 옮기면 며칠 만에 해마의 신경세포가 늘어났다는 연구결과다. 더욱 주목할 만한 연구는 불과 10년도 안 된 논문이다. 2013년 스웨덴 카롤린스카 연구소 요나스 프리센Jonas Frisen 박사의 연구 내용이다. 해마의 신경세포 나이가 전부 제각각이라는 사실이다. 결국 뇌세포는 새로 생겨나고 소멸하기도 한다는 것을 증명하는 여러 연구 결과다. 20세기까지 가졌던 뇌세포에 관한 기존 이론은 이제 틀린 것으로 증명되었다.

놀라운 것은 신체적인 활동을 할 때 쉽게 육체적인 운동으로 인식하지만 아니라는 것이 속속 밝혀지고 있다. 걸으면 뇌가 발달하고, 뇌세포가 작동해서 뇌 건강을 유지할 수 있다는 것이다. 반대로 뇌 운동을 하면 신체의 해당 부분이 활발해지면서 건강해진다는 것이다. 장기와 뇌가 연결되어 있고, 신체의 말단부분과 연결되어 있다. 바꾸어 말하면 뇌 운동을 하면 장기의 운동성이 변화하고, 뇌 운동을 하면 신체의 말단부분까지 변화한다. 뇌자극에 의해서 뇌의 세포와 세포줄기가 건강해지고 뇌 자극에 의해서 장기가 좋아지고 몸의 신체의 말단까지 좋아진다는 것이 자연스러워진다.

뇌 운동, 뇌 교육, 즉 두뇌개발은 뇌와 몸이 둘이 아니라 하나로 연결되어 있음을 보여준다. 몸과 뇌 사이의 고속도로를 만드는 것이 필요하다. 고속도로를 만들고 잘 관리해서 소통이 원활하게 하는 것이 바로 건강의 비결이다. 여기서 건강이란 육체적인 건강뿐만이 아니라 정신적인 건강까지 해결된다는 것을 의미한다. 신체운동은 몸을 좋게 하는 것은 물론이고 두뇌기능을 발달시킨다는 것을 다시 한번 확인할 수 있다.

뇌의 역할은 외부에서 들어오는 정보를 파악해서 다시 정보가 제공한 상황에 따라 대처하도록 만들어져 있다. 뇌에서의 외부는 신체다. 신체가 감지한 보고 듣고 감촉하고 느낀 오감을 뇌에 전달해서 뇌에서 상황별로 분석해서 상황을 처리하도록 명령을 내리는 역할을 한다. 활동을 할수록 근육이 발달하듯이 뇌도 활동을 하면 근육, 다시 말해 뇌에서는 뇌세포와 뇌줄기세포가 증가한다.

뇌가 가장 두려워하는 것은 자극이 없는 상태다. 자극이 없으면 신경망이 작동하지 않는다. 육체적인 운동이나 무언가를 공부하는 자극이 없으면 뇌는 쉬고 신경줄기세포도 동작하지 않는다. 근육과 같이 작동하지 않으면 수축되고 퇴화한다. 근육운동을 한 부분만 근육이 발달하는 것과 마찬가지로 뇌도 뇌 운동을 하는 부분만 활성화된다.

'눈 깜빡임이 없는 순간 뇌기능은 쇠퇴한다'는 말이 있다. 이제는 '역시 사람은 안 변해'라는 말도 틀린 말이 되었다. 야구선수의 한쪽 팔이 길 듯 피아노 연주자가 손가락의 특정 부위가 발달하듯 신경계는 환경, 경험, 신체 상태에 따라 변한다는 것이 확인되었기 때문이다. 가소성은 신경계의 가장 놀랍고도 두드러진 특징이다. 또한 신경계는 죽을 때까지 유연한 변화를 계속한다.

뇌가 크면 지능이 더 좋을까

뇌의 크기는 보통 무게로 나타내는데 일반적인 성인의 뇌는 약 1.5kg이다. 지금까지 알려진 사람의 뇌 가운데 가장 작은 것은 0.45kg, 가장 큰 뇌는 2.3kg이었다. 둘 다 지능은 보통이었다. 동물 중에서는 고래의 뇌가 5~8kg 정도로 가장 크지만 인간보다는 지능이 훨씬 낮다.

뇌의 무엇이 지능과 관련이 있을까. 고래의 몸에서 뇌가 차지하는 비율은 약 2,000분의 1로 매우 작다. 하지만 사람은 약 50분의 1로 지구상의 어떤 동물보다 몸과 비교한 비율이 높다. 사람과 가깝다는 침팬지나 오랑우탄 같은 유인원도 몸 전체에서 뇌가 차지하는 비율은 100분의 1에 불과할 정도다. 사람의 뇌 비율이 다른 동물보다 큰 것은 대뇌가 뇌의 대부분을 차지할 정도로 크게 발달했기 때문이다. 동물들의 뇌를 살펴보면, 동물의 진화는 대뇌의 크기가 점점 커지는 방향으로 진행되어 왔다.

공룡의 몸무게는 종류에 따라 차이는 있다. 정확하게 알 수는 없다. 보통 수천kg 정도 나간 것에 비해 뇌의 무게는 고작 70g 정도밖에 되지 않았으리라 추정한다. 뇌의 무게가 몸무게의 2만분의 1 정도에 머문다는 의미다. 고래나 코끼리의 뇌 무게가 몸무게의 2,000분의 1, 유인원이 100분의 1, 사람은 40분의 1 정도를 차지하는 것과 비교해 볼 때 공룡은 뇌가 차지하는 비율이 예상보다 훨씬 작았다. 뇌의 크기가 직접적인 상관관계는 없지만 뇌의 크기와 지능은 비례한다는 것을 확인할 수 있다.

믿거나 말거나 뇌는 체내에 존재하는 가장 큰 기관이다. 부피뿐 아니라 기능으로는 멀미가 날 만큼 엄청난 숫자의 세포로 만들어져 있다. 약 1,000억 개의 신경세포와 9,000억 개의 아교세포로 구성된다. 숫자를 상상하기 어려울 만큼 단위가 크다. 더욱 놀라운 것은 뇌의 신경세포 대부분은 출생 전과 생후 첫 몇 달 동안 생성된다. 뱃속에서부터 완성단계로 향하고 있는 것이 뇌다. 태어나기 전과 태어나서 만들어진 신경세포는 숫자는 늘어나지 않고 크기가 자란다. 하지만 뇌의 일부 부위는 신경줄기세포를 포함하고 있어서 적은 숫자이기는 하지만 성인에서도 새로운 신경세포를 계속 생성할 수 있다. 뇌는 10세가 될 때까지 빠르게 성장하며 약 18세가 되면 최대의 크기가 된다. 성장은 18세까지다.

뇌의 역할을 살펴보자. 뇌는 척수와 함께 중추신경계를 구성한다. 기본적으로 감각 정보 수용sensory input과 운동 출력motor output을 통합하고 있다. 따라서 뇌는 입력되는 정보를 평가하고 인체의 항상성 균형을 깨뜨릴 수 있는 변화에 적절히 반응한다.

모두 다 중요하지만 정확한 뜻을 이해하기가 쉽지 않다. 뇌는 인체 내외의 정보들을 통합해 동작을 할 수 있도록 하는 역할을 한다. 즉, 뇌는 입력되는 정보를 평가하고 인체의 항상성 균형을 깨뜨릴 수 있는 변화에 적절한 반응을 한다. 움직임을 만들어내고 자세를 유지하기 위해서는 근육을 조절하는 것이 중요하다. 통합적인 조절은 신경계의 중요한 기관들이 연결망을 형성하여 신호를 주고받으며 이루어진다.

과음하면 '필름이 끊기는' 이유

술자리를 즐기다 보면 과음한 다음날 무슨 일이 있었는지 전혀 기억하지 못하는 경우가 있다. 블랙아웃Blackout이라고 하며 '필름이 끊긴다'라고도 한다. 일시적으로 기억이 돌아오기도 하지만 영구적으로 기억을 해내지 못하는 경우가 다반사다.

블랙아웃은 단기 기억 상실의 일종이다. 우리 몸에서 기억을 관장하는 곳인 해마가 알코올에 의해 마비되어 생기는 현상이다. 뇌가 기억하려면 해마 내의 신경전달 물질이 작동해 단기기억을 장기 기억으로 전환해야 하는데 알코올에 의해 마비되어 작동불능 상태가 된 것이다. 알코올은 기억을 방해할 뿐만 아니라 뇌세포도 파괴한다. 블랙아웃은 몸이 받아들일 수 없는 수준으로 알코올을 섭취했을 때 발생한다.

우선 술의 성분부터 분석해보자. 술은 주로 물과 에탄올로 구성돼 있다. 에탄올은 술의 주성분이라고 해서 주정이라고 한다. 블랙아웃은 적게는 혈중알코올농도 0.15%부터 시작된다. 사람에 따라 편차가 있다. 전문적으로 들어가면 전문용어가 나온다. 아세트알데히드와 아세트산을 이해해야 한다. 그럼에도 조금 더 살펴보자. 음주 시 일어나는 안 좋은 현상은 에탄올C2H5OH에 의한 작용으로 보면 된다. 술을 마시면 위와 소장에서 에탄올이 흡수된다. 에탄올은 독극물 분해 장소인 간에서 아세트알데히드로 변하고 다시 아세트산으로 바뀐다. 에탄올에서 아세트알데히드로 변경될 때는 개인차가 없다. 이때까지는 공평하다. 하지만 아세트알데히드가 아세트산으로 바뀌는 과정에서 개인 차이가 크다.

아세트알데히드는 부작용을 일으킨다. 머리를 아프게 하고 속을 쓰리게 하는 숙취 물질이다. 독성이 강한 물질이다. 술이 세고 약한 것은 바로 부작용을 일으키는 아세트알데히드를 분해해 아세트산으로 만들지 못하고 그대로 아세트알데히드로 남아있기 때문이다. 주량은 곧 분해능력과 비례한다. 술을 마셔도 얼굴색이 변하지 않는 경우와 멀쩡한 사람이 있다. 얼굴색이 빨갛게 변하는 사람은 분해능력이 좋지 않아서 아세트알데히드를 아세트산으로 빨리 바꾸어주지 못할 경우 부작용이 얼굴에 나타난 것으로 보면 된다.

아세트알데히드는 여러 가지 부작용을 일으킨다. 부작용 중 하나인 블랙아웃은 신경 세포들 사이의 신호전달 과정에 이상이 생겨 기억이 나지 않는 것이다. 아세트알데히드가 뇌의 새로운 사실을 기억시키는 해마의 활동을 차단시켜서 발생하는 현상이다. 뇌의 신경세포와 신경세포 사이에서 메시지를 전달하는 역할을 하는 신경전달 물질의 활동을 멈추게 한다. 따라서 뇌의 신경세포에는 새로운 메시지가 저장되지 않고 빈 공간으로 남게 된다. 기억이 남지 않는 이유다.

또한 아세트알데히드는 두통과 숙취의 주요 원인이다. 그리고 더 무서운 것은 암을 일으킬 수 있는 독성물질이다. 음주가 원인이 돼 생길 수 있는 직접적인 것으로 간암이 있다. 뿐만 아니라 구강암, 식도암, 대장암을 비롯하여 소화기계통, 그리고 유방암을 만들 수 있다. 술이 약한 사람에게 억지로 술을 권하면 위험에 빠뜨리는 것이나 다름없다.

요즘 밝혀진 사실로는 치매도 알코올에서 온다는 사실이다. 블랙아웃 현상이 계속 이어지면 뇌에도 영구 손상을 입힌다. 또한 알코올성 치매로 발전할 가능성이 있다. 치매는 노인성질환으로 생각하지만 그렇지 않다. 일반적으로 나이가 들어 뇌기능이 퇴화하면서 발생하는 노인성 질환으로 알려졌다. 최근에는 젊은 층에서도 급증하고 있다. 대부분 술로 인한 알코올성 치매가 주원인이다. 전체 치매 환자의 10% 정도 된다. 40대는 물론 30대 환자가 생기고 있다. 알코올성 치매는 과음 등으로 인해 뇌의 기억 전반을 담당하는 해마가 손상을 입으면서 발생한다. 지나친 음주는 뇌기능의 저하를 가져온다. 삼가야 할 이유다.

기억은 저장되지만
저장된 기억의 내용은 변한다.
내 기억은 내가 만들기도 한다.

2. 기억은 조작될 수 있다

기억은 어떻게 조작되는가

기억은 어떻게 저장되고 기억된 것은 어떤 경로로 다시 생각나게 되는 것일까. 그리고 기억은 정확한 것인가. 답부터 말하면 기억은 다른 쪽에서 연상을 시켜주면 연상된 것과 연결된 기억이 떠오르는 방식이다. 그래서 여러 기억이 중복되어 저장될 수 있다. 무슨 이야기인지 언뜻 이해가 되지 않는다. 그리고 기억은 저장된 그대로 변화가 없는 것인가라는 질문의 답은 무엇일까. 답은, 아니다. 기억은 정확하지 않고 왜곡될 수 있다. 최근의 연구를 보면 더 막막해진다.

살펴보자. 영화에서 상상력을 동원해서 제작한 것들이 있다. 매트릭스나 토털리콜에서 인간의 기억을 바꾸는 것을 볼 수 있다. 기억을 바꾸는 것은 창작물의 단골 영역이다. 없는 기억을 만들어 내거나 기존 기억을 지우는 것을 '기억 조작'이라고 한다. 과학자들은 기존 기억을 지우는 것보다 없는 기억을 만들어내는 게 더 쉽다고 말한다. 없는 기억을 생생하게 실제 경험한 것처럼 만들 수 있을까. 답은 '가능할 것이다'이다. 확정하지 않고 가능성으로 이야기한 이유가 있다. 미국 MIT 과학자들이 생쥐의 뇌에 가짜 기억을 심는 실험에 성공했다. 그리고 프랑스 연구팀 역시 이를 확인했다. 2016년에 신경과학계의 노벨상으로 불리는 브레인상 수상자들이 이렇게 말했다.

"인간이 기억을 완벽히 이해하게 되는 건 시간문제다. … 영화배우 마릴린 먼로와 만난 기억을 뇌에 심을 수도 있다."

기억은 어떤 과정으로 만들어질까. 얼굴이라는 기억이 저장되는 것을 살펴보자. '얼굴'의 기억은 시각영역에 나타난 얼굴의 시각적 이미지와 청각영역에 나타난 얼굴이라는 소리가 동시에 저장된다. 즉, 기억한다는 것은 물체가 없는 상황에서도 과거에 경험하거나 보았던 상황을 다시 만들어내는 것이다. '다시 본다' 또는 '다시 듣는다'는 개념이다. 얼굴이라는 부분이 뇌의 어떤 영역에 따로 입력되어 있는 것이 아니라 우리가 과거에 엄마의 얼굴을 보고 얼굴이라고 배웠을 때의 모습과 소리가 다시 떠오르는 과정이다. 얼굴이라는 단어를 들으면 시각적인 내용이 함께 떠오르고, 직접 사과를 보면 사과라는 단어가 떠오른다.

기억은 입력, 저장, 인출의 과정을 거치는데 어느 하나가 달라져도 전혀 엉뚱한 결과가 나온다. 특히 저장과 인출 과정이 문제다. 인간의 기억이 여러 가지 외부 자극에 쉽게 영향을 받는 것은 조각으로 저장되기 때문이다. 저장되는 과정에서 과거의 재구성이나 기억의 왜곡이 일어난다. 한 아이가 정상적으로 성장하기 위해서는 가족 전체가 필요하듯이 기억도 한 장소에서 개별적으로 저장되어 있는 것이 아니라 하나의 물체를 기억하기 위해서는 뇌 전체가 협동해서 관리해야 하는 것이다. 관여하고 있다는 것이다.

인간의 뇌는 불안정하다. 또한 인간의 뇌는 조작될 수밖에 없는 구조를 가지고 있다. 신기하게도 인간의 뇌는 기억하고 싶은 것만 기억한다. 뇌의 기억 저장은 믿을 수 있는가. 답은 믿을 수 없다가 정답이다. 신기하게도 기억이 정확하지 않다. 정확하지 않은 뇌를 믿을 수 있는가. 믿을 수 없지만 유일한 기억창고가 뇌에 있으므로 부족한 뇌 기억의 역할에 기댈 수밖에 없다. 뇌의 기억은 어떤 경로에 의해서 기억의 내용이 변화하는지 밝혀지지 않았지만 기억의 내용이 변한다는 것은 확실하다. 기억의 왜곡은 사실을 그대로 증언하고 있는 과거의 사진을 볼 때는 틀린 자신의 기억을 확인할 수 있다. 사진은 변하지 않는다. 하지만 자신의 기억이 변화된 것을, 과거를 증언하고 있는 사진 앞에서 자신의 뇌를 원망할 수도 있다. 그러나 저장된 기억이 상황 변화에 맞게 수정해서 현재의 상황에 적응하게 하는데 필요한 것일 수도 있다. 미국에서 유전자 검사법 덕분에 뒤늦게 무죄가 확정된 수감자들을 조사했다. 무죄가 인정된 사람들의 75%가 잘못된 기억에 의한 증언으로 무죄인 사람이 유죄 판결을 받았다. 유전자 검사법은 거의 확실하다. 유전자가 변할 수 없기 때문이다. 이런 경우도 있다. 반복되는 증인 심문 과정에서 기억이 왜곡될 수 있음을 밝혀냈다. 기억은 쉽게 변질되고, 기억하고 있는 뇌의 주인인 내가 변하면 기억의 내용도 변한다. 신비로운 뇌의 기억법은 생존의 방법일 수도 있다. 필요한 것만 기억하고 생존하기 위한 기억을 우선적으로 기억하는 특성이 있을 수도 있다. 그리고 살아남기 위한 전략으로 자신의 기억을 왜곡시킬 수도 있다. 뇌 스스로가.

더 무서운 세상이 다가온다. 과학자들이 말했다. 멀지 않은 미래에 기억을 지우거나 이식시킬 수 있다고. 그리고 인위적으로 기억을 담당하는 뇌의 연결 고리를 바꾸면 기억에 대한 감정의 조작이 가능하다는 연구결과가 나와 있다. 그렇다면 감정도 조작할 수 있는가. 답은 있다이다. 이미 이루어지고 있다고 할 수 있다. 세계최고의 뇌연구 회사인 파낙톡스에서는 뉴로 피드백이라는 놀라운 능력을 발휘하는 기구를 만들었다. 감정조절을 하지 못하는 사람에게 뉴로 피드백을 실시하면 감정조절을 할 수 있는 정상적인 뇌 상태로 만들 수도 있다. 뉴로피드백에 대한 설명은 뒤에서 자세하게 다룬다.

성인의 뇌보다 아이의 뇌가 더 발달해 있다?

뇌는 독특한 생존전략을 가지고 있다. 시냅스 가지치기synaptic pruning라는 것이 있다. 인체의 신호전달체계가 그리 간단하지 않다. 신호를 받은 그대로 다시 신호를 내려 보내는 것이 아니기 때문이다. 신호를 받아서 전달할 때 다른 전달 방법을 사용한다. 전기적인 신호를 화학적인 신호로 보내는 독특함에 있다. 조금 설명하면 신경세포와 신경세포 사이에는 공간이 있어 직접적으로 연결할 수가 없다. 다른 신호체계에 의해서 연결해야 한다. 전기적인 신호를 받은 신경세포는 신경물질이라는 화학적인 신호로 바꿔서 시냅스를 통과한다.

세포를 두 가지로 분리한다. 신호를 주는 신경세포를 전 신경세포, 신호를 받는 신경세포를 후 신경세포라고 한다. 하나의 신경세포가 만들어내는 시냅스는 무려 1000여 개의 신경말단세포를 만드는 데 뿌리가 되며 시냅스 신호전달의 강화 현상은 학습 및 기억의 역학적인 전달능력을 향상시켜주는 것으로 인정한다.

다시 뇌의 전략을 살펴보자. 뇌는 기발한 생존전략을 만들어냈다. 뇌는 태내에서 완성되지 않은 상태로 태어난다. 미완성의 뇌로 태어나는 이유가 있다. 살아남기 위한 전략으로 보인다. 뇌의 주인이 어떤 행로를 선택할지 확정되지 않았기 때문에 뇌도 미완성으로 태어나 뇌의 주인이 원하는 방향으로 발달시킬 것을 준비하는 방책이다. 뇌의 주인이 받게 될 환경에 적응하고 뇌의 주인이 가진 잠재력을 키워주기 위한 준비다. 아이가 태어날 때는 다양성을 기반을 한 풍부한 잠재력을 가지고 태어난다. 뇌의 주인이 어떤 것을 선택하든 적응해서 발달시킬 준비가 되어있다는 것을 의미한다.

상식적으로 생각해 보라. 아이 뇌의 시냅스와 어른 뇌의 시냅스 중 어느 뇌의 시냅스가 많을까? 당연히 어른 뇌의 시냅스가 많으리란 것이 타당하다. 하지만 정답은, 아이 뇌의 시냅스가 더 많다. 실제로 아이들의 시냅스는 성인의 2, 3배 정도나 많다. 이해하기 어려운 부분이다. 다시 설명하면 뇌는 태어날 때 많은 시냅스가 만들어진 상태로 태어나서 사용하지 않는 시냅스는 없애버린다. 많이 사용하는 시냅스를 남기는 전략으로 만들어져 있다. 많은 시냅스를 가지고 있던 아이들이 성장하면서 필요한 시냅스는 발전시키고 필요 없는 시냅스는 퇴장시키는 시냅스 가지치기 전략은 사춘기 무렵에서 시작해서 40대 초반까지 진행된다. 뇌의 주인이 선택하는 대로 향상시키는 전략이다. 무엇을 선택할지 모르는 뇌의 주인을 위해 많은 것을 준비했다가 뇌의 주인이 새로이 선택할 때 필요한 것만 특화시켜 활성화하는 놀라운 계책을 가진 것이 뇌다. 뇌의 주인이 뇌를 특화해가는 것을 그대로 따라가는 것을 전략적으로 선택했다.

극도로 유연한 뇌는
아무것도 오래 기억하지 못하는 쓸모없는 뇌가 된다

뇌가 가진 이해하기 어려운 전략이 또 있다. 제목이 말하고 있는 그대로다. 유연한 뇌는 아무것도 오래 기억하지 못하는 쓸모없는 뇌가 된다. 언뜻 이해가 안 된다. 상황에 유연하게 대처하는 뇌는 쓸모없는 뇌가 된다는 역설이다. 하지만 사실이다. 학습률이란 것이 있다. 학습률 learning rate은 이렇게 설명할 수 있다. 해남 땅끝마을에서 강원도 고성까지 국토 종단을 한다고 가정해 해보라. 해남에서 고성까지의 거리가 800km다. 이동거리를 선택할 수 있다고 가정해보자. 해남에서 고성 방향으로 하루에 20km씩 순간이동을 하면 정상적으로 주위를 둘러보면서 갈 수 있다. 40일 걸린다. 하루에 1km씩 순간이동을 하면 너무 오래 걸린다. 무려 80일이 걸린다. 그러면 이제는 속도를 높여서 하루에

2000km 순간이동을 하면 고성을 지나 만주를 지나 시베리아에 도착해 있을 것이다. 처음 출발지에서 고성까지의 거리보다 오히려 더 멀어져 있을 것이다. 이때에 '하루 이동량의 거리'가 바로 학습률이다. 학습률이 높을 경우 유리할 것 같지만 꼭 그렇지만은 않다. 학습률이 높은 인공신경망은 최근에 입력된 자료의 영향을 크게 받아 이전에 학습한 것들은 죄다 잊어버린다. 세심하게 안배된 뇌의 발달 단계를 보면 살아내기 위한 방법으로 만들어져 있다는 생각이 든다. 적정한 학습률이 필요한 이유다. 빨리 습득한 것은 빨리 잊어버린다. 대상에 대한 어려움이 없이 쉽고 빨리 학습하는 뇌는 아무것도 오래 기억하지 못하는 쓸모없는 뇌가 될 수 있다.

어른의 뇌와 아이의 뇌는 다르다. 어른의 사회성과 아이의 사회성이 다르다. 뇌가 다르다는 것은 바라보는 시각과 판단, 분석하는 것이 다르다는 말과 별로 다르지 않다. 타인의 감정에 공감하고 타인의 관점을 이해하는 사회적 능력은 중앙 전두엽과 측두엽-두정엽이 이어져 있는 영역과 관련이 있다. 연접구역의 활성화는 사춘기부터 이루어져 20대 후반까지 계속된다. 그리고 목표추구, 미래 계획, 감정 조절, 그리고 의사 결정에서 중요한 역할을 하는 뇌 부위인 전두엽은 20대 중반이 되어야 성숙되며 30대 후반까지 계속해서 발달한다. 뇌의 성장은 30대 후반까지 계속된다.

뇌는 계속 성장할까. 앞에서 설명한 바 있다. 답은, 성장한다. 성장은 물론 뇌 회로가 바뀌기도 한다. 뇌를 설명할 때 '결정적 시기critical period'라는 것이 있다. 결정적 시기란 발달 단계에서 특정한 능력을 습득하기에 대단히 중요한 시기를 말한다. 언어의 결정적 시기가 있다. 뇌의 결정적 시기에 도달한 순간 뇌는 언어에 민감하게 반응하며 언어에 관련된 뇌 회로의 가소성이 증가한다. 언어 습득에 유리한 상태가 되도록 한다. 인간의 성장 과정 중에서 언어의 결정적 시기를 지나면 언어에 관련된 뇌 회로들이 안정화된다. 안정화된다는 것은 변화하지 않는다는 말이다. 다시 설명하면 뇌세포가 생겨나지 않게 되면서 언어 습득이 어려워진다.

과거에는 안정화되면 완전 고착화되어 더 이상 뇌 회로를 바꿀 수 없다는 것이 정설이었다. 결정적 시기가 끝나면 뇌 회로를 바꿀 수 없다는 결정론이 지배했다. 실제 실험을 통한 연구 결과 결정적 시기가 지난 뒤에도 경험에 따라 뇌 회로가 바뀌는 사례들을 찾아냈다. 이제는 뇌에 대한 생각을 달리하고 있다. 심지어 이미 닫힌 결정적 시기를 재개하는 방법을 찾는 연구도 늘어나고 있다. 요즘에는 결정적 시기라는 확정된 단어보다 '민감한 시기sensitive period'라는 표현을 사용한다.

인체에 대한 연구가 활발하게 연구되면서 기존의 학설이 바뀌고 있다. 20여 년 전에는 하나의 신경세포는 한 종류의 신경전달물질만을 생산한다고 믿었다. 놀라운 사실이 발견되었다. 하나의 신경세포에서 정해진 신경전달물질만을 생산하는 것이 아니라 생산하는 신경전달물질의 종류를 바꾸기도 한다는 점이다. 신체는 신비스러운 능력을 가지고 있다. 시교차상핵이란 부위가 있다. 시교차상핵視交叉上核이란 한자의 의미 그대로다. 뇌의 중심부의 작은 부위인 시상하부의 영역에서 시각신경이 교차하는 곳 바로 위에 있는 공간이다. 시교차상핵은 생리주기를 조절하는 뉴런을 이용하여 신경과 호르몬의 활동을 조절한다. 원추형태로 생긴 시교차상핵은 쌀알 정도의 크기다. 뇌의 신비함은 공부를 할수록 커진다.

생체시간은 24시간 주기가 아니다

인간은 매일 일정한 생활 형태를 가지고 반복하며 산다. 아침이 되면 눈이 떠지고, 일정 시간이 지나면 배가 고프고, 밤이 되면 잠이 온다.

인간에게는 시계가 들어있다. 대략 하루에 해당하는 리듬을 가지고 있다. 일일 생활주기를 반복되는 생체 리듬을 '일주기 리듬'이라고 한다. 생체리듬을 좌우하는 체내 시계는 뇌 시상하부의 '시교차상핵'에서 담당한다. 아침에 깨어나고 밤에 자는 일정한 각성과 수면 시간도 시교차상핵에서 조정한다.

인간 안에 들어있는 생체시간은 수면시간이나 기상시간 같은 것을 관장하기도 하지만 몸의 각 부분의 장기들을 조정한다. 뿐만 아니라 체내의 순환 기능, 체온과 혈압 조절, 호르몬 분비를 관여하는 중추에 이르기까지 순차적인 관리를 통해 우리 몸의 생체순환을 조절한다.

이해할 수 없는 부분도 있다. 어떤 이유로 이러한 괴리가 생겼는지 알 수 없다. 인간의 생체리듬이 24시간 주기로 운행되지 않는다는 점이다. 하루를 정확하게 24기간으로 해서 밤과 낮을 살고 있는 인간의 생체리듬이 묘하게도 조금 다른 시간표인 25시간 주기로 움직인다는 점이다.

1938년 시카고대학교의 너새니얼 클라이트먼Nathaniel Kleitman 교수는 햇빛이 전혀 닿지 않는 깊은 동굴에서 6주 동안 생활하는 실험을 했다. 빛이 완전히 차단된 환경에서 신체의 일주기 리듬이 어떻게 바뀌는지 알아보기 위한 실험이었다. 결과는 달랐다. 두 사람의 일주기 리듬은 햇빛이 들어오지 않는 환경에서도 일정하게 유지되었다. 20대였던 사람은 26~28시간이었고, 40대였던 한 사람은 24시간보다 좀 더 길었다. 인간이 정확하게 24시간을 주기로 생활하지 않는다는 것을 확인했다. 인간의 몸은 자연상태로 두면 체내 시계가 어느 순간 약 25시간 주기로 돌아간다.

여행을 하다 시차적응이 안 되면 생활하기가 어렵다. 시차적응이 어렵다면 극복하는 방법으로 낮과 밤에 익숙한 인간의 생체로 환원시키면 가능해진다. 햇빛을 감지하면 내분비기관에서 아침이 왔다고 판단해 수면호르몬인 멜라토닌이 분비되지 않도록 뇌에 명령을 내린다. 잠이 가신다. 멜라토닌은 두뇌의 모든 영역에 잠잘 준비를 하라는 신호를 내리는 신경전달물질이다. 반대로 아침이 와 햇빛을 쐬면 뇌를 깨우는 세로토닌이라는 호르몬의 분비가 활성화되어 몸과 마음의 균형이 바로 잡힌다. 시교차상핵의 신경세포들은 망막으로 들어오는 빛의 양으로 낮인지 밤인지를 알아낸다. 인간은 신경세포와 호르몬의 절대적인 영향을 받는 존재다.

같은 기관에서 상황에 따라 선택적으로 다른 호르몬을 분비한다는 놀라운 적응력을 에제 실제 예로 살펴보자. 생체리듬을 조절하는 신경세포의 일부는 낮 길이가 짧을 때에는 도파민을 분비하는 도파민 신경세포가 된다. 낮 길이가 길어지면 도파민 대신 소마토스타틴somatostatin을 분비하는 신경세포로 바뀐다. 상황에 따라 다른 호르몬을 분배해서 환경에 적응하도록 돕고 잇다. 인체의 적응능력이다. 사람의 마음먹기에 따라 몸은 적응하려고 하고, 사람의 몸은 환경에 따라 적응하려고 한다. 좋은 생각을 하면 좋은 마음에 맞는 호르몬을 만들고 나쁜 마음을 갖게 되면 나쁜 호르몬이 생성된다. 마음을 조정하면 호르몬의 분비 성분도 바뀐다. 정말 인체는 마음을 그대로 반영하는 거울이다. 마음과 몸은 둘이 아니라 하나의 운영체계 속에 들어있는 작은 우주다.

생각을 바꾸면 뇌도 바뀐다.
생각만으로도 병이 낫는다.

3. 영유아기는 뇌 발달의 결정적 시기다!

뇌는 언제 가장 변할까

뇌는 계속 성장하는가. 경험이 늘어날수록 기억의 용량은 늘어나는데 뇌가 성장해야 하는 것이 아닌가. 답은, 아니다. 그러나 뇌는 일생에 걸쳐 끊임없이 변한다가 정답이다. 현재까지의 정답이다. 우리가 밝혀낸 지식의 총량으로서의 정답이다.

인간의 뇌는 1000억 개의 뉴런으로 구성되어 있다, 뉴런neuron은 신경계의 단위다. 뉴런의 기본 기능은 자극을 받으면 전기를 발생시켜 다른 세포에 정보를 전달한다. 뉴런은 크게 세 부분으로 나눈다. 핵이 있는 세포 부분이 신경세포이며 다른 세포에서 신호를 받는 부분이 가지돌기dendrite, 그리고 다른 세포에 신호를 주는 부분이 축삭돌기axon다. 돌기 사이에 신호를 전달하는 부분은 시냅스synapse라고 한다.

앞으로 자주 나올 단어가 시냅스다. 시냅스는 기본적으로 숙지해야 한다. 신경계를 구성하는 신경세포들은 전기적 또는 화학적 신호를 서로 주고받으며 기능한다. 신경세포 사이에서 신호가 전달되는 구조적 장소를 시냅스Synapse라 부른다. 신경세포는 1,011개며 하나의 신경세포는 보통 1천 개에서 1만 개의 시냅스에 의해 신경세포와 연결되어 있다.

시냅스는 신경전달이 이루어지는 가장 기본적인 공간이며 중요한 공간이다. 시냅스는 신경세포뿐 아니라 뇌 및 전체 신경계의 기능에 필수적인 역할을 한다. 뇌와 신경계의 모든 기능이 시냅스에서 이루어진다. 따라서 시냅스의 기능적 구조적 이상이 다양한 신경계의 질환으로 이어지며 질환의 치료에도 시냅스의 회복이 중요하게 작동되는 것을 알 수 있다.

신경계는 복잡하고 정밀한 구조로 만들어져 있다. 신경계가 제대로 기능하려면 구성과 연결이 정교하게 되어서 정상작동이 되어야 한다. 신경계는 복잡하고 정밀하게 가동되는 생명현상이다. 신경계, 즉 뇌는 어떻게 탄생하고 발달할 수 있을까. 신경계는 소위 잉여 전략을 진화시켰다. 뇌는 처음 성장할 때 필요한 것보다 많은 신경세포를 생산한 다음 나중에 다수를 죽이는 전략을 선택했다고 앞에서 전술한 바 있다.

다시 말하면 뇌는 아이 때가 가장 왕성하고 많은 수의 뉴런과 시냅스를 가지고 있다는 말이다. 나이가 들면서 사용하지 않는 세포와 뉴런은 퇴화하고 줄어든다. 살아남은 세포들도 일단 시냅스 연결을 과도하게 형성한다. 더 많은 것을 일단 만들고 사용하지 않는 것들은 죽이는 생존전략 차원에서다. 살아남은 것들도 잘못된 것들이나 그냥 두면 무성해질 것들을 가지치기한다. 가지치기 작업을 하는 주동자는 유전인자이지만 출생 초기에 신경 회로가 만들어질 때 환경 및 경험의 영향을 받는다. 현대에는 뇌와 신경체계가 일생에 걸쳐 변한다는 사실을 안다.

이번에는 뇌의 일생에 대해 알아보자. 우리는 태어나면서 한 살을 먹는다. 나이를 먹었다고 하는 것도 우리만의 표현방식일 듯하다. 우리는 뱃속에서의 열 달을 인정한다. 추가로 두 달 여의 날을 보태어주기까지 했다. 뇌의 일생을 살펴보면 당연히 신생아에게 한살을 주어야 한다는 것을 인정할 수 있다.

뇌의 성장은 수정과 더불어 만들어지기 시작했지만 뇌의 기능은 수태

100일 경부터로 본다. 첫 번째 단계는 수태기간이다. 태아에게 자궁은 집이자 성장의 공간이다. 자궁이 곧 엄마이고 학습장이고 생활의 전부다. 태아가 자궁에서 무엇을 듣고 느끼고 먹느냐에 따라 미래를 살 수 있는 모든 기초가 결정된다. 뱃속에서의 280일 정도의 성장과 경험이 아이의 일생에 중요한 기반이 된다. 육적으로 뿐만이 아니라 정신적인 면까지도 영향을 받는다. 태교가 중요한 이유다.

태교는 엄마에게는 아이를 키우기 위해 어른으로서 준비하는 기간이고 아이에게는 엄마에게서 배우는 학습의 기간이다. 무엇보다 아이의 뇌가 만들어지는 중요한 시기다. 뇌의 기본골격은 뱃속에서 만들어진다. 뇌 발달이 이루어지는 시기다. 엄마가 먹는 음식과 엄마의 생각과 엄마의 환경이 아이에게 절대적으로 작용한다. 아이가 평생 살아갈 뇌의 기틀을 만드는 시기다.

예를 들면 엄마가 잘 먹고 운동을 하면 태아에게 단백질과 산소공급이 좋아져 머리가 좋고 뇌가 잘 발달된 아이로 자랄 가능성이 커진다. 반대로 엄마의 스트레스는 태아가 엄마의 정서를 고스란히 받아들여 안 좋은 상태를 만들 수가 있다. 엄마가 좋아하는 음악을 듣고, 엄마가 몸에 좋은 음식을 먹고, 엄마가 스트레스를 받지 않아야 한다. 엄마가 스트레스를 받으면 발생하는 호르몬이 태반을 통해 태아에게 그대로 전달된다. 스트레스 호르몬인 코르티솔cortisol이 증가하면 태아 뇌가 위축이 된다. 성장에 지장을 줄 수 있다. 어른의 경우에는 몸에 지방이 축적되어 털 과다증, 무력증, 고혈압 따위가 나타나며 얼굴이 둥그러지고 목이 굵어진다. 또한 임산부는 전자파를 피해야 한다. ADHD, 즉 주의력결핍과잉행동장애의 원인이 될 수 있다. 임산부의 건강과 마음상태, 그리고 환경이 태아의 뇌가 성장하는 데 중요한 역할을 하는 시기다.

두 번째 시기다. 인간의 뇌는 미성숙하게 태어난다. 인간의 뇌는 성장하면서 뇌도 함께 성장한다. 출산에서부터 3세까지의 시기다. 출생에서부터 3세까지 받은 경험으로 신경세포들의 배치가 완성된다. 감각신경세포들이 몸의 정보를 처리하는 신경연결망을 발달시키고 구성하는 단계다. 신경연결망이 구축되어야 하는 중요한 시기에 문제가 발생하면 영원한 불구가 된다. 세 살 버릇 여든까지 간다는 말이 세 살까지의 중요성을 말하고 있다.

뇌에서 그것도 인지능력의 발달이 이루어지는 중요시기로 태내기, 영아기, 유아기 순이다. 인지능력은 어릴 때 기본 틀이 완성된다. 뇌 발달이 어릴 때 만들어진다. 태아와 영유아기 때가 중요한 것이 바로 뇌다. 인지 발달은 부모의 양육과 주변 환경의 영향이 크게 작용한다.

뇌의 완성과 발달은 영유기라고 했다. 좀 더 살펴보자. 영유아기는 인간의 두뇌 성장이 가장 왕성한 시기다. 뇌가 급속하게 성장하고 발달하는 시기다. 출생 시 신생아의 두뇌 무게는 성인의 약 25% 정도로 350g 정도다. 생후 약 6개월에는 성인 두뇌 무게의 약 50%이며 700g, 2세경에는 약 75%이고 1000g 정도로 성장한다. 얼마나 빨리 성장하고 발달하는가를 알 수 있다. 특별한 것은 신경세포의 수다. 신경세포의 수가 늘어나지 않는다. 성장은 하지만 증가하지는 않는다는 점이다. 신경세포는 출생 시 1000~2000억 개 정도로 만들어져 고정되어 있다. 사람의 뇌세포는 나이가 들어가면서 뇌의 구조와 기능을 끝없이 재정비한다.

다시 한번 말한다. 뇌 발달은 태어나서 3세까지가 뇌의 모든 영역이 고루 발달하는 시기로 정서와 감정 발달이 많이 이루어진다. 엄마가 아이의 뇌를 극대화시키는 데 중요한 역할을 담당한다. 아빠보다 엄마가 훨씬 중요한 역할을 한다. 영유아기는 뇌 발달의 결정적 시기다!

세 번째 시기는 4세에서 6세다. 전전두엽의 신경회로가 발달한다. 6세까지 뇌 전체 회로 연결망이 90% 완성된다. 강조해도 모자라지 않는 것이 6세까지 아이를 위해서 무엇을 해주어야 하는 것이 중요한가에 대해 생각해 볼 필요가 있다. 질문을 받으면 바로 답을 해주어서는 안 되는 시기다. 아이가 자기 생각을 말했을 때 반드시 칭찬이 필요하다. 답이 맞고 틀리고는 중요하지 않다. 스스로 생각해서 답을 찾아가려는 노력을 할 수 있도록 하는 것이 필요한 시기이고 전전두엽을 발달시키는 최고의 방법이다.

이 책은 초보자를 위한 안내서다. 전문가의 영역보다는 뇌에 대한 기초지식과 뇌로 인해 사람은 얼마나 많은 영향을 받는가를 이해하는 데 중점을 두고 있다. 전문가를 위한 책이 아니라는 점을 밝힌다. 뇌가 사람에게 영향을 준다면 사람은 어떻게 하면 보다 나은 바른 생각과 육체적인 건강을 찾을 수 있을까에 관심을 두고 있다. 병이 뇌에서 온다면, 잘못된 뇌를 바르게 하면 병도 사라질 것이라는 전제에서 출발한다. 뇌를 바르게 하는 방법으로 교육하거나 훈련을 시킬 수 있다면 건강한 생각과 건강한 육체를 찾을 수 있다는 것이 핵심적인 내용이다.

4세에서 6세가 전전두엽을 발달시키는 시기라고 했다. 전전두엽을 직접적으로 설명하기보다 초기 뇌과학이 출발하게 된 동기 중 하나를 소개한다. 널리 알려진 일이지만 분명히 초보자를 위한 책이라고 설명했다. 뇌의 어느 부분이 어떤 역할을 하는가를 정확하게 말하기 어렵다. 큰 흐름은 밝혀졌지만 그리 용이한 일이 아니다. 우연한 사고에서 출발한다. 사고내용을 그대로 옮긴다.

미국에서 일어난 사고로 1848년 9월 13일 미국의 버몬트 주에서 철로를 놓는 공사현장이었다. 철도건설회사에서 일하는 25세의 청년 피니어스 게이지Phineas Gage는 앞에 놓여 있는 커다란 바위를 부숴야 했다. 작업 중 다이너마이트가 폭발해 게이지가 들고 있던 1미터 길이의 쇠막대가 그만 게이지의 머리를 그대로 관통했다.

게이지는 살아있었고, 몇 분 후에 의식을 되찾아 걸을 수 있었다. 급히 병원으로 옮겨진 게이지는 할로 박사John M. Harlow에게 응급치료를 받았다. 박사는 머리에서 뼛조각을 뽑아내고 쇳조각이 뚫고 지나가 뻥 뚫린 머리뼈를 붕대로 감쌌다. 놀랍게도 4개월이 지난 1849년 1월부터는 정상적으로 업무에 복귀할 수 있었다.

업무에 복귀한 후 문제가 발생했다. 사람이 달라졌다. 평소 성실하고 온유한 성격으로 사람들에게 신뢰를 주었던 게이지가 전과 달리 참지 못하고 충동적이며 사람들과 쉽게 시비가 붙는 행동을 하는 사람으로 큰 변화를 보였다. 게이지는 숨쉬기, 밥 먹기, 옷 갈아입기, 집 찾기 같은 일상적 행동에는 어떤 지장도 없었다. 하지만 논리적 생각, 예측 능력, 정확한 판단능력을 잃어버렸다. 처음 게이지를 치료했던 할로 박사는 1868년에 의학잡지에 뇌의 앞부분인 전두엽의 상당 부분을 잃은 게이지의 변화에 대한 사례보고를 했다.

"상사가 말하기를 사고 전의 피니어스 게이지는 아주 효율적으로 일하고 자기 일을 잘 맡아서 하는 사람이라고 했다. 게이지는 사고 이후 변덕스럽고, 부적절한 행동을 하고, 말도 안 되는 일에 몰두하고, 동료들을 존중하지 않으며 작은 갈등에도 물러설 줄을 몰랐다. 그리고 어떤 경우는 집요하고 고집을 부리며 타협이 안 될 뿐 아니라 쉽게 결정을 내리지 못하고 우유부단해졌다. 게이지는 전과 완전히 달라졌기에 동료들은 '더 이상 게이지가 아니다'라고 했다."

문제를 일으키던 게이지는 결국 해고되었다. 게이지는 뉴욕 등지에서 스스로 서커스의 구경거리가 되거나 마부로 일을 했다. 게이지는 사고가 일어난 지 12년 후 사고로 다친 부위에서 시작한 것으로 추정되는 간질 발작으로 치료를 받다가 사망했다. 게이지는 항상 자신의 머리를 관통했던 쇠막대를 들고 다녔고, 쇠막대와 함께 묻혔다. 몇 년 후 할로우 박사는 유족의 동의를 받아 게이지의 시신을 발굴해 두개골을 정밀 분석했다.

무엇이 게이지의 성격을 바꾸었을까. 범인은 전두엽이었다. 전두엽이 성격을 규정하는 중요 요인이었다. 성격은 도대체 어떻게 구성되는가. 성격은 타고난다는 주장으로 혈액형에 따른 성격구분이나 사주, 골상에 따라 성격을 해석하는 방법이 있다. 반면 과거의 경험, 특히 어린 시절의 기억이 성인기의 성격구조 형성에 중요한 영향을 준다는 양육과 환경의 영향을 강조하는 방법이다. 피니어스 게이지의 사례는 전혀 다른 관점을 제시했다. 바로 전두엽의 존재다. 전두엽의 손상이 한 사람의 성격을 바꿀 수 있다는 것, 즉 뇌의 변화가 한 사람의 성격에 영향을 미치는 물질적 기반으로 존재한다는 것을 알려준 사례다.

피니어스 게이지의 부상은 많은 의사와 학자들에게 뇌의 기능에 대한 의문점을 던졌다. 전두엽이 추상적인 생각, 판단, 예측, 충동 억제 등의 기능을 한다는 것을 추론할 수 있게 했고, 수많은 실험과 연구를 통해 증명되었다. 피니어스 게이지의 사건은 뇌에서 가장 중요한 전두엽의 기능을 자세히 연구할 수 있는 계기를 마련했다. 그리고 지금까지도 많은 학자들이 백여 년 전의 사례를 최신 뇌과학의 발달에 맞춰서 재해석하고 있을 정도로 뇌 연구의 중요한 단서로 검토하고 있다.

다음은 4단계로 7세에서 15세다. 뇌가 전체적으로 통합되는 시기다. 부분에서 전체로 연결되어 좌뇌와 우뇌의 기능들이 통합 발달하여 사람다운 사고능력이 발달하게 된다. 비로소 고도학습능력을 키울 수 있게 된다. 6세까지 모국어가 발달되었다면 12세까지는 외국어를 익힐 수 있는 적기다. 이때 외국어를 익히게 되면 모국어처럼 익힐 수 있게 되며 평생 간다.

6살에서 12살까지는 언어의 뇌로 불리는 측두엽과 과학의 뇌로 불리는 두정엽이 발달하는 시기다. 측두엽은 기억저장, 정서, 청각, 언어를 관장하는 기관으로 청각정보를 처리하는 역할을 담당한다. 두정엽은 일차 체감각 기능. 감각통합과 공간인식에 관여한다. 수학적, 과학적 사고력이 발달하는 시기로 놀이를 통해 수학적, 과학적 사고능력을 자극해 주어야 한다. 아이의 의사와 감정을 스스로 표현할 수 있도록 도와주어야 한다.

13세에서 15세는 시각적 기능을 담당하는 후두엽이 발달하는 시기다. 후두엽은 눈의 방향과 눈의 초점 등 눈의 운동을 조절하는 뇌기관이다. 이전의 시각경험과 상호관계 된 시각 정상, 다시 말하면 시각연합기능도 담당한다. 예를 들어보면 실감이 난다. 중학생이 된 아이들이 감각을 알기 시작한다. 유행에 민감해지고 모양에 신경을 쓰고 옷을 까다롭게 골라 입기 시작한다. 시각적 기능을 담당하는 후두엽이 발달하는 시기와 맞물려 있어서다.

외모에 관심을 가지며 누가 예쁘고 누가 멋을 아는 것에 대해 민감하고 자신도 가꾸는 것에 시간과 정성을 들인다. 이때 아이를 나무라지 말고 격려해주며 미적인 관심과 색을 선택하고 조합하는 방법 등을 알려주면 아이와 가까워질 수 있다. 미적 허영이 미적 감각의 세계를 완성시켜줄 수 있는 단계로 받아들여 예술이나 유행에 대한 관심을 공유하면 공동체 의식을 만들어낼 수 있다.

16세에서 35세의 시기로 뇌 발달의 5단계다. 5단계의 핵심은 창의력이다. 사람이 가진 지적 능력 중 가장 뛰어난 능력이다. 창의력은 지적 능력이 최고도로 종합되어 있을 때 발달된다. 깊은 내면의식의 각성이 뒷받침되어야 완성된다. 뇌 스스로 학습에 의한 신경연결망의 발달이 중요한 기간이다. 사람으로서 최고의 뇌로 완성되는 단계로 절정의 기간이다.

창의력이 뛰어나려면 종합능력이 뛰어나야 한다. 창의력을 담당하는 핵심 부분은 전두엽이다. 앞쪽 뇌, 즉 전두엽이 팔팔해야 창의력이 퐁퐁 솟아난다. 인지기능을 총괄하는 기관이 바로 전두엽이다. 뇌는 사용할수록 튼튼해진다. 당연하게 독창적이고 혁신적인 사고를 담당하는 기관이 바로 전두엽이다. 창의력이 빛나는 시기다. 창의력의 하나인 꿈이 있으면 뇌가 늙지 않는다. 뇌가 미래목표를 위하여 활성화되어 꿈을 가지지 않은 사람에 비해 노화가 늦어진다는 보고가 있다. 꿈과 목표는 뇌를 살아 움직이게 하는 힘이 있음을 보여주는 예다.

6단계로 36세 이상 나이의 시기다. 늙어가는 뇌를 보여준다. 뇌를 안 쓰면 뇌는 퇴화한다. 뇌는 길과 같다. 길에 통행이 줄어들면 풀이 자라고 나무가 자라 길이 사라져 버린다. 다시 사람의 통행이 늘어나면 길이 열린다. 마찬가지로 뇌를 사용하면 길이 열린다. 그리고 넓어진다. 많이 사용하면 고속도로가 생길 수 있다. 뇌가 새로 생성되지는 않지만 죽는 것을 방지할 수 있고 훈련에 의하여 발달시킬 수 있다.

뇌는 자극을 받아야 작동한다.
아이는
엄마의 사랑이란 자극을 받아야
정상적으로 성장할 수 있다.

4. 성격은 호르몬의 영향을 받는다

뇌는 자극을 받아야 반응한다

뇌는 상호작용을 하는 아주 정밀한 기계다. 외부로부터 자극이 오지 않으면 뇌는 작동하지 않는다. 유아가 부모의 사랑을 받지 못하면 정신 장애가 온다.

한 번 살펴보자. 미국의 뉴욕에서 심리학을 연구하는 에드워드 제섭Edward Jessup의 주된 관심 분야는 환각이었다. 정신분열병을 순화시킨 말이 조현병이다. 이유 없이 누군가를 공격하는 병적인 행동이 환상이나 환각을 현실화하는 과정에 나타나는 것을 발견했다. 과격하게 남을 공격하는 것이 환청 때문이었다. 환각 증세를 연구해서 조현병을 치료할 방법을 찾아내려 했다.

먼저 외부와 완전히 고립된 수조 속에 물을 채우고 혼자 들어가 시간을 보내는 것을 선택했다. 감각차단 실험이었다. 세상과 격리되어 세상으로부터 고립되도록 했다. 환각 상태가 찾아왔다. 외부 자극을 차단하면 찾아온 환각, 결국 외부자극이 주어지지 않으면 왜 환각이 올까? 이유는 알 수 없었다. 하지만 사람들은 오래 전에 알고 있었다. 단조로운 자극이 환각을 불러온다는 것을. 극지 탐험가들이나 대양에서 표류하던 사람들, 그리고 독방에 갇힌 사람들은 환각을 겪어 왔다. 이유는 지루한 것을 견디지 못하는 뇌 때문이었다.

외부에서 들어오는 감각을 완전히 차단해도 살아있는 뇌의 활동은 완전히 멈추지 않는 불균형한 상태에서 뇌의 활동으로 일어나는 현상이었다. 자극이 차단된 상황에서 시간이 조금 지나면 지루해진 뇌는 외부 자극과 비슷한 소리나 이미지를 스스로 만들어낸다. 눈이나 귀로 들어오는 실제 현상은 아니지만 뇌 피질의 활동만으로 보면 진위를 구분할 수 없다. 이것이 환각이다.

아이가 옹알이를 하거나 뚜렷이 시선을 맞춰 바라볼 때 반응을 보이지 않으면 아이는 스스로에게 세상은 자신의 행위와 감정에 외부의 것들은 반응하지 않는 것으로 확정한다. 다시 말해 관심과 사랑을 받지 못한 아이는 결핍을 경험한다. 결핍을 경험한 아이는 반응을 하지 않고 스스로 행동을 선택하게 된다. 자신의 감정에 대응하지 않는 세상을 상대로 하지 않고 환각상태처럼 스스로 세상을 바라보고 행동을 결정한다. 아동기에 사회적 상호 의사소통의의 장애, 주의력 결핍 증세를 보이는 아이들의 경우다. 관심을 특징으로 하는 질환은 성공한 부모나 맞벌이 부부에게 더 많이 나타난다. 부모가 모두 바빠서 아이들과 교감하고 소통할 시간이 적어서다.

생각은 외부에서 정보가 들어와야 생각을 시작한다

뇌는 자극을 받지 않으면 아무 일도 하지 않는다는 말은 생각은 외부에서 정보가 들어와야 생각을 시작한다는 의미다. 뇌는 수동적이다. 먼저 뇌의 특정 부위에 인위적으로 자극을 주면 어떤 현상이 올까? 뇌 특정부위에 자기자극을 가하면 기억력이 향상된다. 뇌는 살아있는 생명체다. 정보를 받을수록 영리해지고 발전한다. 뇌는 사용하지 않으면 성장하지 못하고 정체되고 퇴보한다.

전두엽 피질에 저주파 자기자극을 반복해서 가했다. 정수리 부근 두정엽의 베타파가 약해지면서 단어 암기력이 향상되는 것을 확인했다. 뇌는 자극에 의해서 성장한다는 것을 보여주는 실례다. 일시적 사건과 경험을 기억하는 능력은 고령화, 치매, 뇌 손상 등에 따라 저하된다는 것이 상식이었다.

먼저 인간의 기억에 대해 기본적으로 파악할 필요가 있다. 인간의 기억능력에 대해 설명한 바 있다. 여기에서는 다른 것을 설명하려 한다. 인간은 있는 사실을 사진을 찍듯이 기억하는 것이 아니라 극히 개인적인 특성에 의해 기억한다. 다시 말해 주관적으로 기억한다. 같은 현장에 있으면서 서로 다른 것을 기억하는 것이 잘 대변해주고 있다. 자신이 필요하고 자신이 중요하다고 생각하는 것을 기억한다. 학술적으로 설명하면 해마에서 생성된 기억 흔적이 남아 있는 신피질에 경험한 정보가 정보 자체로 남아있는 것이 아니라 주관이 반영된 주관적 정보로 남아 있다.

기억에는 일화기억逸話記憶episodic memory과 의미기억意味記憶semantic memory이 있다. 일화기억은 이야기가 있는 기억이다. 사건과 장소가 나오고 등장하는 것이 있다. 구체적인 자전적 사건들에 대한 기억이다. 공간적 시간적 흐름이 있는 기억이다. 언제 어디서 사건이 발생하였는지에 관한 기억이다. 부모님께 칭찬을 들었던 일, 동창회에 가서 선생님과 친구들을 만났던 일, 생일날 축하를 받았던 일이다. 의미기억은 말 그대로 뜻을 알게 되는 기억이다. 지식이고 상식을 알게 되는 것을 말한다. 보충 설명을 하면 일화기억은 기억하는 것이고, 의미기억은 지식 습득이다. 알아야 기억도 할 수 있다. 밥주걱을 모르는 사람은 밥주걱을 기억할 수 없다. 한글을 모르는 사람이 한글로 적힌 내용을 기억할 수 없다. 이해도 할 수 없는 것을 기억할 수는 없다.

일화기억은 세 가지 기본 단계를 거친다. 첫째, 정보의 부호화로 기억 속에 들어오는 과정이다. 둘째, 보존으로 기억 속에 유지되는 과정이다. 셋째, 인출로 기억은 필요할 때 즉각적으로 떠올라야 한다.

기억이 되는 과정이다. 의미기억은 단기간의 실험실 조작을 통해 규명하기 어려워 기억에 대한 연구는 보통 일화기억에 대한 내용을 연구한다. 그리고 망각에 대한 내용을 연구한다. 자기자극에 의한 뇌의 변화에 대한 내용은 전두엽 자기자극이 뇌의 폭넓은 영역에 영향을 준다는 것이 결론이다.

연구원들은 뇌 전두엽에 대한 반복적 저주파 자기자극이 기억력에 영향을 미칠 수 있다는 기존 연구 결과를 토대로 시작했다. 자기자극을 가할 때 기억력 향상 효과가 있는 부위를 찾아내 기억력 관련 치료법에 적용하기 위한 연구였다. 대학생 40명을 두 모임으로 나눴다. 한 모임은 전두엽 피질에 1㎐의 저주파 자기자극을 반복해 가하면서 단어를 암기하게 했다. 다른 모임은 뇌의 조절 영역인 두정엽에 같은 자기자극을 가하면서 단어를 암기하게 한 과거 실험치를 분석했다. 계속해서 저주파 자기자극을 대학생 24명에게 했다. 한 번은 전두엽 피질에, 한 번은 두정엽 부위에 반복적으로 가하면서 단어 10개를 암기하게 했다. 뇌전도로 뇌파 변화를 측정했다.

두 실험치를 분석한 결과 단어를 암기하는 동안 전두엽 피질에 반복적 저주파 자기자극을 가할 경우 기억 능력이 더 많이 향상되었다. 또한 뇌전도 분석 결과 자기자극을 전두엽 피질에 가할 경우 정수리 부근 두정엽에서 뇌파 중 베타파가 약해졌다. 두정엽은 주의력과 지각에 관여하는 것으로 알려진 실험내용이다.

연구원들은 느린 자기자극은 뇌 활동을 억제하고 전두엽은 뇌 후두부 활동을 억제한다며 전두엽 피질의 활동이 반복적 저주파 자기자극으로 억제되면서 뇌 두정부의 활동이 증가해 단어 암기 능력이 향상된 것으로 보인다고 소개했다. 연구원들이 연구의 전기 생리학적 결과는 전두엽에 대한 자기자극이 뇌의 더 넓은 연결망에 영향을 미쳐 기억 형성을 개선한다는 결론을 내렸다. 뇌에 자기자극을 주면 기억형성에 긍정적인 영향을 미친다는 실험이었다. 특히 언어 암기력 같은 일화기억 능력이 향상된다는 실험결과다.

뇌는 많이 사용하면 할수록 성장한다. 뇌는 살아있는 생명체다. 고정된 것이 아니라 진화 발전한다. 현대에는 과학적인 방법으로 뇌가 성장하도록 하는 방법이 개발되고 있다.

뇌파가 수명연장의 길을 열고 있다

뿌린 씨를 거두는 것이 농부다. 봄에 뿌린 호박씨에서는 여름이면 청호박이 열리고 가을이면 늙은 호박으로 누렇게 변한다. 사람도 마찬가지다. 뇌의 영향력이다. 호르몬의 영향을 받는다.

새로운 연구와 성과로 뇌에 대한 인식의 지평이 확장되고 있다. 개발될 수 있다는 믿음이 과학으로 입증되고 있다. 그리고 일부 뇌 수련을 하고 있는 사람들에 의해 밝혀지고 진행되고 있기도 하다. 가장 중요한 것은 밀폐된 곳에 보관한다. 인간의 몸에서 가장 밀폐된 곳은 어디일까. 갈비뼈가 장막을 치듯이 막아서며 보호하고 있는 곳에 심장과 폐가 있다. 하지만 무언가 엉성하다. 거의 완벽하게 밀폐된 곳이 있다. 머리뼈다. 두개골이라고 하는 부분 안에 뇌가 있다. 튼튼한 뼈로 감싸진 안에 뇌가 있다.

인간을 인간이게 하는 가장 중요한 것은 뇌다. 뇌는 핵심 지휘본부다. 인간의 활동을 지휘하고 통제하고 조정하는 역할을 수행하고 있는 곳이다. 인간이 생명을 가진 존재로 마지막 죽음을 인정하는 것도 뇌가 정지한 것을 두고 판정한다. 뇌사라고 한다. 뇌가 활동하지 않으면 인간의 생명은 끝이다. 뇌에 대해 통설인 타고나는 것이고 성장하고 나면 뇌는 죽어가는 것으로 알고 있었다. 뇌는 개발될 수 있다는 신념을 가지고 있는 사람들이 있다.

미국 하버드의대 허버트 벤슨Herbert Benson 박사팀은 뇌를 조사했다. 집중명상 때 여러 일상적인 생각들이 줄어들지만 뇌의 활동은 오히려 늘어나는 것을 발견했다. 조사결과 혈압, 심장박동, 호흡의 조정과 관련된 뇌 부위의 활동성이 증가했다. 더욱 놀라운 것은 주의집중 상태, 시공간 개념이나 의사결정과 관련된 뇌 부위의 활동성도 증가했다. 놀라운 일이다. 아무 일도 하지 않고 생각을 비우고 있는데, 더욱이 생각을 하지 않게 되는데 오히려 주의집중 상태와 시공간 개념이나 의사결정과 관련된 뇌 부위의 활동성이 증가했다.

명상을 하는 동안 우뇌 중심에서 좌뇌 중심으로 역할이 이동하는 것도 밝혀냈다. 사람들이 불안, 분노, 우울과 같은 나쁜 감정을 가질 때 활성화되는 뇌 부위는 편도체와 우측 전전두엽피질로 오른쪽 이마 부위다. 즐겁고 열정적이며 긍정적일 때는 편도체의 활동이 줄고 좌측 전전두엽피질이 활기를 띠었다.

미국 매사추세츠 종합병원 사라 라자르 박사팀이 법조인, 언론인 등을 대상으로 하루 40분씩 짧게는 2개월, 길게는 1년 정도 명상을 하게 했다. 명상결과는 컸다. 스트레스가 줄어들고 생각이 밝아졌다. MRI로 뇌피질의 두께를 측정했더니 자비심과 행복감을 담당하는 뇌 부위의 두께가 0.1~0.2mm 두꺼워졌다. 뇌는 사용할수록 활성화되고 건강해진다는 것을 확인한 연구결과였다.

이번에는 명상과 수명에 대해 연구한 내용을 살펴보자. 2010년 미국 캘리포니아대학 데이비스캠퍼스의 토니아 제이콥스Tonia Jacobs 박사팀 연구다. 명상은 수명에도 영향을 미친다. 명상이 텔로머라아제

Telomerase 효소가 활성화되도록 하고 텔로머라아제 효소가 활성화되면 염색체 말단에 있는 텔로미어telomere의 단축을 저지시켜 노화를 늦추고 생명을 연장시킬 수 있다는 연구 결과다.

먼저 텔로미어부터 알아보자. 텔로미어는 일종의 인간 생체시계다. 세포분열과 관계가 깊다. 인간은 새로운 세포가 만들어져야 산다. 자라나고 성장하기 위해서 하나의 세포가 둘이 되고 둘이 넷이 되는 식으로 '분열'이라는 방식을 통해 자기와 같은 세포를 만들어낸다. 세포분열이 이루어지지 않으면 피부에 상처가 나도 재생이 되지 않는다.

모든 세포가 무한으로 분열할 수 있다면 우리는 영생할 수 있을 것이다. 안타깝게도 세포 분열에는 한계가 있다. 정상적인 인간 세포는 유한한 회수만큼 분열한 뒤 세포 수명의 한계에 도달한다. 예외도 있다. 생식세포나 혈구를 생산하는 조혈모세포는 평생 동안 분열한다. 하지만 세포의 염색체 양 끝의 텔로미어가 있는데 텔로미어는 세포가 분열할수록 점점 닳아서 짧아지고 텔로미어가 너무 짧아지면 세포는 분열을 멈춘다. 텔로미어의 길이를 알면 인간의 남은 수명도 알 수 있다.

인간은 50번 정도 세포가 분열하면 텔로미어가 없어진다. 텔로미어의 발견과 더불어 인간은 텔로미어가 닳아 짧아지는 걸 막는 것을 찾아냈다. 텔로머라아제Telomerase 효소다. 하지만 아쉽게도 실용화에는 아직도 한계가 있다. 인간이 오래 전부터 실행해온 명상을 하면 텔로머라아제Telomerase 효소가 활성화된다는 것을 밝혀냈다. 명상을 하면 수명도 연장된다는 것을 확인해 준 연구였다. 확실한 것은 인간의 뇌는 고정된 것이 아니라 끝없이 변화하고 성장한다는 것을 확인한 것이 성과였다.

성격은 타고나는 것이 아니라 만들어진다

나대는 아이가 차분한 성격으로 변하고 화를 잘 내던 사람이 온화한 성격으로 변하는 것을 경험하게 하는 것이 현대기술이다. 좌불안석처럼 집중하지 못하던 사람이 진중한 성격으로 변화하는 것이 진정 가능하다. 암기력이나 이해력이 떨어지던 아이가 명석해지는 아이로 변하는 것이 가능하다. 뇌과학의 정점인 뉴로피드백의 힘이다.

우선은 고대로부터 이어져 오는 뇌를 개선시키는 방법이 있었음을 확인해 보자. 계속해서 명상에 대한 이야기다. 명상은 뇌 활동을 바꾼다. 명상이 뇌 활동을 바꿔 심신 장애의 치유 가능성을 보여주는 연구가 많다. 뇌를 인위적으로 바꿀 수 있음을 보여주는 좋은 예다.

하버드 의대의 조지 스테파노George Stephano 박사팀의 연구 내용이다. 마음을 한 곳에 집중하도록 해 마음의 안정을 찾는 명상인 사마타Samatha 수련을 통해 심신의 이완이 깊어지면 뇌 속에 일산화질소라는 기체성 물질이 분출된다는 연구 내용이다. 놀랍지 않은가. 명상을 통해서 몸 안에 기체성 물체인 일산화질소가 분출된다는 놀라운 연구 결과다. 기체성일산화 질소에 의해 긍정적인 효과가 생겼다. 혈액순환이 좋아지고 심신이 좋아졌다는 보고다.

스테파노 박사는 밝혔다.

"일산화질소 분출은 뇌를 효율적으로 작용하게 하는 신경전달물질 방출을 촉진시켜 긍정적 감정 상태를 만들며 혈류 이동을 도와 심혈관계 질환을 개선하고 에스트로겐 효과를 높여 폐경기 우울증과 성적 무력증을 개선하며 면역기능을 강화한다."

신경과학자이면서 심리학자인 미국 위스콘신대 리처드 데이비드슨Richard Davidson 박사팀은 업무상 스트레스가 심한 생명공학연구원들을 대상으로 8주간 마음챙김 명상훈련을 시켰다. 명상을 한 그룹은 좌측 전두엽피질 우세성이 높아졌다. 또한 긍정적 정서와 업무 열의가 높아졌다. 그리고 면역기능이 상승돼 감기에 덜 걸렸다. 명상을 통해 가장 큰 변화는 부정적인 감정이 지배하는 뇌에서 긍정적인 감정이 지배하는 뇌로 바뀐다는 것이었다. 긍정적인 생각을 가지면 면역기능이 상승돼 심리적 신체적으로 건강해질 수 있다는 증거였다.

비슷한 연구가 있다. 더욱 신빙성을 높여주는 연구결과다. 독일 신경과학자 브리타 K. 횔첼Britta K. Hölzel과 하버드대 심리학자 사라 라자르Sara Lazar 박사 등이 명상 경험이 없는 일반인을 대상으로 했다. 8주간 마음챙김 명상을 실시했다. 명상 그룹은 명상을 하지 않은 집단에 비해 긍정적인 효과가 나타났다. 명상그룹은 학습, 기억, 감정조절을 담당하는 뇌중추인 해마와 연민을 담당하는 대상회피질, 인지기능을 담당하는 측두-두정엽 경계 부위 뇌피질 등에 신경세포체가 밀집되어 있는 것을 발견했다. 뇌가 양적으로 팽창된다는 것을 확인한 연구결과였다.

내 마음보다 중요한 것은 세상에 무엇도 없다. 《마음챙김》이라는 책에서 주장하는 내용을 적어본다. 하버드대학교 심리학과 여성 최초 종신교수이자 40년간 마음챙김에 대해 연구하고 있는 앨렌 랭어 교수가 말한다.

"마음챙김이 모든 행동에 영향을 미치는 상위 개념이다."

그렇기에 일에 몰입하고 바쁜 일상을 살아내기 위해서는 반드시 쉼과 명상의 시간이 필요하다. 조용히 호흡에 집중하면서 나 자신을 방해하는 모든 것들에 대한 생각에서 멀어지는 잠깐의 시간이 우리 집중력을 더욱 끌어올리고 업무 효율을 높여준다.

"이럴 때는 이 방식대로 해야 해."

"이게 더 좋은 거야."

이런 말은 틀렸다. 나에게는 내 마음이 향하는 나만의 목표와 방법이 있고 우리는 그것을 인생의 지침으로 삼아야 한다고 한다.

마음챙김은 우리의 뇌를 건강하게 만들고, 자기 조절 능력을 향상시키며 의사결정을 효과적으로 내리도록 도와주고, 독약과 같은 스트레스로부터 우리를 보호하는 필수품이다. 마음챙김은 종교적이고 영적인 생활과 통합될 수 있으며 일반적인 심리훈련의 형태로 연습할 수도 있다. 자리에 앉아 호흡하면서 마음챙김을 실천할 때, 특히 사람들과 함께 모여서 연습할 때, 우리에게 변화의 가능성이 찾아온다.

그리고 이렇게 안내한다. 먼저, 하루를 올바르게 시작하라. 연구자들은 우리 몸의 스트레스 호르몬인 코르티솔이 아침에 눈을 뜬 직후 몇 분 동안 집중적으로 분비된다는 사실을 발견했다. 왜 그럴까. 다가올 하루에 대해 생각하면 경쟁하고 문제를 해결하기 위해 머리를 쓰는 일, 즉 스트레스에 직면할 때 자동으로 나타나는 생리적 각성 상태로 자극되기 때문이다. 대신 이렇게 해보자. 아침에 눈을 뜨면 침대에 누워 2, 3분간 그저 호흡에 집중하는 연습을 한다. 오늘 해야 할 일들에 대한 생각이 마음속에 떠오르더라도 흘려보내고 호흡으로 되돌아온다.

명상에 대한 정확한 지침 내용을 소개한다. 명상은 개인의 힘으로 자신의 뇌를 훈련시키는 과학적인 방법이다. 과학으로 증명하고 있다. 뇌과학은 도리어 자신의 힘으로 자신의 뇌를 개선시키는 것을 말한다.

사라 라자르 박사는 말한다.

"당신이 뇌의 이런 특정 부분을 활성화할 수 있다면 그것만으로 그 부분은 발달한다. … 이는 실제적인 정신 운동으로 마치 몸의 근육을 만드는 것처럼 뇌도 사용해야만 기능을 잃지 않는 것을 의미한다."

질병의 95%는 스트레스에서 시작된다.

5. 스트레스는 질병의 생산자다

스트레스는 만병의 근원이다

현대인들을 힘들게 하는 것 중에 스트레스가 차지하는 비중이 크다. 스트레스를 그냥 두면 신체기능뿐만이 아니라 정신적인 면까지 망가뜨린다. 모든 병의 근원이라고 할 만큼 현대인에게는 스트레스가 악영향을 끼친다. 생명의 수명을 관장하는 것이 텔로미어라고 앞서 설명했다. 스트레스가 작용해서 인간의 수명까지도 줄인다는 것이 밝혀졌다.

살면서 긴장과 마음의 부담을 갖지 않고 살 수는 없다. 삶이 전쟁이라고 할 만큼 치열하고 힘들지만 상시적으로 스트레스를 받고 사는 사람들을 연구대상으로 했다. 만성 질환을 앓는 아이를 돌보는 어머니들을 상대로 연구를 진행했다. 심하게 스트레스를 받고 있다는 어머니들은 텔로미어의 길이가 가장 짧았다. 텔로미어를 보호하는 역할을 하는 텔로머라아제 수치 또한 가장 낮았다. 대상자들 중에서 가장 오랫동안 아이를 돌본 어머니의 텔로미어 길이가 더 짧았다. 만성적인 극심한 스트레스가 장기간에 걸쳐 이어질 때 수명을 관장하는 텔로미어는 더욱 짧아질 수 있음을 확인했다.

어느 것 하나 예사롭게 이루어지고 저절로 되는 것은 없다. 죽기 살기로 살아야 겨우 살 수 있다는 말도 있다. 사람들은 묘하게도 같은 상황을 다르게 받아들이며 산다.

인간은 스트레스를 받으면 세 가지 형태로 반응을 보인다. 첫째는 '위협'으로 받아들이는 경우다. 위협 반응은 두려움과 긴장으로 받아들여 미래를 걱정하거나 심지어 일어나지 않은 사건의 나쁜 결과까지도 예상하는 경우다. 지금 일어나고 있는 상황을 최악의 상황까지 미리 짐작해서 걱정하는 사람들의 반응이다. 둘째로는 위협과는 반대로 스트레스를 '도전'으로 받아들이는 사람들이 있다. 낙천적이고 즐길 줄 아는 사람들이다. 인생을 도전이라고 생각하거나 파도를 타고 노는 서핑이라고 생각하는 경우다. 장애물 경기도 달리는 길에 일부러 장애물을 놓고 넘는 것을 즐기는 것처럼 인생도 즐길만하다고 보는 것이다. 모험을 즐기는 사람들이다. 셋째는 인생을 오는 대로 받아들이며 사는 사람들이다. 인생은 마음먹기에 달렸다는 말도 있다. 실패를 실패로 받아들이지 않고 일상적인 일로 받아들이는 사람이다. 성공이 정상이라면 실패도 정상이라고 받아들이면 아무런 문제가 없다. 기쁨이 정상이라면 슬픔도 정상이라고 생각하면 아침저녁으로 바뀌어 부는 바람처럼 인간사를 그런가 보다, 그래서 뭐가 문제인데라고 웃으며 받아들이면 스트레스를 받을 일이 적어진다. 마음 한 번 바꾸니 세상이 달라져 보인다는 말이 허사가 아니다.

문제는 세상의 일을 받아들이는 다른 마음이 곧 스트레스 지수와 연결된다는 점이다. 스트레스를 위협으로 받아들이는 사람은 실제로 심하게 스트레스를 그대로 받아들여 수명을 관장하는 텔로미어 길이도 짧아졌다. 스트레스를 도전이라고 받아들이는 사람은 스트레스로 인해 어려움을 적게 받아 극복이라는 개념으로 받아들여 스트레스지수도 낮았다. 스트레스지수가 가장 낮은 사람은 스트레스를 자연스럽게 받아들이는 사람이었다. 고난과 슬픔을 하나의 사건으로 인간사에서 당연히 일어날 수 있는 일로 받아들여 스트레스가 거의 없었다.

다 같이 만성 질환을 앓는 아이를 돌보는 어머니들이었지만 삶을 받아들이는 태도에 따라 인생의 질은 달라졌다. 수명을 관장하는 텔로미어의 길이도 상대적으로 짧았다. 같은 상황이었음에도 다른 인생을 산다는 점에서 삶을 대하는 태도를 고민할 필요가 있다.

조금 전문적으로 설명하면 이렇다. 스트레스는 2개의 신경 경로를 통해 몸 전체로 확산된다. 첫째 경로는 교감신경계이고, 둘째 경로는 뇌속 경로다. 시상하부-뇌하수체-부신축이다. 스트레스가 지속되면 신체기능이 교란되어 질병이 생긴다. 더구나 만성적인 스트레스는 코르티솔 과다 분비가 되도록 한다. 과다 분비된 코르티솔은 해마의 기능을 억제한다. 해마의 기능이 억제되면 새로운 기억 형성이 방해를 받고, 기억형성에 방해를 받으면 새로운 신경세포를 만들지 못해 뇌피질이 위축된다. 뇌피질의 위축으로 신경계와 호르몬에 문제가 생기면 병도 따라온다. 무서운 병이다. 건망증, 알츠하이머 치매까지 생긴다. 문제가 생길 소지를 막아주는 것이 바로 명상이다. 명상은 스트레스의 증폭 확산을 막을 수 있다. 명상이 인간의 뇌를 긍정적인 방향으로 조정하고 해결해주는 것이 과학으로 밝혀지고 있다.

신경계의 고장은 신경계의 병만을 만들어내지 않는다

신경계는 신경계만을 담당하지 않는다. 신체의 대부분과 연결되어 있다. 신경계는 오지랖이 넓어 인간의 몸 구석구석까지 참견을 한다. 직접적으로 아니면 간접적으로 연결되어 있다. 신경세포는 생후 2년 때가 가장 많다. 사춘기가 되면 절반이 죽는다. 그렇다면 뇌는 어떻게 존재하는가. 사춘기 때 이미 반이 사라진다면 살아가야 할 기간이 훨씬 많은데 어떻게 살아가야 할까.

과학계에서 연구하고 있는 주제다. 신경계의 가장 핵심인 신경세포, 즉 뉴런은 출생 이후에도 계속 늘어나는가. 그렇다면 1000억 개의 뉴런을 가진 아이와 2000억 개의 뉴런을 가진 아이는 어떤 차이가 날까. 뉴런의 수와 아이의 지능은 관계가 있을까. 답은, 차이가 있다. 분명한 차이가 난다. 출생한 후에는 뉴런의 수 변화가 없다고 하는데 정말로 불가능한 것일까. 답은 가능하다. 그렇다면 어떻게 하면 뉴런 수를 늘려서 머리가 좋아지고, 건강해질 수 있는가. 뇌는 알아서 성장하고 발달할까. 그렇지 않다. 뇌는 자극이 없으면 반응하지 않는다고 했다. 반응하지 않는 뇌는 죽은 뇌와 별다르지 않다.

일반적으로 뉴런은 임신 5개월에서 6개월 즈음에 대부분 완성된다. 한국적인 교육에서 중요하게 여겼던 것이 태교다. 태교가 실제로 중요할까. 답은, 정말 중요하다. 출생 2년 후에는 뉴런의 수가 증가하지는 않는 것으로 알려졌다. 하지만 새로운 연구결과가 늘어나고 있다. 뉴런도 새로이 탄생하고 죽어간다는 것이 밝혀지고 있다. 하지만 아직은 팽팽하게 이론이 엇갈리고 있다.

확실하게 늘어나는 것이 있다. 사용한 만큼 뇌 운동을 한만큼 늘어나는 것이 있다. 뉴런을 이어주는 존재, 시냅스다. 신경세포는 독립적인 존재로 혼자서는 역할 수행을 하지 못한다. 신경세포를 연결해주는 시냅스가 있어야 신경세포 간의 통신이 이루어져 정상작동하게 된다. 시냅스는 신경세포를 연결해주는 다리다. 신경세포와 신경세포 사이를 연결하는 시냅스는 활달하게 증식을 하고 확장을 해서 뇌의 기능을 성장시킨다. 섬과 섬을 연결해주는 다리가 없으면 섬은 고립된다. 다른 섬이나 육지와 연결하지 않고 섬에서 독자적으로 자립할 수가 없다. 섬을 연결해주는 다리가 있어야 한다. 드물지만 배라도 있어야 한다. 배와 다리가 시냅스다.

결국 뇌는 살아있는 생명체와 같아서 끝없이 변화하고 성장과 사멸한다는 것을 보여주고 있다. 시냅스의 형성은 뇌 발달에 아주 중요한 요소 중 하나다. 시냅스는 유전적으로 결정되지만 시냅스의 일부는 다양한 경험에 의해 이루어진다. 그렇다면 어떤 자극이 시냅스의 생성에 도움이 될까.

시냅스는 어릴 적에 폭발적으로 늘어난다

출생 직후 영아의 뇌에는 충분한 수의 뉴런이 존재한다. 인간의 영유아기에는 시냅스 성장이 극적으로 이루어진다. 출생 순간부터 신생아는 움직이기 시작하며 움직임의 강도와 민첩성이 신생아의 신체적 건강과 지적 수준을 결정하는 기준이 된다.

태어나서 2세까지 시냅스의 형성이 주를 이루는 시기로 신경세포 회로에 변화가 생긴다. 출생 직후에는 하나의 뇌세포에 2,500개의 시냅스가 연결되어 있는 정도이지만 생후 6개월이 되면 그것이 18,000개가 될 정도로 연결 작업이 폭발적으로 진행된다. 두뇌의 크기도 마찬가지로 태어날 때 불과 400g 정도였던 뇌는 생후 1년 만에 1㎏으로 2배 이상 커진다. 태어난 후 1년 동안 아기는 신경세포와 신경세포 사이의 연결 작업을 하느라 쉴 새 없이 보고 듣고 만지고 느끼면서 온몸으로 받아들인 정보는 바로 뇌로 전달한다. 유달리 피부로 전달하는 정보는 다른 감각에 비해 더 빠르게 뇌로 전달되어 유아기 때의 뇌 발달 중 감정과 정서 부분의 성장에 영향을 준다. 영유아기 때는 피부접촉을 많이 해주는 것이 좋다.

2살에서 3살 사이가 되면 출생 이후 연결해온 시냅스 수가 최고치에 달한다. 인간의 일생 중 두뇌가 가장 급격히 발달하는 시기다. 전두엽, 두정엽, 후두엽도 골고루 발달하는 시기로 편중된 학습보다는 다양한 영역의 정보를 풍부하게 촉진해 주는 것이 좋다. 예를 들면 장미꽃에 대해 가르치려면 장미꽃이 그려진 그림을 보여주는 것으로 끝나는 것이 아니라 장미꽃을 실제로 보여주고 직접 장미꽃을 느끼고 냄새를 맡게 하고 장미꽃이 피어있는 모습과 피고 지는 모습을 체험하게 하면서 오감으로 체득하도록 하는 직접적인 경험이 필요하다.

2,3세 때에는 아동의 뇌 발달과 함께 신체발달도 급속도로 이루어진다. 만 1세 때부터 혼자 걷기가 시작되며 만 2,3세가 되면 대근육이 강화되어 계단도 오르고 안정되어 있는 세발자전거도 탈 수 있다. 눈과 손의 협조체계가 이루어지고 소근육이 발달하는 시기다. 위험하지 않으면서 뇌를 자극할 수 있는 모래성 쌓기나 물건을 가지고 놀 수 있는 놀이를 시키면 좋다. 또한 숟가락 사용을 할 수 있게 된다. 손으로 놀고 할 수 있는 손작업을 많이 시키면 뇌 발달을 촉진시킬 수 있다.

아이가 돌이 지나면서 젖을 떼게 되면 다양한 음식을 맛보게 하고 탄수화물, 지방, 단백질 등 영양소를 골고루 섭취하면 건강은 기본이고 뇌 발달에 좋다. 2,3세 때는 씹는 음식을 주어 가능한 많이 씹을 수 있도록 하면 뇌에 자극을 주어 뇌 신경회로를 활성화시키는 데 도움이 된다.

만 3세에서 6세 시기다. 만 3세가 되면 '언어의 폭발기'가 온다. 말을 많이 하려고 하고 배우는 시기다. 발음이 정확해지고 어휘가 늘어나며 문장의 구조를 이해하기 시작한다. 의문문과 부정문도 사용할 수 있으며 의사소통 능력이 발달한다. 또한 대뇌피질의 전두엽이 집중적으로 발달하는 시기다. 생각하고 판단하는 정신발달을 촉진하는 전두엽이 발달하는 시기로 질문에 대한 답을 성실하게 해주고, 아이에게 질문을 해주는 것도 필요한 시기다. 전두엽은 종합적인 사고 기능, 인간성, 도덕성, 종교성 같은 최고의 인간적인 기능을 담당하는 부위다. 많은 지식정보를 입력하는 것에 초점을 둘 것이 아니라 종합적이고 다양한 사고를 할 수 있는 교육을 해야 한다. 또한 올바른 생활태도나 사고방식을 갖게 하는 예절 교육과 도덕교육도 필요한 시기다. 적극적으로, 그리고 정확하게 가르칠 필요가 있다. 전두엽의 시냅스 형성이 활발한 시기이므로 호기심이나 상상을 불러일으키는 활동이 필요하다.

만 7세에서 12세까지의 시기다. 두정엽과 측두엽이 발달하는 시기다. 머리의 양옆에 있는 부위인 측두엽은 언어기능, 청각기능을 담당하고, 머리의 정수리 부분에 해당하는 두정엽은 공간 입체적인 사고 기능, 즉 수학적 사고와 물리적 사고를 담당하는 곳이다. 언어와 수학, 과학 교육을 받기에 적절한 시기다. 인간은 태내에서 우뇌가 중점적으로 발달하는데 생후에도 우뇌가 일찍 발달하다가 7세가 지나면서 좌우 뇌를 연결하는 시냅스가 발달하기 시작한다. 좌우 뇌를 연결하는 뇌 발달 상태를 보면 뇌 앞부분의 활동이 활발하게 이루어지는데 이때 정서적 경험의 영향을 많이 받는다.

초등학교 입학 연령이 8세다. 8세로 정한 이유가 있다. 뇌 발달과 상관관계를 계산해보면 이해가 간다. 초등학교에 들어가는 8세 전후가 되면 아이들이 교육을 원하는 시기다. 8살이 되면 뇌의 좌반구와 우반구가 균형 있게 발달해 세상에 대한 이해가 높아진다. 생각을 많이 하며 알고 싶은 욕구가 강해지는 시기다. 초등학교 시기에는 암기를 하거나 반복하는 교육보다는 좌반구 우반구의 균형 있는 발달을 위한 기초작업으로 생각하고 말하고 행동하는 교육에 초점을 맞춰야 한다.

행복은 인간이 살아남기 위해 진화된 감정이다

인간의 뇌는 나이가 들어서도 생로병사를 이어간다. 새로 생기고, 늙어가고, 병들어 죽고 다시 태어나는 것이 뇌 안에서 동시에 일어난다. 많은 신경세포와 더 많은 신경세포줄기, 즉 뉴런과 시냅스가 뇌 안에서 독립적으로 생로병사를 진행하며 뇌는 살아있는 공동체와 같은 모습이다. 뇌 안에서 새로 생기고 죽어가는 것이 마을공동체처럼 일상화되어 일어난다.

뇌가 행복해 할 때는 생존에 도움이 될 때다. 몸에 이로운 상황일 때 뇌는 행복해 한다. 이렇게 표현하는 사람도 있다. '행복은 생리적인 욕구'다. 행복은 살아남기 위한 선택적 감정 상태라는 말이다.

인간이 행복해 하는 상황을 살펴보면 행복에 대한 정의가 드러난다. 기본적인 안정을 가질 수 있는 의식주를 해결할 때 행복하다. 배가 고팠을 때는 기분이 좋지 않다가 고기를 집어 입에 넣었을 때 행복하다. 좋은 옷을 선택해 입었을 때 웃음이 저절로 나온다. 거리를 헤매다 집으로 들어가는 순간 마음이 편안해진다. 피곤할 때 누워 잠이 드는 순간 행복하다. 화장실에 앉아 배변을 보는 순간 행복하다. 생리적인 욕구가 채워질 때 행복하다. 안정상태가 되었을 때 행복하다. 그리고 사랑하는 사람을 안았을 때 넉넉해지면 포만감에 젖는다. 인간이 행복해지는 것은 인간이 만족한 상태가 되었을 때다. 부족하면 짜증이 나고, 만족하면 행복하다. 살아남아야 하는 욕구들이 충족될 때 행복하다. 인간은 살아남는 상태가 될 때 행복하도록 창조되었다. 생존에 도움이 되도록 뇌가 구조화되었다.

진정으로 행복할 때 뇌가 작동할까. 현대 뇌 과학계에 있어 매우 영향력 있는 인물인 안토니오 다마지오Antonio Damasio 박사는 사람이 행복할 때와 슬펐던 때를 회상하게 하며 양전자방사단층 촬영으로 뇌의 활동을 촬영했다.

먼저 실험 참가자들이 언제 행복한가를 물었다. 멋진 상대와 연애를 하거나 결혼할 때가 행복감을 크게 느끼는 시간이었다. 첫사랑만 생각하면 가슴이 뭉클해지고 그리워지기도 한다. 사랑과 연애는 행복감이 크게 작용한다. 사랑하면 호르몬 분비가 활발해지면서 얼굴이 밝아지고 미소가 많아진다. 사랑하게 되면 뇌가 변했다. 남성에겐 남성호르몬인 테스토스테론이, 여성호르몬이 에스트로겐이 분비되어 남성은 더욱 활력을 만들고 정열적으로 변하게 되고 여성도 또한 피부와 혈액순환이 좋아졌다. 사랑하면 활력이 넘치고 예뻐진다는 이야기는 충분한 근거가 있다.

뇌는 살아있는 공동체로서 활력이 넘치고 열정이 넘칠 때에는 뉴런과 시냅스가 증가하고 건강이 악화되고 감정도 나쁠 때에는 뉴런과 시냅스가 약화된다. 마음과 몸이 건강할 때 뉴런과 시냅스가 함께 건강해진다. 마찬가지로 뉴런과 시냅스가 건강할 때 마음도 신체도 건강해진다.

뇌에 자극을 주어 뇌를 활성화하는 연구가 다양하게 진행되고 있다. 새로운 형태의 실험연구다. 뇌에 자기자극을 주면 우울증에 90%의 효과를 보았다는 연구결과다. 정확하게 경두개자기자극기법이다. 경두개자기자극Transcranial Magnetic Stimulation 기법은 뇌 조직에 전기장을 생성하게 하는 방법을 이용했다. 약물치료에 성과가 없는 중증환자에게 사용했다. 하루 한 번 6주 동안 치료했다. 효과는 환자의 절반이 증세가 호전되었다. 30% 정도는 증상이 사라지는 호전증세가 나타났다. 치료 효과는 55% 정도였다.

또한 우울증이 심한 환자 21명을 대상으로 진행한 임상시험에서 자기펄스magnetic puls를 기존의 회당 600펄스에서 1천800펄스로 용량을 대폭 높이고 치료 횟수도 하루 50분 간격으로 10분씩 10회로 늘렸다. 연구팀은 자극의 표적을 환자 개개인에게 적정치를 맞추는 맞춤형으로 바꿨다. 결과는 효과 만점이었다. 21명 중 19명에게서 우울 증상이 사라졌다. 임상시험 참가 환자 중 1명은 치료 하루 만에 증상이 사라졌고, 나머지 환자는 최장 5일, 평균 3일 만에 증상으로부터 해방되었다. 환자 중 일부는 치료 후 시간이 지나면서 효과가 점점 약해졌지만 60%는 한 달 후까지 호전 증상이 지속됐다. 치료 효과를 90%까지 끌어올릴 수 있는 새로운 방법을 개발했다. 미국 스탠퍼드대학 의대 정신의학 전문의 윌리엄스 Williams 교수 연구팀의 연구 성과였다.

유사한 사례가 보고되고 있다. 약물을 쓰지 않고 치매를 치료하는 방법도 있다. 초음파로 뇌를 자극하는 법으로 40㎐의 감마 리듬으로 알츠하이머병에 걸린 생쥐의 뇌를 자극했다. 알츠하이머병 원인 물질인 아밀로이드 베타 단백질 생성이 줄어들었고 뇌 연결성이 개선된 것이다. 뇌 연결성이 개선되었다는 것에 유의할 필요가 있다. 뇌 연결성의 개선은 뇌의 뉴런과 시냅스가 증가했다는 것을 의미한다. 뇌는 계속 성장하고 확장될 수 있다는 것을 보여주는 예다.

성장호르몬은 성장을 주도하지만
담당하는 역할을 살펴보면
다목적을 수행하고 있음을 볼 수 있다.
혈당 수치의 증가, 혈액 내 지방산 수치의 증가,
그리고 인슐린에 대한 표적세포의
민감성 감소 등의 역할을 집행한다.
성장호르몬의 피드백으로 혈당 농도가 중요하게 작용한다.
이외에도 성장 호르몬은 발육과 신체발달을 조절하며
근육 형성을 자극하고 지방조직을 감소시켜
체형에 중요한 영향을 미친다.
성장호르몬은
유방의 젖샘이 젖을 생산하도록
자극하기도 한다.

6. 호르몬은 성장과 죽음까지 관할한다

성장호르몬

호르몬 분비의 보고인 곳이 있다. 뇌하수체다. 성장호르몬도 뇌하수체에서 분비된다. 성장호르몬은 인간의 성장에 직접적으로 관여한다. 특히 성장호르몬의 특징은 태아 때는 작용을 거의 하지 않다가 태어난 이후 급속하게 성장을 촉진한다. 인체의 성장에 관여하는 호르몬은 성장호르몬만이 아니라 여러 인자들의 상호작용에 의해 성장을 주도한다. 성장호르몬을 주축으로 해서 인슐린과 인슐린 유사성장인자, 갑상선호르몬, 테스토스테론과 에스트로젠 등이 있다. 인간의 성장을 이끄는 기능을 비롯해서 물질대사 조절 작용도 가진다.

과거에는 성장기가 끝나면 성장호르몬의 분비가 끝난다고 알고 있었다. 잘못된 속설이다. 성장호르몬은 성장이 끝난 후에도 계속 만들어진다. 눈에 띄는 핵심내용은 무엇보다도 키 성장을 자극한다는 것이다. 또한 칼슘 저장량을 증가시키고 뼈의 석회화를 촉진한다. 성장호르몬은 골조직뿐만이 아니다. 뇌를 제외한 대부분의 신체 조직을 대상으로 한다. 또한 간접적으로 세포분열을 자극한다. 골조직에서 세포분열 촉진 효과가 성장판에서의 연골세포 분열, 석회화를 자극해 뼈의 성장을 돕는다. 성장호르몬의 특별한 점은 태아의 성장에는 영향을 적게 미치거나 혹은 전혀 미치지 않지만 출생 후 인체 성장에 크게 관여한다.

성장호르몬은 성장뿐만이 아니라 여러 가지 일을 주관한다는 것이 밝혀졌다. 간의 포도당 흡수를 감소시키고 간 내에서는 포도당 합성을 촉진하는 역할을 한다. 그리고 면역작용을 촉진한다는 점이 주목된다.

일반적으로 잘못 알려져 있는 것 중에 성장호르몬의 분비시간대가 있다. 성장호르몬의 분비는 주간보다 야간에 이루어진다. 그리고 성장호르몬의 분비 시간이 정해져 있다고 알려져 있으나 실제로 최근 연구한 결과 내용을 보면 시간대가 중요한 것이 아니라 불을 끄고 잠에 들고 나서 성장호르몬이 분비된다는 사실이다. 특별한 것은 햇빛을 받으면 분비되는 호르몬인 멜라토닌의 분비가 잘 될 때 수면을 취하면 분비되는 성장호르몬도 잘 분비된다.

아침에 햇빛에 노출되면 멜라토닌이 만들어지고, 저녁이 되면 멜라토닌이 분비된다. 일반적으로 아침 7시 정도에 만들어지고, 저녁 7시에 분비되기 시작하여 10시에 급상승하고 새벽 3시에 최고조로 분비된다. 다음 날 아침에 빛이 들어오면 멜라토닌 호르몬의 분비가 억제되고 멜라토닌을 만들기 시작한다. 만들어지는 시기와 분비되는 시간대가 다르다. 성장호르몬을 촉진하기 위해 좋은 방법은 커튼으로 빛을 차단하고 취침한 뒤 깨어나면 밖으로 나가 빛을 쬐면 된다. 정상적으로 호르몬을 만들고 분비하게 하려면 규칙적인 취침시간이며 햇빛의 영향을 받는다는 것을 참고하면 된다.

성장호르몬의 역할로 단백질 생산량을 늘리는 기능도 있다. 단백질의 생산은 근육조직에서 두드러지게 일어난다. 성장호르몬이 단백질 생산량을 확대하는 방법으로 단백질의 재료를 늘리는 것과 단백질 공장을 활성화시키는 방법이다.

성장호르몬은 성장을 주도하지만 중요한 역할은 대사과정에서도 굉장히 중요한 역할을 한다는 점이다. 담당하는 역할을 살펴보면 다목적을 수행하고 있음을 볼 수 있다. 혈당 수치의 증가, 혈액 내 지방산 수치의 증가, 그리고 인슐린에 대한 표적세포의 민감성 감소 등의 역할을 집행한다. 성장호르몬의 피드백으로 혈당 농도가 중요하게 작용한다. 이외에도 성장 호르몬은 발육과 신체발달을 조절하며 근육 형성을 자극하고 지방조직을 감소시켜 체형에 중요한 영향을 미친다. 성장호르몬은 유방의 젖샘이 젖을 생산하도록 자극하기도 한다. 또한 갑상선 자극 호르몬은 갑상선 호르몬을 생산하는 갑상선을 자극한다.

성장호르몬의 대표적인 작용이 모두 당뇨와 관련되어 있다는 점은 주목해야 한다. 혈당량을 조절할 때 성장호르몬은 한정된 기간만 작용하도록 해야 한다. 성장호르몬 수치가 항상 높을 경우에는 당뇨를 만들 수도 있음을 유념해야 한다. 성장호르몬 과다증인 말단비대증 환자에게 당뇨 증상이 관찰되는 이유가 여기에 있다.

성장호르몬의 작용은 뇌를 포함한 신경계를 위한 것으로 봐야 한다. 포도당만을 연료로 사용하는 신경세포를 위하여 근육의 단백질 사용을 돕고 포도당 연소를 줄여 극단적인 상황에 잘 대처하기 위한 진화의 산물로 봐야 한다.

성장호르몬의 과다는 거인을 만들 수도 있지만 성장호르몬의 결핍은 왜소증에 걸릴 수도 있다. 성장호르몬을 관장하는 뇌하수체를 없애면 성장이 멈추는 것으로 확인할 수 있다. 성장호르몬은 왜소증 치료에 필요한 기본적인 요소지만 현실적으로 이용하고 있는 것으로는 가축에 투여해 근육과 단백질을 증대시키는 실용적 목적으로 사용되기도 한다. 결국 호르몬도 신경세포의 지배를 절대적으로 받기 때문에 신경세포와 호르몬과의 관계는 과장해도 지나치지 않다.

뇌파

현대도시가 유지되려면 필요한 것들이 있다. 우선 통신이 이루어져야 하고 도로가 있어야 하며 호르몬은 화학공장이다. 인체로 비교하면 통신이 신경, 고속도로가 혈관, 화학공장 역할을 하는 것이 호르몬이다. 뉴런과 시냅스 부분에서 설명 안 한 뇌파에 대해 알아본다.

통신의 역할을 수행하는 뇌파를 보자. 뇌파腦波brain wave는 뇌신경 사이에 신호가 전달될 때 생기는 전기 흐름이다. 뇌파는 사람마다 다르다. 사람의 심신 상태에 따라 각각 다르게 나타난다. 뇌파는 뇌의 활동 상황을 측정하는 가장 중요한 지표다.

뇌파 상태를 파악할 수 있는 방법으로 뇌전도가 있으며 상황에 따라서 전극을 피질에 부착하기도 한다. 뇌전도는 뇌손상과 뇌전증, 그리고 신체의 상태, 즉 치매와 같은 질병을 파악하는 자료로 사용한다. 또한 뇌 기능을 파악하는 중요한 자료다.

인간의 몸에 자극이 가해지면 신경세포는 전기적 펄스를 낸다. 펄스pulse는 매우 짧은 시간에 큰 진폭을 내는 전압이나 전류, 그리고 파동을 말한다. 전기가 발생한다고 생각하면 쉽다. 전기적 펄스가 모여 특정한 형태로 나타난다. 전기적 펄스를 기록한 것이 뇌파 또는 뇌전도다. 뇌파는 5가지 유형이 있다. 진동수에 따라 델타(δ), 세타(θ), 알파(α), 베타(β), 감마(γ)로 구분한다.

조금 살펴볼 필요가 있다. 뇌를 이야기하다 보면 뇌파는 중요한 내용이다. 최종적으로 공부하게 될 뉴로피드백에서 다루게 될 단어들이다. 중요한 것은 뇌파 상태를 파악하면 뇌의 상태를 확인할 수 있고 뇌파를 파악하면 연관된 신체기능과 정신 상태를 읽을 수 있다. 폭넓은 신체 상태와 정신적인 면을 파악할 수 있다.

먼저 뇌파의 종류에 대해 알아보자. 델타파는 0.2~4Hz를 가지는 뇌파를 말한다. 0~4Hz란 1초 동안 0.2~4번 진동한다는 것을 의미한다.

가장 낮은 영역대로 깊은 수면 상태일 때 발생한다. 일반적으로 수면 상태에서 나오는 뇌파고 뇌 전역에서 전반적으로 나오는 신호다. 낮은 진동수에 비해서 진폭은 매우 높은 편이다. 깨어 있는 사람에게서 델타파가 평균범위보다 매우 많이 나타났다면 대뇌피질부위의 악성 종양 또는 마취, 혼수상태와 관련된 질병일 수 있다. 건강한 정상인의 경우임에도 델타파가 강하다면 뇌파 측정 시 눈을 깜빡이거나 몸을 심하게 움직인 경우가 대부분이다. 눈 깜박임이나 몸 움직임에 의해 발생하는 잡음의 주파수 영역이 델타파 주파수 영역과 거의 일치해서 착오로 델타파가 증가한 것처럼 보일 수 있다.

명상 중에 나타나는 뇌파인 세타파에 대해 알아본다. 4~8Hz를 가지는 뇌파를 말한다. 최면 및 졸음상태에서 나오는 뇌파다. 또한 창의적인 생각이나 통찰력이 생기는 순간 세타파가 발생한다. 브레이크아웃 breakout이라고 한다. 브레이크 아웃은 집단탈옥을 뜻한다. 다시 말하면 의식이 빠져나간 무념무상 상태에 빠지는 상황을 가리킨다. 다른 생각이 없이 멍한 상태지만 무언가에 집중하고 있는 상태다. 명상을 하면 세타파가 발생한다. 세타파가 발생하면 인지기능이 올라가고 신체적 실행 능력이 탁월하게 발휘된다. 운동경기에서 대기록을 수립한 선수들에게 종종 나타나는 집중하고 있는 상황이지만 몰아지경으로 들어가는 것을 말한다. 세타파가 생기면 고통이나 피로감, 그리고 실패에 대한 공포감이 사라지고 최고 경지의 쾌감만 뒤따른다. 각성과 수면 사이에서 나타난다. 또한 깊은 통찰력을 경험하거나 창의적인 생각, 문제해결 능력이 증가하는 경우 많이 발생하며 명상 상태일 때 자주 나타난다. 뇌 구조 중 해마, 시상 같은 곳에서 주로 발생하며 의학적으로는 성인보다 소아 및 유아기에 많이 발생한다.

알파파는 8~13Hz를 가지는 뇌파를 말한다. 안정되고 휴식 상태나 규칙적인 상황일 때 나타난다. 델타파와 세타파는 비각성 상태에서 나오는 뇌파이고 알파파부터 본격적으로 각성 상태의 뇌파다. 각성 상태 중에서 비교적 이완한 상태에서의 뇌파로 눈을 감았을 때 특히 두드러진다. 알파파는 시각 영역과 매우 밀접한 관계가 있다. 뇌 전역에서 관측이 가능하지만 후두엽 부분에서 주로 발생한다.

베타파는 13~30Hz를 가지는 뇌파를 말한다. 정상적인 활동상태에서 생각이 많거나 걱정을 할 때 주로 나타나는 뇌파다. 베타파는 각성 상태의 뇌파 중 일상적인 인지작용 및 사고활동 시에 발생하는 뇌파로 평소에 가장 강력하게 활동하는 뇌파이다. 높은 진동수에 비해 델타파와 비교하면 진폭 자체는 낮으며 주파수 대역에 따라 베타1, 베타2, 베타3 등으로 나뉜다.

마지막으로 감마파는 30Hz~50 Hz를 가지는 뇌파다. 정서적으로 초조한 상태이거나 추리, 판단 등의 고도의 인지정보처리와 관련 깊다. 깊은 주의집중 상태거나 흥분 상태에서 나오는 높은 진동수의 뇌파다. 특별한 점은 오랜 시간 명상을 한 수행자들에게서 특별히 관찰된다. 감마파부터는 뇌파 측정 및 유지가 어렵기 때문에 연구가 활발히 진행되고 있지 않다. 다른 뇌파에 비해 알려진 것이 적은 상태이며 일반적으로 집중 상태가 매우 깊을 때 나타나는 뇌파라고 알려져 있다.

참고로 뇌파는 보통 250Hz 미만에서만 의미 있는 결과를 낼 수 있다. 생뚱맞은 조언 하나를 한다. 엉뚱하게 들리겠지만 참고하시라. 검사받을 때 유의할 점을 알려준다. 뇌파검사를 한다면 가능한 뇌파를 최대한 망가뜨린 채로 검사받을 것을 권한다. 무슨 이야기인가 할 것이다. 하지만 사실이다. 뇌파검사를 받기 전에 숙면을 취하지 말고 혼란한 상황에서 받으란 이야기다. 정상뇌파를 측정하기 위해 뇌파를 측정하는 것이 아니라는 생각을 가져야 한다. 비정상적인 것을 찾아내기 위해 뇌파검사를 한다는 것을 유념하면 이해가 될 것이다. 막장 상태에 빠진 뇌도 어지간한 정신증이 아닌 이상은 뇌파가 정상으로 나온다. 숙면을 취

한다면 정상 뇌파만 나와 문제가 있는 뇌파를 찾아내는 데 어려움이 있다. 비싼 뇌파검사비만 날릴 수 있다.

뇌파를 측정하면 뇌의 기능을 읽을 수 있다. 특히 뇌의 활동성을 파악할 수 있다. 높아지고 있는가, 약해지고 있는가. 뇌의 활동수준을 나타내는 객관적 지표로는 현대과학에서 뇌파 이상 정확하게 분석할 수 있는 방안이 없다. 다양한 병적 상태를 확인할 수 있는데 뇌파검사의 대상 질환으로 꼽히는 것은 간질이다. 다음으로 뇌혈관장애, 두통, 어지럼증, 그리고 두부외상, 정신질환 등의 순으로 조사되었다. 뇌파는 뇌의 기능을 보여주는 것이 전부다. 질환의 증세를 확인하고 뇌파와 연관된 점을 분석하고 파악하는 것에 도움을 준다. 뇌파의 특이점은 어떤 증상이 있어도 정상뇌파가 나올 수 있다는 점이다. 그리고 드물게는 정상인에게도 이상 뇌파가 기록될 수 있다. 그래서 뇌파는 판독소견과 임상소견이 일치할 때 가치가 있다. 뇌파검사에서 중요한 것은 적응과 한계를 잘 이해해 두는 일이고 뇌파는 임상 진단의 보조 검사로 받아들여야 한다.

뇌파검사로 파악 가능한 내용이다.

간질의 진단과 약물 효과	대발작, 결신발작, 간대성소발작, 측두엽간질, 잭슨간질, 자율신경발작, 레녹스 증후군, 웨스트증후군 등
뇌종양 및 뇌출혈의 진단	뇌 또는 두개 내에서 발생하는 질환
뇌의 외상 정도와 예후	뇌진탕, 뇌좌상, 두개골절
감염증성 뇌질환 진단과 예후 판정	수막염, 급성 및 아급성 뇌염
정신과 영역의 연구	이상성격자
수면이상	발작성 수면, 불면증, 수면무호흡증
현기증의 예후 판정 등	두통, 구토, 의식장애 등의 지속성 증상

뇌의 활동을 반영한 것이 뇌파다. 뇌파는 스스로 바꿀 수 있다. 환경을 바꾸면 뇌파도 바뀐다. 노래를 부르고 행복한 상상을 하거나 애인을 만나 즐거운 때에 뇌파가 달라진다. 음악을 듣고, 운동을 하고, 친구와 술을 마실 때에도 뇌파가 변한다. 스스로 뇌파를 조절할 수 있는 활동이다. 중요한 것은 스스로 뇌파를 조절할 수 있다는 사실을 명확히 인식할 필요가 있다. 자신인 원하는 바에 따라 적극적으로 뇌파를 조절할 수 있다.

긍정과 부정은 사람을 전혀 다른 방향으로 안내한다. 부정적인 감정일 때 되도록 빨리 자신의 상태를 깨닫고 자신의 뇌파를 조절하면 부정적인 감정에서 벗어날 수 있다. 스스로 어둠으로 몰아가는 우울증도 뇌파를 조절하는 감각을 키우면 증세를 개선할 수 있다. 현대인들의 대부분을 괴롭히는 스트레스도 마찬가지다. 좋은 상상이나 행복을 만드는 행동을 하면 뇌파가 바뀌어 스트레스에 눌린 마음과 몸이 좋아진다. 생각을 바꾸어 뇌의 긴장을 풀어주면 문제를 해결할 수 있는 힘이 솟아난다. 우울하고 화날 때나 집중이 되지 않거나 복잡한 머리를 식히고 싶을 때, 그리고 몸이 피곤할 때 스스로 자신의 뇌파를 조절해 보라. 마음과 몸이 호전된다. 마음 관리가 인생을 행복으로 안내하는 전도사다. 뇌 관리를 할 수 있다면 이는 행복을 만드는 기술을 터득한 것과 같다.

그럼에도 스스로 뇌파를 조절하기 어려운 상황일 때가 있다. 전문가가 필요할 때다. 인위적으로 뇌파를 조절하여 뇌의 활동을 변화시킬 수도 있음에 주목하여 뇌파를 스스로 조절하는 방법을 연구했다. '뇌파진동'이다. 안정된 뇌파 상태를 만들기 위해 뇌파를 조절할 필요가 있을 때 이용한다. 뇌파를 안정시키면 마음이 편안해지고 집중력이 향상된다. 또한 행복감을 느끼게 하는 세로토닌 같은 신경 전달물질이 분비된다. 뇌 기능이 안정되면 인체의 신진대사도 활발해진다.

뇌파진동과는 차원을 달리하는 뇌파측정기술과 뇌파를 건강하게 하는 기술이 개발되었다. 한 차원 높은 뇌파측정기술이다. 세계최고의 기술력이다. 지금까지와는 다른 영역을 파악하고 확인할 수 있는 기술을 만들었다.

우선 뇌파검사로 알 수 있는 것들이 예사롭지 않다.

첫째, 자율신경조절에 대한 실시간 정보를 파악할 수 있다. 큰 틀에서 자신의 뇌가 수면과 휴식을 잘 하고 있는지 주의집중력 수준이 어느 정도인지를 정확하게 알 수 있다. 수면장애를 호소하는 내담자의 경우 호소하는 것들이 고스란히 뇌파에 나타난다. 뇌파변화를 통해 수면상태도 변화할 수 있음을 이해하고 두뇌 훈련에 임하게 된다. 성장기의 아이들의 키 성장, 학습집중력 향상, 학습동기부여에 대한 문제해결이 가능하다.

둘째, 행동특성에 대해 정보를 획득할 수 있다. 외부세계에 대한 반응의 특성을 기반으로 내담자의 행동특성을 분석할 수 있다. 친구관계, 학습태도, 생활태도 같은 중요한 정보를 알 수 있다. 따라서 아이들의 적성, 심리, 학습방법, 진로 등 다양한 내외적 정보에 대한 상담을 한다.

셋째, 뇌의 협응정보를 획득할 수 있다. 좌뇌와 우뇌에서 중요한 것은 뇌의 협응성이다. 협응성協應性coordination은 신체 각 부위의 상호 움직임이 매끄럽고 정확하게 이루어지는 조화의 정도를 의미한다. 즉 협응성은 몸 전체를 신속하고 능률적으로 조정하고 통제할 수 있는 능력, 두 가지 이상의 감각기관이 협조하여 지각능력과 인지 능력을 한꺼번에 높이는 것을 말한다. 협응성의 강도에 따라 인지력과 관련 있는 특정분야의 능력에 대한 이해도 할 수 있다. 아무리 노력해도 학습이 잘 되지 않는 원인에 대한 진단이 가능하다.

넷째, 뇌의 균형정보를 획득할 수 있다. 좌뇌와 우뇌에서 중요한 것은 뇌의 대칭성이다. 좌뇌와 우뇌의 발달이 평형을 이루지 않으면 문제가 생긴다. 정서와 관련된 문제의 진단이 가능하다. 감정조절의 문제 가운

데 분노조절, 폭력성, 대인기피, 우울, 불안, 은둔형 외톨이, 강박 등에 대한 증세를 파악할 수 있다.

다섯째, 뇌의 발달정보를 알 수 있다. 영재성 판별 및 연령에 따른 뇌발달 상태를 알 수 있다. 발단관련 ADHD, ADD, 틱, 난독증 증상에 대해 진단과 해석이 가능하다. 또한 노화예방과 관련하여 치매여부 판정도 가능하다.

뇌과학 분야 선두를 달리고 있는 파낙토스라는 회사에서 뇌파상태를 실시간으로 수집하고 분석할 수 있는 고도의 의료기구를 개발했다. 뇌파검사는 물론 실시간으로 뇌파상태를 파악할 수 있다. 뇌에서 출발한 문제점은 몸에 직결된다. 뇌의 문제가 신체의 말단부분인 엄지발가락과 긴밀한 관계가 있다. 머리가 아플 때 엄지발가락을 주물러주면 통증이 완화된다. 뇌에서 발가락에 해당하는 신경이 문제가 되면 발가락이 마비된다. 인체는 독립적으로 기능할 수 없다. 긴밀하면서도 정밀하게 상호 연결되어 있다. 하나가 작동불량이면 연관된 것들이 같이 영향을 받는다.

뇌파는 연령 등 개인별로 차이가 있다. 각성 시와 수면 시에도 차이가 나타난다. 일반적으로 정상적인 상태에서는 알파파가 우세파로 나타나고 흥분 시에는 베타파가 우세하다. 또한 휴식이나 이완상태에서는 알파파 외에 델타파나 세타파와 같은 느린 파동인 서파徐波slow wave가 나타나는 경향이 있다. 뇌파의 영역은 명백하게 구분되지 않는다. 겹치는 부분이 있고 임의적이어서 '우세한 뇌파'를 확인하는 개념으로 이해한다. 뇌파는 뇌 활동 상태에 따라 특정 리듬을 만들어내는 특성을 가지고 있다. 뇌파를 통해 뇌의 상태를 알 수 있는 것도 특정리듬을 가지고 있기 때문이다. 예를 들면 불면증인 사람은 수면파인 세타파가 나오지 않고 활동파인 베타파가 나오고, 학습장애아는 활동파인 베타파가 나오지 않고 수면파인 세타파가 나온다는 특징으로 확인할 수 있다.

인간에게 돼지 호르몬을 주입해도
치료효과는 같다.

7. 인체의 화학공장, 호르몬

호르몬

호르몬의 종류는 설명한 바 있다. 너무 많아 기억하기가 쉽지 않다. 이번에는 호르몬의 역할이다. 우선 호르몬의 역할을 살펴보자. 호르몬의 사전적 정의는 특정 세포나 기관으로 신호를 전달하여 몸의 기능을 조절하는 물질로 되어있다. 호르몬은 내분비샘에서 혈관으로 분비한다. 호르몬을 실어서 이동시키는 것이 혈액이다. 그래서 혈액을 인체의 고속도로라고 한다. 혈관을 통해 전신으로 이동된 호르몬은 특정세포와 특정기관에 작용한다. 특정세포에 배달된 것을 표적세포, 특정기관에 배달된 것을 표적기관이라 한다. 호르몬의 특별함은 적은 양으로 큰 효과를 본다는 점이다. 호르몬은 많아도 문제, 적어도 문제다. 일정한 양이 분비되어야 하고 많거나 적으면 이상증세가 나타난다.

호르몬을 만들어 분비하는 조직이나 기관으로 사람의 몸에 존재하는 내분비샘은 총 5곳이 있다. 내분비샘 5곳을 살펴보자.

1. **뇌하수체 :** 간뇌 아래쪽에 위치
2. **갑상샘 :** 목에 위치
3. **부신 :** 콩팥 위

4. **이자 :** 배에 위치

5. **여자의 난소와 남자의 정소**

이번에는 내분비샘에 따라 분비되는 호르몬 종류와 역할을 살펴볼 차례다.

1. **뇌하수체 :** 생장 호르몬, 갑상샘자극호르몬, 항이뇨호르몬 분비
   - 생장호르몬의 경우에는 우리 몸의 뼈와 근육 등의 생장을 촉진하는 역할을 한다.
   - 갑상샘자극호르몬은 갑상샘을 자극하여 티록신의 분비를 촉진한다.
   - 항이뇨호르몬은 콩팥에서 물의 재흡수를 촉진해 수분량을 일정한 상태로 유지한다.

2. **갑상샘 :** 티록신 분비
   - 티록신은 세포호흡을 촉진시키는 역할을 한다.

3. **부신 :** 아드레날린 분비
   - 아드레날린은 위급할 때 심장박동을 빠르게 하고 혈압과 혈당량을 높여준다.

4. **이자 :** 인슐린, 글루카곤 분비
   - 인슐린은 혈당량을 낮춰준다.
   - 글루카곤은 혈당량을 높여준다.

5. **난소와 정소**
   - 난소에서 에스트로젠이 2차 성징을 발현시키는 역할을 한다.
   - 정소에서 테스토스테론이 남녀 2차 성징을 발현시키는 역할을 한다.

모자라면 결핍증이, 넘치면 과다증으로 몸에 이상증세가 나타난다.

티록신이 결핍하면 갑상샘 기능 저하증이 나타나고 티록신이 넘치면 갑상샘 기능 항진증이 발생한다. 모자라고 넘치는 것 모두 문제가 생긴다. 성장호르몬이 모자라면 키가 자라지 않는 소인증에 걸리고 넘치면 거인증이나 말단비대증이 걸린다. 말단비대증은 손 발 턱 코 귀 혀 등의 인체의 말단 부위가 비정상적으로 커지고 기능 장애를 일으키는 만성 질환으로 뇌하수체에 종양이 생기면 성장호르몬이 과다하게 분비되어 발생한다. 소인증과 거인증은 성장기 때 호르몬이 부족하거나 과다할 때 생기는 증상이며 말단비대증은 성장기 이후에도 호르몬이 계속적으로 분비되면서 생기는 증상이다. 그리고 요즘 많은 사람들이 고생하는 당뇨병은 인슐린이 결핍되면 생긴다.

건강한 신체를 유지하기 위해서 호르몬 관리가 필요하다. 생식, 성장, 발달을 조절하고 신체의 항상성 유지, 에너지 생성과 이용 등에 관여하는 호르몬이 제대로 기능해야 인체의 각 기관이 서로 조화를 이루며 효과적으로 기능할 수 있다. 인체에서 분비되는 호르몬의 종류는 체내에 기능하는 호르몬 중 전문가들에게 알려진 종류는 100종 정도다. 알려지지 않은 호르몬까지 합치면 약 4000개의 호르몬이 체내에 생성된다고 전문가들은 본다. 4000종에 이른다는 사실에 입이 딱 벌어진다. 호르몬은 이름도 어렵고 작용하는 것도 복잡해서 혼란스럽다.

그래도 호르몬을 이야기하지 않을 수가 없다. 그만큼 중요한 것이 호르몬이다. 호르몬은 생성된 후 일단 저장된다. 상황에 따라 만드는 것이 아니라 저장해 놓은 것을 몸이 필요로 할 때 정확한 양이 혈중으로 분비된다. 프로락틴 호르몬은 여성이 임신했을 때 유방에서 젖을 만들도록 도와주고 성적 욕구는 오히려 감소시킨다. 프로락틴 분비량이 많아지면 고프로락틴혈증이 생겨 생리가 멈추고 유즙이 나올 수 있다.

항이뇨호르몬인 바소프레신은 소변 양을 조절해 체내 수분 조절을 한다. 항이뇨호르몬이 부족하면 소변을 자주 보고 갈증을 심하게 느낀다.

갑상선호르몬 분비가 지나치면 갑상선기능항진증이, 부갑상선호르몬이 과잉 분비되면 혈중 칼슘 수치가 높아져 콩팥에 결석이 생길 수 있다. 그리고 이자에서 분비되는 대표적인 호르몬인 인슐린, 글루카곤 균형이 깨지면 당뇨병이 생길 수 있다. 많이 알려진 스트레스와 관련한 코르티솔, 옥시토신 같은 다양한 호르몬이 인체를 조정하고 관리하는 역할을 한다.

외모를 위해서나 성적 능력 향상을 위해서 여성호르몬, 남성호르몬, 스테로이드호르몬 같은 호르몬제를 장기 복용하는 것에 주의해야 한다. 부작용이 예상보다 크기 때문이다. 호르몬이 함유된 약물은 호르몬 과잉 증상을 일으키며 장기적으로는 호르몬의 생산 능력을 떨어뜨리는 부작용을 만든다. 호르몬이 인체에 필요한 양보다 많아지면 호르몬양의 조절을 위해서 자체적으로 만들지 않기 때문이다. 내분비계에서 호르몬 생산을 멈추면 체내 균형이 흐트러지고 쉽게 악영향이 나타날 수 있다.

돼지 호르몬을 사람에게 사용하면 어떤 증세가 올까

신은 인간에게 특권을 주었을까. 특권을 주었다면 인간의 마음을 움직이게 하는 호르몬이 문제가 생겼을 때 돼지의 호르몬으로 대체가 가능할까. 답은, 가능하다. 인간의 혈당량을 낮춰주는 호르몬이 있다. 인슐린이다. 당뇨병은 바로 인슐린 분비에 문제가 생겼다는 의미다. 당뇨병 치료는 인슐린을 투여하는 식으로 혈당을 조절할 수 있는데 문제는 인슐린을 어디서 구하느냐는 숙제가 생긴다. 화학적으로 만들 수 있는 능력이 인간에게는 아직 없다. 그리고 다른 사람으로부터 구해 투약하면 호르몬을 받은 사람이 당뇨병에 걸릴 수 있다.

그렇다면 어디에서 구해 와야 치료가 가능해진다. 답은 돼지다. 그리고 소다. 인간이 벌써 오래 전부터 모유수유가 안될 경우 소젖으로 모유를 대신하고 있다. 소가 유모인 셈이다. 인슐린도 마찬가지로 다른 동물인 돼지로부터 가져와 사용한다. 호르몬은 특정 종끼리는 공통으로 사용해도 된다. 호르몬 중에서 인슐린은 돼지나 소의 인슐린을 채취해서 사람에게 투여한다.

호르몬은 마이크로그램 단위만 달라져도 상당히 크게 작용하는 민감한 물질이다. 단위에 실감이 가지 않아서 느낌이 오지 않을 것이다. 마이크로그램㎍은 100만분의 1g이다. 1g을 물로 계량하면 새끼손가락의 셋째 마디 정도 되는 양이다. 그것의 100만분의 1은 상상할 수도 계량하기도 어렵다. 또한 호르몬을 몸에 투여해야 한다면 엄격한 의사의 진단과 고려 없이는 사용해서는 안 될 위험한 물질이다. 의사가 적정량을 몸에 투여해도 부작용의 가능성이 매우 높다. 약간의 투여만으로도 신체 내 호르몬 균형이 깨질 수 있다. 영향력은 상당히 심각하고 총체적인 영향이 나타나며 때로는 회복할 수 없는 영구적인 변화나 치명적인 장애를 신체나 정신에 남기는 경우도 흔하다. 그만큼 호르몬의 영향은 크다.

다시 말하면 호르몬은 만악萬惡의 근원이 될 수 있지만 반대로 이야기하면 인체의 축복이라고 할 수도 있다. 인체에 발생하는 온갖 질환들의 근본을 보면 호르몬 문제에 있는 경우가 아주 많다. 당뇨병, 자폐증, 비만, 각종 갑상선 질환, 정신질환의 대부분이다. 심지어는 각종 암을 유발시키는 요인을 호르몬이 가지고 있다. 정말 다양한 질환들이 호르몬 문제로 인해 발생한다.

하지만 긍정적인 역할을 찾아보면 그야말로 인체의 축복이다. 호르몬에 의해 모든 장기와 신체의 활동이 이루어지고 조절된다는 것을 의미한다. 호르몬이 인간의 몸은 당연하고 마음까지 조정하는 역할을 수행하고 있다. 인체의 신진대사를 조절하는 데 핵심적인 역할을 하기 때문에 그만큼 호르몬의 분비에 문제가 생기면 질환으로 연결된다는 의미에서 인체에서는 없으면 안 될 천사 역할을 함께 하고 있다. 호르몬에 의해서 인간의 신체는 천국도 갈 수 있고 지옥도 갈 수 있다.

인체 내에서 분비되면 호르몬이고 인체 밖으로 분비하면 페로몬이라고 한다. 호르몬과 페로몬은 비슷한 역할을 한다. 인체 외부로 분비되는 호르몬과 비슷한 분자가 페로몬이다. 페로몬의 역할은 같은 종의 생물들끼리 의사소통하기다. 인간과 인간이 하는 화학적 대화라고 할 수 있다. 인체 밖으로 뿜어내는 페로몬은 화학적 물질이기 때문이다. 사람은 말로 의사소통을 한다. 동물들은 냄새로 의사소통을 하는 경우가 많다. 냄새로 의사소통할 때 사용하는 물질을 페로몬이라고 한다.

개미 같은 곤충들이 사용한다고 알려져 있지만 척추동물은 물론이고 식물들도 페로몬을 사용한다. 페로몬은 동료를 부르거나 위험을 알릴 때, 그리고 자신의 영역을 표시할 때, 짝짓기를 할 때 사용된다. 페로몬은 후각을 통해 육체적 언어를 전달한다. 집시나방의 수컷은 멀리 떨어져 있는 암컷을 향해 모여드는데, 모여들게 하는 신호 자극은 암컷의 외분비선에서 나오는 화학물질이라는 사실이 밝혀졌다. 미량으로 같은 종의 다른 개체의 행동을 유발시킬 수 있는 분비물질을 페로몬이라고 한다. 꿀벌의 여왕벌이 혼인비행을 하는 동안 수벌이 여왕벌을 따라와 수정할 수 있도록 페로몬을 분비한다. 누에나방의 암컷은 고치에서 나오자마자 꼬리 끝에서 성페로몬을 분비한다. 수컷은 촉각으로 받아들여 암컷에게 접근, 교미를 시도한다.

인간에게도 페로몬이 있을까. 답은, 있다와 없다가 공존한다. 인간에게 페로몬을 감지하는 기관이라고 알려진 보습코는 흔적만 남아 있다. 보습코 기관은 대다수 양서류, 파충류, 포유류의 후각계에 딸린 감각기관의 일종이지만 인간의 보습코 기관이 남아 있다. 태아 때는 존재했다가 태어난 뒤 퇴화한다. 한데 자세히 살펴보면 몇 가지 흔적이 남아 있다.

퇴화했으나 남아있는 흔적으로 남자가 여자의 눈물에 약한 이유가 눈물의 냄새 때문이라는 연구 결과도 있다. 여자의 눈물을 담아서 남성에게 코로 맡게 하면 남자의 공격성 호르몬의 수치는 뚝 떨어진다. 눈물에서는 아무런 냄새가 나지 않지만 페로몬 같은 것이 작용하기 때문이다. 남자는 여자의 눈물짓는 모습이 아니라 여자의 눈물 냄새에 약해진다. 일반적으로 냄새를 맡는 민감도는 여성이 남성보다 평균 2,3배 민감한 것으로 나타났다.

부르지오날이라는 향기에는 남성이 더 민감하다. 정말 이해되지 않는 연구결과가 있다. 남자의 정자가 부르지오날 향기를 감지해 부르지오날 향기의 농도가 높은 쪽으로 이동한다는 실험결과다. 흥미로운 실험결과를 보고 독일 루르 대학 마르크 스퍼 교수팀이 다시 실험을 했다. 결과는 같았다. 그렇다면 남성이 부르지오날 향기에 더 민감하지 않을까. 실험 결과 실제 남자가 부르지오날 향기에 여자보다 2배 이상 민감하다는 사실을 밝혀냈다. 놀랍다. 생명현상은 다시 신비롭다.

하나만 더 살펴보자. 아주 미세한 꽃향기가 있는 방에서 글을 쓰면 향기가 없는 방에서 쓴 글보다 '행복'과 관련된 단어를 무려 3배 정도 많이 사용한다는 연구 결과다. 인간을 흥미롭게 보는 사람들에 의해서 새로운 실험은 계속되고 있다. 남성의 겨드랑이에서 나온 땀에서 페로몬으로 추정되는 성분을 추출한 뒤 여성들에게 냄새를 맡게 했다. 여성들은 남성의 땀 냄새를 알아차리지 못했다. 냄새를 알아차리지 못했음에도 땀 냄새를 6시간 동안 맡은 여성들은 실험을 하기 전보다 기분이 편안해지고 긴장이 많이 풀렸다. 긴장이 풀어진 여성들은 남성과 관계를 맺기가 더 쉬우며 배란을 앞당겨 임신을 더 쉽게 했다. 인간이 코로 사랑을 찾아가거나 대화를 하지 않지만 인간의 후각은 아직도 살아있음을 보여주는 예다. 인간은 결코 신경과 호르몬의 영향권에서 벗어날 수 없음을 보여준다.

뇌 건강이 마음 건강을 만들고,
뇌 건강이 몸 건강을 만든다.

뇌 건강

3장

1. 말초신경계가 발가락까지 움직이게 한다

뇌가 신체를 조정한다. 뇌가 작동하지 않으면 몸도 작동하지 않는다. 뇌가 살아있어야 신체도 살아있을 수 있다. 뇌사가 최종 죽음이듯 뇌생腦生이 진정한 생명활동이다. 감각기관으로 가장 중요한 눈 귀 코가 뇌와 가장 가까운 곳에 위치해 있다. 보고 듣고 냄새를 맡는 감각이 생존에 가장 중요하게 작용하기 때문이다. 강자 독식의 생존경쟁에서 살아남을 수 있으려면 먼저 보고, 먼저 듣고, 먼저 냄새를 맡아야 살아남기 유리하다. 기본적인 감각기관이 받아들인 정보를 바로 뇌에 전달해서 분석하고 결정을 내리는 역할이 유용하게 작동하도록 진화되었다.

몸 건강을 챙기려면 뇌 건강을 먼저 챙겨야 한다. 뇌 건강이 유지되어야 신체는 원활하게 작동할 수 있다. 뇌는 신체의 모든 부분과 연결되어 있기 때문이다. 뇌의 명령이 전달되지 않으면 작동불능상태가 될 수 있다. 신경계는 뇌와 척수를 중추신경계라고 하고, 나머지는 말초신경계다. 뇌와 청수에서 뻗어 나온 신경계가 말초신경계다. 말초신경계末梢神經系는 척추동물의 뇌나 척수의 중추신경계에서 나와 온몸에 나뭇가지 모양으로 분포하는 신경계다. 말단의 감각까지 책임지고 있는 신경계로 현장의 상황을 뇌로 보내고 뇌에서 받은 명령을 다시 말단까지 전달하는 역할을 한다.

말초신경계는 외부 기관과 중추신경계를 연결하여 외부의 자극을 감지한 감각정보를 중추신경계로 전달하거나 중추신경계에서 보내오는 운동정보에 반응하도록 기관에 전달하는 역할을 한다. 중추신경계는 거의 완벽에 가깝게 단단한 뼈 안에 자리하고 있지만 말초신경계는 보호되지 않아 기계적 충격이나 병원체로부터의 감염 위험이 있다. 말초신경계는 체성신경계와 자율신경계로 분류할 수 있다.

체성신경계는 인간의 의식과 관계있는 신경이다. 뇌신경과 척수 신경이 체성신경계에 해당된다. 안면의 감각 기관과 내장, 근육 등에 분포한다. 척수 신경은 감각 기관에서 들어오는 감각 신경과 운동기로 나가는 운동신경으로 되어있다. 자율신경계는 말초신경 중에서 감각이나 운동과는 관계없이 내장 등이 해당된다. 의지와는 상관없이 스스로 움직이는 근육이 불수의근으로 장기의 평활근, 심근, 그리고 분비선의 활동성을 조절한다. 장기의 운동도 결국은 뇌에서 조정하고 있음을 알 수 있다. 뇌는 신체의 모든 것을 관장하는 핵심이다.

자율신경계는 교감신경계와 부교감신경계로 분류된다. 서로 상반된 양쪽 체계가 시너지효과를 통해 작용하여 체내 항상성을 유지한다는 것을 유념해야 한다. 교감신경계 및 부교감신경계는 모두 신경전달물질을 분비한다.

교감신경계는 유기체가 위급할 때 신체를 각성시켜 잘 대처할 수 있는 방향으로 에너지를 소모시키는 작용을 한다. 예를 들면 들판에서 갑자기 만난 들개에게 쫓기는 상황을 생각해 보라. 평상시보다 더 빨리 달릴 수 있을 것이다. 이와 같은 상황에 작동하는 것이 교감신경계다. 교감신경계는 화학전령으로 사용한다. 교감신경계가 작동해 다리 근육에 더 많은 에너지를 사용하게 되는데 아드레날린수용체의 활성화를 통해 나타낸다.

- 땀이 늘어남
- 심박수 증가
- 동공 확장
- 혈압 상승
- 장운동 감소

대부분이 늘어나고 확장되는데 장운동은 감소하는 것이 다르다.

이와 반대로 부교감신경계는 유기체가 안정될 때 활성화되며 신체의 에너지를 회복 또는 비축하는 방향으로 작용한다. 그래서 휴식과 소화의 체계로 본다. 부교감신경계를 활성화시켜 위기 상황에 대처하느라 고갈된 에너지를 회복하려고 작동시킨다. 보통 부교감신경계는 교감신경계과 반대로 작용하여 도전도피반응의 효과를 역전시킨다. 하지만 교감신경계와 부교감신경계는 서로 반대라기보다는 상호보완적인 관계를 하고 있다고 말하는 것이 더 적절하다. 들개로부터 안전해졌다고 생각해 보자.

- 땀이 줄어듦
- 심박수 저하
- 동공 수축
- 혈압 저하
- 장운동 늘어남

부교감신경계는 줄어들고 축소되는데 장운동만 늘어나는 특징을 보인다.

다음으로 확산성뇌조절계에 대해 알아보자. 확산성뇌조절계는 뉴런에 의해 감지된 자극이 뇌 전체에 퍼져 관련된 여러 반응이 동시에 나타나는 것을 뜻한다. 의학적 용어를 한 번에 이해하기 쉽지 않다. 짐작은 가지만 확연하게 다가오지 않는다.

예를 들어보자. 햇빛은 일상적이다. 거부감이 적다. 잠을 자고 있을 때 아침이 되어 햇빛이 들어와 체내의 생체 리듬에 따라 각성할 때가 되면 세로토닌성 뉴런에 의해 조용한 각성이 일어난다. 세로토닌에 의해 기분이 좋아진다. 세로토닌의 분비가 적은 사람은 감정통제가 힘들고 공격적이게 된다는 연구결과가 있다. 햇빛에 의해 밝아져서 세로토닌이 분비되어 상쾌한 기분으로 깨는 경우다. 부드럽고 약한 자극이다. 상대적으로 강한 자극을 예를 들어 들어보자. 자고 있는 사람에게 물을 퍼부었을 때 일어나는 반응은 영 다르다. 물벼락을 맞은 신체는 신경이 위기상황으로 파악해 대뇌피질과 교감신경을 흥분시켜 각성물질인 노르에피네프린을 분비시키면서 신경계통이 동시에 작동해서 전쟁상태를 선포한다. 강제적으로 잠에서 깨어 전투자세가 되어 강한 공격성을 보인다. 당연히 기분이 나쁘다. 잠을 깨웠기 때문에 화가 난 것이 아니라 화난 상태가 되어 깨어났다는 것을 의미한다. 일시에 반응이 일어나는 것이 확산성뇌조절계다. 확산성뇌조절계는 수면 외에도 감정, 동기, 생체리듬 조절, 기억과 학습, 운동 등에 있어 아주 중요하다.

뇌는 생명체다

뇌 또는 골은 신경 세포가 하나의 큰 덩어리를 이루고 있다. 뇌는 본능적인 생명활동에 있어서 중요한 역할을 담당한다. 신체 기관에서 보내는 대부분의 정보가 일단 뇌로 모이고, 뇌에서 신체 기관으로 활동이나 조정명령을 내린다. 또한 고등 척추동물의 뇌는 학습의 중추이다. 대부분의 척추동물, 특히 유두동물의 뇌는 머리에 위치하며 머리뼈로 보호된다.

뇌는 대부분의 움직임, 행동을 관장하고, 신체의 항상성을 유지시킨다. 중요한 일을 모아 놓은 곳이 바로 뇌다. 심장의 박동, 혈압, 혈액 내의 농도, 체온을 일정하게 유지시킨다. 뇌는 인지, 감정, 기억, 학습 기능도 가지고 있다.

뇌의 기능은 감각을 받아들이고 통제하는 역할도 중요하지만 뇌 건강 중에서 빼놓을 수 없는 것이 감정이다. 인체의 기능은 기본적으로 필요하지만 감정이 삶의 질의 또 다른 면을 좌우하기 때문이다. 신체적인 기능에도 서로 반대되는 작용을 하듯 마음도 마찬가지다. 교감신경과 부교감신경이 서로 반대되는 역할을 수행하듯 마음도 서로 반대되는 역할을 담당하면서 상황에 대해 적응한다.

기쁨과 슬픔, 행복감과 불행감으로 웃음과 눈물의 이중주가 인생일지도 모른다. 크게는 감정과 이성이 대치상태로 연상된다. 슬픔은 무엇일까. 슬픔이라는 감정은 진정 필요 없는 감정일까. 슬픔도 용도가 있다. 삶에 대해 성찰하게 해주면서 심리적인 상처를 치유하는 유용한 역할을 한다. 슬픔이 없다면 기쁨도 있을 수가 없다. 슬픔으로 기쁨을 이해할 수 있기 때문이다. 슬픔을 느끼면 에너지가 급격히 떨어지고 삶에서의 활력을 잃게 된다. 의욕적인 활동이나 외부활동을 안 하게 된다. 슬픔을 한동안 온전히 느끼고 털고 일어나서 인간적으로 더 성숙해지기도 한다. 모든 감정은 나름의 역할과 더불어 순기능을 가지고 있다. 감정들에는 좋고 나쁨이 없다. 그냥 그렇게 일어나는 감정을 느끼고 즐기면 되는데 지나칠 때 문제가 생긴다. 감정을 잘못 사용하는 것이다. 감정사용법이 분명히 있다. 넘치지도 않고 모자라지도 않은 적당한 범위 내에서 감정을 만나야 일상이 부드러워진다.

감정과 이성은 서로 어떤 관계를 맺고 있을까. 감정을 사용하는 방법에 많은 차이점이 있다. 슬퍼서 눈에 눈물이 그렁그렁 맺히려고 하는데 슬프냐고 물어보면 하나도 안 슬프다고 한다. 분명 눈물은 슬픔의 행동이고, 눈물을 보였다면 슬픔 감정일 것이라는 통념을 뒤집는 말이다. 감정과 이성이 모순되는 상황이다. 이성이 슬픈 감정에 지지 않으려고 안간힘을 쓰는 모습과 같다고 할 수 있다. 상황에 대한 판단을 이성과 감정은 주도권을 놓고 대립한다. 감정은 슬프다고 하는데 이성은 그렇지 않다고 말하고 있다. 이성적인 정신과 감정적인 정신은 서로 대립하고 있으면서 깊은 상관관계가 있다. 감정이 이성을 먼저 이끌고 이성은 감정이 엉뚱한 행동을 하지 않도록 잘 보완해줘야 한다.

그리고 성격을 이루고 있는 경향성은 감정 경향성과 사고 경향성이 있다. 그래서 인간이 판단과 결정을 내릴 때 감정 경향성이 강하면 합리성이 약해지고, 사고 경향성이 강하면 인간미가 사라지는 경향이 있다. 너무 감정형인 사람들은 합리적인 결정을 하지 못하고 분위기에 따른 상승된 기분으로 결정하는 경향이 있다. 쉽게 결정하면 손해를 보게 되고, 사고형인 사람들은 인간관계에서 발생하는 감정에 대한 대처가 어려워서 차라리 감정이 없었으면 하고 생각하기도 한다.

장황하게 설명한 것은 인간의 감정과 사고가 어떻게 뇌과학적으로 서로 맞물리면서 작동하는지 살펴보기 위해서다. 인간의 뇌는 3층 구조로 되어있다. 1층은 생명의 뇌, 2층은 감정의 뇌, 3층은 이성의 뇌다. 1층 뇌는 파충류까지 발달되어 있다고 해서 파충류의 뇌라고 불리고, 2층 뇌는 포유류의 뇌, 3층 뇌는 인간만 발달해 있다고 해서 인간 뇌라고 한다.

결론은 인간을 인간답게 하는 것은 이성이라는 증언이다. 본능적인 생명의 뇌 역할과 감성을 가진 존재라는 감정의 뇌, 그리고 판단하고 생각하는 능력인 이성으로 만들어진 존재가 인간이다. 좀 더 살펴보자.

1층 집에 위치한 생명의 뇌에 대한 내용이다. 뇌의 한 가운데에 뇌와 척수를 이어주는 줄기역할을 하는 뇌간이라는 부위다. 인간의 기본적 생존에 필요한 기능을 담당하고 있는 생명의 뇌다. 호흡이나 신진대사 등을 뇌간에서 처리한다. 더우면 땀이 나면서 체온을 내리려고 작동한다. 인위적으로 할 수 있는 것이 아니라 뇌간에서 생명유지를 위해 알아서 처리한다. 뇌간은 인간 신체가 생물학적으로 잘 살아있도록 하는 조절장치라고 할 수 있다. 생명유지 조절장치다. 그리고 뇌간은 생명의 위협을 알아차리는 역할을 한다. 숲속에서 독사를 보거나 산에 올라가다가 낭떠러지 근처에서 미끄러지려고 하면 뇌간이 작동하면서 신체가 생존을 위한 행동을 즉각적으로 하도록 시킨다. 살아남기 위한 본능적인 행동이 일어나도록 조정되어 있다. 파충류의 뇌에서는 다른 부위가 발달하지 않았고 뇌간만 발달해 있어 파충류의 뇌라고 한 것이다. 악어나 뱀 같은 파충류에도 생존에 필요한 위험감지 기능은 아주 잘 발달되어 있다.

2층에 살림을 차린 감정의 뇌에 대한 내용이다. 뇌간과 맞닿아서 귀 바로 위쪽에 둘레 모양으로 배치되어 있는 변연계는 2층 뇌에 해당하는 감정뇌라고 한다. 변연계는 감정을 담당하며 학습하고 기억하는 것을 가능하게 하는 부위다. 변연계가 발달된 동물인 강아지와 같은 포유류는 학습이 가능하다. 개들은 감정이 있고 기억할 수 있어 훈련이 가능하다. 반대로 감정과 기억기능이 없는 뱀이나 악어 같은 파충류는 훈련을 시킬 수 없다. 파충류는 정보를 기억하는 능력이 없기 때문에 학습이 원천적으로 불가능하다. 변연계는 포유류에게만 발달했다. 변연계를 포유류의 뇌라고 부르는 이유다.

3층 집으로 이성의 뇌에 대한 내용이다. 3층의 핵심은 신피질에 있다. 고도의 정신기능과 창조기능을 관할하고 있는 신피질은 인간만이 가진 뇌다. '인간의 뇌' 또는 '이성의 뇌'라고 부르는 이유다. 특별한 점은 이성을 담당하는 뇌의 신피질이 감정을 담당하는 뇌인 변연계와 연결되어 있다. 결국 감정뇌인 변연계와 사고를 담당하는 신피질이 서로 연결되어 있어 감정과 사고가 서로 맞물려 작동한다는 것을 눈치챘을 것이다. 또한 물리적으로도 잘 설명된다. 감정과 사고를 서로 떼어놓을 수 없다는 의미다. 인간의 뇌 구조를 가지고서는 100% 이성적으로 생각하는 것은 불가능하다는 것을 보여준다. 감정과 사고는 뇌 구조적으로 서로 묶여있는 하나의 집에 층만 나누어 사는 전셋집 같은 구조라고 할 수 있다.

1, 2, 3층이 모두 하나의 집안에 층만 나눈 상황이다. 독립적이지만 결국은 하나의 집 구조에서 벗어날 수 없다. 1층이 없이 2층 집이 존재할 수가 없다. 당연히 1, 2층이 없으면서 3 층집이 있을 수 없다. 너무 긴밀하게 연결되어 있지만 분명한 것은 층마다의 역할이 뚜렷하게 있다.

감정뇌와 이성뇌가 서로 연결되어 있다는 것을 확인해 주는 예가 있다. 엄마와 아이가 왜 서로 유대감을 느낄 수 있는지를 뇌과학적으로 설명해 보자. 엄마와 아이가 느끼는 각별한 유대감은 진짜 가족을 구성하게 해주고 엄마가 아이를 돌보는 것이 가능하도록 해준다. 엄마가 모성애를 느낄 수 있는 것은 감정뇌인 변연계와 이성뇌인 신피질이 서로 연결되어 있기 때문이다. 반면에 파충류는 이성뇌인 신피질도 없고 감정뇌인 변연계도 가지고 있지 않다. 당연히 뱀이나 악어 같은 파충류에게는 모성애가 원천적으로 없다. 파충류 어미는 새끼가 태어나도 돌보지 않고 방치한다. 새끼들은 독립적으로 살아가야 한다. 심지어 파충류의 새끼들은 태어난 후 어미한테 잡아먹히지 않기 위해 어미로부터 멀리 떨어지기 위해 도망가듯 사라진다.

강아지와 같은 포유류도 감정뇌인 변연계가 발달해서 감정을 느낄 수 있지만 신피질이 발달한 것은 인간뿐이다. 인간만이 다양한 감정의 층을 가지고 있고 또한 느끼는 것에 더하여 의미를 부여한다. 강아지도 단순한 감정들을 느낄 수는 있겠지만 감정과 사고가 긴밀하게 연계되어 생기는 다양한 감정들을 언어로 표현하고 이해하는 일은 오직 인간만이 가능한 일이다.

인간은 3층집에 살면서 1, 2층집을 이해하고, 파악하고, 누리면서 산다. 복잡하고 신비스러운 뇌 건강이 뒷받침될 때 인간은 더욱 인간답다.

뇌는 인체의 지배자다.
인간의 병은
뇌가 관장하고 뇌가 치료한다.

2. 뇌는 인체의 지배자다

뇌는 성장하는가

뇌는 성장하는가 물으면, 답은 성장한다. 관리하면 성장한다. 건강하게 관리하면 더 빨리 성장한다. 뇌와 마음의 관계를 살펴보면 먹먹해질 수도 있다. 인간에게 뇌는 무엇을 의미하는가. 뇌가 주인인가, 마음이 주인인가. 답이 어렵지만 확실한 것은 뇌가 인체를 지배하는 실질적인 주인인 것은 부인하기 어렵다. 지배자로서 일방적으로 명령을 내리기도 하고 구조적인 조직으로 지배하기도 한다. 그리고 냉정한 판단을 가진 이성으로 지배한다. 인간이 느끼는 모든 것과 감정은 뇌에서부터 나온다.

뇌가 주체다. 몸이 주체가 아니다. 뇌가 지배자고 몸은 피지배자다. 생각해 보면 이런 논리도 가능하다. 몸이 아픈 것이 아니라 뇌가 아프다. 뇌는 현실과 가상을 쉽게 구분하지 못한다는 것도 증명되었다. 아픈 것도 뇌에서 인식하지 못하면 아픈 것을 모를 수밖에 없다. 비정상적인 행동을 저지르는 이유도 현실과 가상을 정확하게 파악하지 못해서다. 마음이 아프다는 말을 할 때 가슴에 있는 심장을 가리키지만 정확하게 마음은 뇌에서 나오는 전기작용에 불과하다. 갑자기 확 깨는 말이다. 인간이 이성의 존재이고 영적인 존재라는 말이 설 곳이 없어진다. 하트 모양만 봐도 사랑이 샘솟는 인간이다. 우주를 논하고, 존재를 평가하고, 과학을 만들어낸 존재가 인간인데 갑자기 어색해진다. 뇌가 진정한 주인이고 마음은 설 자리가 없어진다.

뇌에 대한 탐구는 짧다. 동물 중에서 가장 나약하고 부족하게 태어난 인간이 세상을 지배하게 되었을까. 뇌의 성장에 있다. 다른 동물의 경우 태어난 것에서 크게 변하지 않지만 인간의 뇌는 스스로 학습하며 진화한다. 단순한 것에서 복잡한 것으로, 감정적인 것에서 이성적인 면으로 성장해 간다. 새로운 경험이 새로운 경험을 기반으로 지식을 축적하고, 정보를 공유하고, 다시 새로운 것을 생각해 내는 뇌 구조를 가지고 있어서다.

인간의 모든 행동은 뇌에서 나온다. 뇌가 복잡하게 작용한 결과로 인간은 생각하고 행동한다. 나도 모르는 나를 밝혀내는 비밀은 바로 뇌에 있다. 뇌는 신비스러운 영역이다. 분명한 것은 뇌가 있어야 인간이다. 인간을 인간답게 만드는 뇌는 어떻게 성장시킬 수 있을까. 가장 좋은 방법은 뇌 중추 사령부 속에 설치된 회로를 보다 치밀하게 만들어 효율성을 극대화하는 것이다. 신경세포와 신경세포를 연결하는 시냅스를 늘리는 방법이 보편적인 방법이다. 신경세포는 사용하면 할수록 회로가 많아지고 튼튼해진다. 사용하지 않으면 회로가 막히고 가늘어지며 수도 줄어든다.

분명한 것은 신경세포도 신경세포와 신경세포를 연결하는 시냅스도 일종의 물리적인 기계다. 그래서 뇌도 휴식이 필요하다. 기계도 쉬어야 하고 윤활유를 뿌려주어야 오래 간다. 뇌 신경세포는 끊임없이 신경 흥분을 전달하는 일을 하기 때문에 중간에 휴식을 취해야 감각이 원활하게 전도된다. 인간에게 단순 암기는 뇌 발달에는 큰 도움을 주지 못한다. 단순암기 영역은 창조의 뇌 밑에 있는 변연계를 발달시킬 뿐이다. 창조의 영역을 담당하는 뇌 발달에는 암기보다는 원리를 분석하고 옳고 그름의 상황판단 같은 합리성을 따지는 공부를 하는 것이 효과적이다.

뇌과학자들이 이론화한 결론은 뇌 생각은 언어로 드러난다는 것이다. 뇌는 기억으로 저장되고 언어로 상징화된다. 인간은 언어를 체득하는 순간 뇌가 폭발적으로 성장한다. 말을 한다는 것은 뇌가 성장했다는 증표이고 성장할 수 있다는 증언이기도 하다. 인간의 문화 창조 능력과 공부를 하는 능력은 대뇌피질에 있다. 인간만이 가진 고유한 능력은 대뇌피질에서 발현된다. 마찬가지로, 그리고 인간으로서의 높은 경지를 경험하는 수행을 할 때도 대뇌피질의 역할이 크다.

인간의 대뇌 피질의 표면적을 확인해 보면 진가를 알 수 있다. 약 450만 년 전 인간의 조상인 오스트랄로피테쿠스와 원숭이의 뇌 용량이 약 400cc 정도로 비슷했다. 오스트랄로피테쿠스는 인류 진화상 최초의 집단을 이룬 인간으로 본다. 아프리카 대륙의 초기에 살았던 인류의 조상이라고 할 수 있다. 긴 세월이 흐르면서 인류의 뇌 용량은 크게 늘어났다. 1,500cc로 3,4배 늘어났다. 인간의 뇌는 성장한 데 반해 원숭이의 뇌 용량은 변화가 적었다. 과학자들은 인간의 뇌 용량이 1,500cc로 커질 수 있었던 것은 연상영역이 발달했기 때문으로 보고 있다.

인간의 진화가 폭발적으로 일어난 것은 두 다리로 서서 걷기 시작하면서부터일 것으로 추정된다. 두 발로 걷기 시작한 것을 '창조의 첫 발자국'이라고 말한다. 네 다리로 걷다가 두 다리로 걷게 되면서 인류는 후각보다는 시각에 더욱 의존하게 되었다. 앞다리, 즉 두 손이 자유롭게 되어 도구를 만들고 창조적인 일을 할 수 있게 되었다. 그리고 더 큰 성장을 하는 계기는 언어를 사용하기 시작하면서부터다. 언어를 창조하고 문자를 창조하면서 인류는 새로운 세계로 진입하게 된다.

진화의 벽을 만나면 헤쳐나가야 한다. 진화로 인해 새로운 전략이 필요하다. 진화하지 못하고 그대로였으면 멸망했을 것이다. 인간의 뇌가 진화과정을 통해 커졌음에도 안타깝게도 인간 여성의 골반은 직립보행을 하면서 단단해지고 아기가 태어나는 산도는 오히려 줄었다. 머리가 큰 태아를 낳을 수 없게 될 수가 있었다. 인간의 뇌는 다른 전략을 찾았다. 태아의 뇌가 성장 초기 단계에 있을 때 출산하여 뇌를 모체 밖에서 성장시키는 방법을 선택했다.

미성숙한 상태로 인간의 아이들이 태어나는 이유다. 미성숙하게 태어나는 인간의 뇌는 혼자서 책임지며 살아갈 정도로 발전하려면 최소 20년의 세월이 필요하다. 인간의 아이들은 동물 중에서 가장 긴 기간 외부의 도움이 필요하기 때문에 인간의 뇌는 다양한 환경과 경험, 그리고 타인들에 의해 영향을 받으며 성장하게 된다. 그래서 한 아이가 제대로 성장하려면 가족 구성원 모두가 필요하고 마을공동체 모두가 필요한 이유다. 인간의 아이들의 뇌가 나이에 따라 적당하게, 그리고 준비해서 차근차근 성장시키는 방법을 이용해 성장시켜주어야 한다. 뇌과학은 놀랍게 발전하고 있고 새로운 기술이 등장하고 있다. 늦으면 도태된다.

뇌과학은 대중과의 거리를 좁혀나가고 있다. 뇌는 정말 어렵다. 과학기술을 접할 때 느끼는 이해 못하는 용어들과 이론에 머리가 혼란스럽다. 뇌도 그렇다. 뉴런과 시냅스의 구조도만 봐도 머리가 혼란스러워진다. 그럼에도 대중의 관심이 높다. 관심만큼 대중에게 인기가 높은 주제로 신경세포, 즉 뉴런과 뉴런을 잇는 시냅스라는 단어에 익숙해지고 있다. 갈수록 친숙한 용어가 될 것이다.

가장 따끈따끈한 질문은 과연 인간의 뇌는 새로 만들어질까. 새로 만들어진다면 인간은 한 차원 다른 세상을 만나게 될 것이다. 직접적으로 연결되는 것이 뇌로 인한 질병치료의 길이 열린다는 점이다. 뇌와 관련되지 않은 신체는 존재하지 않는다고 했다. 인간의 신체는 모두 신경으로 뇌와 연결되어 있고 뇌파에 의한 호르몬의 분비를 통해 영향을 받는다. 다음으로는 뇌가 가진 지능을 발달시킬 수 있다. 평범한 사람의 뇌도 자극을 주어 천재를 만들 수 있을까, 실제로 가능할까. 답은 가능하다. 마지막 장에서 안내하려 한다.

다 자란 성인의 뇌에서도 신경세포와 신경줄기세포가 만들어질까. 뇌과학 분야에서 관심 있는 주제였다. 근래 들어 동물과 인간 뇌에서 모두 새 뉴런 생성이 일어난다는 통설이 대체로 받아들여졌다. 실제로 사례가 발견되고 있다. 뇌질환 치료 연구 분야에서 인간 뇌의 신경줄기세포는 특히 주목받는 내용이었다.

반론도 만만치 않다. '뇌세포 생성'에 대해 틀렸다는 내용이다. 화제의 주인공은 미국 샌프란시스코 캘리포니아대학교의 아르투로 알바레스 부이야Arturo Alvarez Buylla 교수 연구진이다. 태아부터 77살까지 다양한 사망자와 뇌전증 환자 59명의 뇌를 대상으로 신경줄기세포가 모여 있다고 알려진 뇌 중앙의 해마 부위에서 새로 생성된 신경세포가 얼마나 많은지를 실제로 확인했다. 갓 생긴 뉴런이나 전 단계의 전구세포, 그리고 신경줄기세포들에서만 독특하게 나오는 여러 분자를 이용해 세포들의 존재를 확인하는 방법을 썼다. 방법이 정확한지를 검증하는 다른 실험도 거쳤다.

연구 결과는 나이 들어서도 신경세포가 새로 생긴다는 학설과 너무나도 달랐다. 알려진 대로 신생 뉴런은 태아와 갓난아기에게서 다량으로 발견됐다. 이후 급격히 줄어들면서 13살 때엔 매우 드물게 발견되었고, 18살 이상에선 전혀 발견되지 않았다. 갓 태어난 아기에는 어린 뉴런이 해마 조직 1㎟당 1,618개 있었으나 1년 뒤엔 5분의 1로 줄고, 13살 때엔 2개 정도만 발견됐다. 포유류 동물과 달리 인간 뇌 해마에서 새로운 뉴런 생성이 아동기에 끝난다는 이번 연구 결과는 확실히 논쟁을 불러왔다. 20여 년 동안 동물실험에서 뇌는 성장하고 신경세포가 새로 생긴다는 실험결과가 인간 뇌에도 그대로 적용될 수 있으리라는 통설을 정면으로 뒤집은 결과였다.

20세기 중반만 해도 사람이나 동물은 평생 쓸 신경세포를 갖추고서 태어난다는 확고한 정설로 자리 잡았다. 1960년대에 의문을 제기하는 일부 동물 연구 결과가 나와 논란이 일었다. 신경과학계의 본격 관심사가 된 건 1988년 이후였다. 미국 록펠러대학 연구진은 카나리아가 지저귐을 배우고 노래하는 시기에 카나리아 뇌의 발성 관련 영역에서 새 뉴런들이 만들어진다는 발견을 보고했다. 사람 뇌의 신생 뉴런에 관한 연구가 나온 건 20여 년 전인 1998년이었다. 미국 솔크연구소 연구진은 성인 뇌의 해마에서도 신경세포가 생성된다는 실험을 발표했다. 2013년엔 더욱 놀라운 연구가 나왔다. 탄소연대측정 기법을 기발하게 응용해 사망자 뇌 해마에서 뉴런 생성 시기를 추적해보니 많은 뉴런이 생애내내 생성되는 것으로 보인다는 연구 결과였다. 사람 뇌에서 날마다 700개 정도의 신경세포가 생성된다는 추산을 제시했다.

대립되는 이론 중에서 어느 이론이 정설일까. 새로운 신경세포가 생성되지 않는다는 것이 정설이라면 의문점이 남는다. 다른 동물에서는 새로운 신경세포가 생성되는데 인간에게만 더 이상의 생성이 중단될 수 있을까. 또 하나의 질문은 무엇보다 갓 태어난 태아의 뉴런이 해마 조직 1㎟당 1,618개 있었으나 1년 뒤엔 5분의 1로 줄고, 18살 이상에선 전혀 발견되지 않았다면 인간의 뇌의 신경세포는 노쇠해지고 죽는데 인간의 뇌가 가장 활성화되는 것은 왜 50살 전후일까에 대한 의문이다.

인간의 질병은
뇌에서 발생하는 것이
다른 기관에서 발생하는 것의
총합보다 많다.

3. 인간의 병은 뇌에서 발생하는 것이 다른 기관에서 발생하는 것의 종합보다 많다

뇌의 역할

인간능력의 상당 부분은 뇌의 역할이다. 지구상에서 살아남은 것도 뇌의 힘이 컸고 지구상에서 우월한 존재로 자리 잡은 것도 뇌의 영향력이 크다. 인간능력을 키우려면 뇌의 기능을 확장하면 된다. 반대로 이야기하면 인간능력의 퇴보는 뇌의 능력이 부족해져서다. 뇌의 능력이 떨어지는 것의 많은 부분은 질병이다. 단순명쾌하게 정리할 수 있는 것이 있다. 인체에서 뇌와 연결되지 않은 기관과 부위는 없다. 신경계에 의해서 긴밀하게 연결되어 있다. 또한 인체를 정상적으로 가동시키기 위해서 많은 종류의 호르몬이 있는데, 호르몬의 역할은 중요하고 범위는 광범위하다. 호르몬의 생성과 분비를 책임지고 있는 것은 뇌다. 종합하면 뇌의 역할이 절대적이란 말이다.

많은 종류의 호르몬의 생성과 분비에 문제가 되어도 신체에 이상증상이 나타나고, 길어지면 질병으로 이어질 수 있다. 여기에 뇌의 핵심인 신경계통과 신경전달물질의 이상이 생기면 문제는 심각해진다. 호르몬의 역할은 소리 없이 크다. 극소량이 분비되지만 특정 세포나 장기로 흘러가 신호를 전달해 체내 세포와 장기들의 생리적 기능을 조절하는 역할을 한다. 호르몬은 인체의 내분비샘에서 생성되고 분비되어 혈액을 통해 인체의 각 기관으로 운반되는 화학물질이다. 호르몬의 목적은 생명이 태어나 죽음에 도달할 때까지 생명을 안전하게 보호하는 역할을 수행한다.

아기가 태어나면 아기의 몸속에서는 성장과 발육을 담당하는 호르몬이 분비되어 근육을 만들고, 뼈를 성장시키고, 두뇌가 원활하게 작동되도록 한다. 호르몬의 역할은 태어나면서부터 죽음에 이르기까지 정상적인 인간으로 성장하도록 프로그램화 되어 있다. 필요한 시기에 필요한 호르몬을 만들고 공급한다. 사춘기가 되면 남성은 남성답게, 여성은 여성답게 체형을 만들어준다. 세상에 적응되도록 만들어 준다.

호르몬은 24시간을 인체와 함께 한다. 인간의 몸과 마음을 지켜주는 도우미 역할을 수행한다. 호르몬의 작용이 적당하게 유지되어야 인체는 최적의 상태가 된다. 호르몬의 균형이 깨지면 인체는 활기와 의욕을 잃고, 살이 찌고, 빠르게 노화하고, 질병에 쉽게 걸리며 혼란에 빠진다. 호르몬의 역할은 강조해도 좋다. 심지어 인간이 긍정적인 태도를 갖는 것에도 일정 부분 관계가 있다. 목표가 정해지면 욕망을 실현하기 위한 고난과 고통을 극복하고 성공하도록 도와준다.

일상적일 때 흘리는 눈물과 기쁘거나 슬플 때 흘리는 눈물이 다른 것을 아는가. 정말일까, 정말이다. 눈물도 감정에 따라 다른 눈물이 난다. 인간은 기쁠 때, 슬플 때, 그리고 눈에 이물질이 들어갔을 때 눈물이 난다. 우리가 알지 못하는 사이, 즉 평상시에도 눈물을 흘린다. 눈물이 다른 이유는 눈물이 가진 효과가 다르기 때문이다. 눈물의 종류를 알아보자.

인체가 느끼지 못하는 순간에도 눈물이 난다. 첫째 기본적인 눈물이다. 촉촉한 눈을 유지하기 위해 5초에 한 번씩 눈을 깜빡거려 배출되며 눈을 보호하는 역할을 한다. 눈치채지 못하는 눈물이다. 둘째로 반사 눈물이다. 바람, 먼지, 연기로 외부 자극에 반응해서 나는 눈물로 여러 단백질을 포함하고 있다. 알부민, 면역 글로불린, 락토페린, 리소자임 등이다. 일상적일 때와 달리 많은 양의 눈물로 이물질을 제거하고 항균 작용을 강화한다.

세 번째로 감정 눈물이 있다. 스트레스, 슬픔, 고통, 그리고 행복할 때도 눈물이 난다. 강한 감정에 반응하는 눈물이다. 인체는 스트레스를 받으면 스트레스 호르몬인 '카테콜아민'이 생성되는데 소화기 질환, 심근경색, 동맥경화를 유발하는 호르몬인 카테콜아민을 신체 밖으로 방출하기 위해 뇌 속에서의 화학작용으로 부교감신경계를 자극하여 대량의 눈물을 만든다. 인체의 안전을 위하여 흘리게 되는 눈물에게 고맙다. 호르몬의 영향에 의하여 눈물도 다른 눈물을 흘린다는 점이 신기하다.

호르몬은 두 가지로 나눈다. 하나는 성장을 관장하는 호르몬이고, 다른 하나는 인체를 관리하는 호르몬이다. 성장호르몬은 인체의 성장과 발육, 건강을 책임지는 호르몬이고 다른 하나, 인체를 관리하는 호르몬은 사랑과 행복, 통증과 쾌감, 식욕과 절제, 스트레스를 방어하며 면역력에 영향을 끼친다.

성장호르몬은 태어나는 순간부터 분비되어 성장과 발육을 이끌고 2차 성징을 유도해서 특성화시키는 역할로 남성을 남성답게, 여성을 여성답게 만든다. 성장호르몬은 상식적으로 이해되는 뼈 · 연골 · 근육 등의 성장을 돕고 근력 증가를 하도록 하며 인체에 속한 장기들의 대사과정에 큰 역할을 한다. 또한 세포를 재생하며 면역력을 강화시키는 데도 중요한 역할을 한다.

남자를 남자답게, 여자를 여자답게 만드는 호르몬은 남성호르몬과 여성호르몬이다. 남성호르몬은 남성에게서만 분비되고 여성호르몬은 여성에게서만 분비되지 않는다. 여성에게서도 소량의 남성호르몬이 분비되고, 여성호르몬 역시 남성에게 소량 분비된다. 인체 내에는 남성성과 여성성이 공존하고 있다고 보면 된다. 그럼에도 남성호르몬은 남성의 성적 정체성에, 여성호르몬은 여성의 성적 정체성을 만드는 역할을 주도적으로 한다.

흔히 50대가 되면 남녀의 성격이 바뀐다는 말을 종종 한다. 남성이 집에 있으려 하고 여성은 밖으로 나가 돌아다니려 하는 것을 볼 수 있다. 갱년기 증상으로 남성에게 남성호르몬이, 여성에게 여성호르몬이 급격히 줄어들어 성적 정체성이 줄어들기 때문이다. 건강과 장수에 관여하는 호르몬은 인슐린, 갑상샘 호르몬, 멜라토닌이 있다. 인슐린은 우리가 먹는 세끼 식사를 우리 몸에 필요한 에너지로 만들어주고, 갑상샘 호르몬은 기초대사가 유지되도록 돕는다. 멜라토닌은 수면을 관장하며 면역력을 높이고 노화를 늦춘다.

뇌로 인한 질병은 뇌의 정상화로 바로 복원된다

인체를 관리하는 호르몬은 사랑과 행복을 느끼게 하는 옥시토신과 세로토닌, 먹고 싶은 욕구를 담당하는 그렐린과 렙틴, 스트레스에 대처하는 아드레날린과 코티솔, 통증과 쾌감을 관장하는 엔도르핀과 도파민이 있다. 호르몬은 인체가 아침에 깨어나 늦은 밤까지 활동하는 시간과 취침 시간에도 쉬지 않고 작용한다. 호르몬은 인간의 몸과 마음의 상태를 일정하게 유지되도록 도와준다. 인체를 조용히 지배하고 있는 호르몬의 균형이 깨지면 항상성 유지가 이루어지지 않아 급격한 변화가 온다. 삶의 활력이 떨어지고, 살이 찌고, 노화가 빨라지며 면역력이 현저하게 낮아진다. 또 스트레스를 극복하려는 힘이 떨어져 감정기복이 심해질 수 있다. 호르몬 균형은 생명의 유지와 건강에 직접적인 영향력을 끼치는 은둔의 강자라고 할 수 있다. 호르몬과 신경계통의 문제는 모든 병의 근원이라고 해도 지나치지 않다. 질병의 출발은 뇌에서 출발해서 뇌에서 결정한다고 할 수 있다. 호르몬의 종류만큼 질병의 종류도 많다고 보면 된다. 인간의 질병 전체를 합친 것과 뇌와 관계된 질병 하나를 넘지 못한다. 그만큼 뇌는 인간을 인간이게 하는 중요한 중심이다. 호르몬의 경우는 많아도 문제, 모자라도 문제다. 그만큼 증상도 다양하고 복잡하다.

엄마들의 관심은 아이가 바르게 자라는 것에 집중되어 있다. 일차적인 엄마의 관심은 아이의 키 성장에 있었다. 지금은 뇌 성장에 관심을 가지는 엄마가 늘고 있다. 아이의 인생에 영향을 끼치는 요인으로 키 성장보다는 뇌 성장이 아이의 미래 영향을 준다는 생각을 가진 엄마들이 많아지고 있다.

신경세포는 하루에 1만 5천 개씩 선택적으로 소멸되며 신경 연결부인 축색은 초당 200개, 신경접합부는 초당 10만 개씩 소멸되는 것으로 알려져 있다. 가설로 불확실한 환경변화에 대응할 수 있는 잠재력을 극대화하기 위해 시냅스를 과잉 형성한 다음 환경과의 상호작용을 통해 재정비하는 것이 유전자의 부담을 덜어주는 효과가 있기 때문으로 본다.

뇌에서 전두엽이 하는 일은 주의력 유지와 무언가 하고 싶은 마음이 생기는 동기화, 그리고 공감하는 감정을 조절하는 능력이 생겨 대인관계를 용이하게 한다. 사회성이 길러지는 시기다. 또한 계획하고, 선택하고, 집중하는 데 역할이 길러지게 된다. 어릴 때 전두엽이 손상 받으면 회복할 수 없다. 아동학대를 받은 아이나 엄마의 산후 우울증으로 상호작용이 제대로 발달되지 않은 아이들은 뉴런과 시냅스의 가지치기가 일어나 회복하기 힘든 후유증을 남길 수도 있다. 10~13세에는 확실한 가지치기 현상이 일어나 청소년기에 논리적인 사고력, 추론, 예측하고 계획하는 능력이 생긴다. 만약 가지치기 현상이 제대로 일어나지 않으면 강박증, 틱장애, ADHD, 반항장애 등이 발생하거나 악화된다.

외과적 수술 없이 뇌는 복원될 수 있다. 현실화되고 있다. 이미 실용화가 진행되어 있다. 시냅스의 복원과 성장의 영향이다. 시냅스의 복원과 성장 기법은 이미 실용화되고 있다. 새로운 자극으로 연결망이 강화되고 있음을 보여준다. 인간능력을 키우려면 뇌의 기능을 확장하면 된다.

마음과 몸은 둘이 아니라 하나다

인간의 마음과 몸은 독립된 것일까, 상관관계가 있을까. 걱정거리가 생기거나 불안하면 위가 아프다. 위경련을 일으키기도 하고 쉽게 체하기도 한다. 우연일까. 아니다. 위는 마음의 얼굴이다. 마음에 따라 위가 작동한다. 마음이 편해지거나 문제가 해결되면 위도 편안해진다. 경험적으로 느끼는 것이지만 과학적으로 밝혀지고 있다. 인체와 마음은 하나로 연결되어 있음이 확인되고 있다.

뇌 신경계와 신체 면역계의 작용이 놀랍게도 신체 건강과 정신 건강에 하나처럼 작용한다는 사실이다. 몸이 아프면 정신도 약해진다고 한다. 우울해지고, 삶이 무력해지고, 희망은 없어지며 같은 상황도 감정적으로 대처하게 되어 화를 내기도 한다. 이유 없이 짜증을 내기도 한다. 뇌가 손상된 환자의 경우 뇌의 손상 부위가 감정이나 인지를 주관하는 영역이 아닌 신체 기능과 관련되거나 감각 영역인 경우에도 정서적으로 문제가 있었다. 몸과 마음은 독립된 것이 아니라 하나로 연결되어 상호작용하는 것임을 느꼈다.

《너무 놀라운 작은 뇌세포 이야기》에 들어있는 내용을 소개한다. 상호작용을 한다면 무엇이 마음과 몸을 연결해줄까. 답은 미세아교세포였다. 미세아교세포microglia는 신체가 외부 이물질에 대하여 면역반응을 일으키듯 뇌신경 내의 변화 또는 사고를 감지하는 순간 뇌를 보호하기 위한 면역반응을 일으킨다. 신체의 면역반응을 일으키는 백혈구의 역할을 하는 것이 미세아교세포다. 미세아교세포는 작지만 뇌에서 중요한 역할을 수행한다. 첫째 뇌 시냅스가 잘 자랄 수 있도록 자양분을 분비하는 역할을 한다. 둘째 다친 뉴런의 회복을 돕기 위해 신경보호물질을 분비한다. 셋째 뉴런 돌기가 새로 돋아날 때 뉴런 그물망이 튼튼하고 복잡하게 하는 데 도움을 준다. 넷째 전도 속도를 높이는 역할을 하는 신경세포의 돌기를 덮고 있는 수초의 성장을 촉진한다. 마지막으로 다섯째 수초의 손상 시 회복에 도움을 주는 수리공 역할을 한다.

인체는 외부에서 바이러스 같은 이물질이 침투하면 대항하기 위해 사이토카인cytokine과 같은 면역물질들을 분비한다. 사이토카인은 이물질을 공격하는 총알이라고 할 수 있다. 사이토카인이 통제를 벗어나 과다분비 될 경우 정상 세포까지 공격해 고열, 부종 등 심각한 면역반응 증상을 유발한다. 평소에는 외부 위협을 없애 뇌 건강을 지키는 면역반응으로 작용하지만 도가 지나친 경우에는 독으로 작용한다.

사이토카인의 수치가 적정 수준을 넘어설 경우에는 세포들이 방출한 독성인자가 증가해 뉴런이 망가지기도 하고 미세아교세포에 발동이 걸려 사이토카인을 폭주 수준으로 만들어낼 경우 시냅스를 앞뒤 가리지 않고 가지치기하는 현상이 지속되면 뇌에 손상을 준다.

마음과 몸이 둘이 아니라 하나라는 의미는 여러 연구에서 밝혀지고 있다. 긴장과 불안을 장기적으로 경험한 아이는 스트레스 반응을 감지하는 유전자 자체를 바꾼다. 스트레스를 경험한 유전자는 작은 긴장과 불안에도 예민하게 반응해 미세아교세포를 더 예민하게 만들고 작은 충격에도 신경염증반응을 유발해 뇌의 회복을 더디게 하고 기능에 장애를 일으킨다. 정서적인 안정이 건강과 직결되어 있음을 보여준다.

또한 부정적 아동기의 경험이 성년기에 우울증 같은 정신질환을 유발할 위험성이 3배 더 높다는 연구결과도 있다. 부정적인 경험을 한 아이들은 성인이 되었을 때 자가면역질환, 심혈관질환, 암 같은 각종 신체질환에도 몇 배 더 잘 걸렸다. 아이들의 모든 경험이 성장하면서 지속적으로 신체적, 정신적 건강에 지대한 영향을 준다는 결론이다. 과학적으로도 증명된 사실은 아이들이 사회와 어른들의 보호와 사랑을 받아야 정상적으로 성장할 수 있음을 강력하게 보여준다.

미세아교세포는 뇌를 보호하는 수호자 역할을 하지만 지나치게 스트레스를 많이 받은 아이의 미세아교세포는 돌변해 뇌를 파괴하는 반란군이 된다는 놀라운 점이다. 스스로를 파괴하는 무서운 폭군이 된다. 우울증 환자와 성장기에 스트레스를 강하게 받은 사람의 뇌 해마는 쪼그라들어 있다. 그만큼 인간에게는 마음의 평화가 중요함을 보여준다. 스트레스는 인간을 병들게 하는 감정이다. 누군가를 미워하거나 두려움에 떠는 마음이 인간을 병들게 한다.

실제로 평생에 걸쳐 정신적으로 또는 신체적으로 오랜 동안 스트레스의 공격을 받은 뇌는 염증반응을 일으켜 뇌 관련 장애와 정서적 장애로 인한 발병 위험이 증가한다. 누군가를 미워하는 감정도 상대를 위해서 용서하라는 것이 아니라 자신이 살아남기 위해서 용서가 필요하다는 것을 깨달아야 한다. 인간은 기본적으로 평화를 찾아가야 살아남을 수 있는 종족임을 밝혀준다. 추론하면 인간은 사회적 동물로 진화하면서 미움이 공동체 형성에 문제가 있을 것이라는 것을 암시하는 예일지도 모른다.

과학적 증명으로도 밝혀졌다. 주요 우울장애를 앓는 환자들의 혈액검사 결과를 보면 염증 유발성 사이토카인의 수치가 매우 높게 나왔다. 시토카인cytokine이란 세포, 주로 백혈구에서 분비되는 단백활성 물질이라는 의미다. 면역 담당 세포에서 항원제시를 받아 분화증식을 촉진해 항체생산을 증가시키는 역할을 한다. 명령을 내리면 그냥 실시하는 것이 아니라 항원제시를 받으면 시토카인을 방출해 항체생산을 하도록 명령하는 역할을 수행한다. 다시 말하면 시토카인은 세포 간의 정보 전달에 관여하는 단백질로 명령 내용이 쓰여 있는 단백질이라고 말할 수 있다. 쉽게 풀어도 어렵다.

한데 어렸을 때 지속적인 스트레스를 받은 아이의 경우 시토카인이 보통 사람들과 비교해 31%가량 더 높게 나왔다. 이때 예측 불가능한 스트레스에 오래 노출되는 상황이 오면 아군이었던 미세아교세포가 궤도를 이탈해 적군처럼 뇌 조직을 공격하는 반란현상이 일어난다.

미세아교세포는 뇌를 정상적으로 만드는 작업을 한다. 하지만 돌변한 미세아교세포의 지나친 시냅스 가지치기는 필요한 시냅스 연결마저 끊어버리는 상황으로 돌변한다. 뇌 질환으로 알려진 조현병, 우울증, 알츠하이머, 자폐증뿐 아니라 신체의 자가면역질환의 일종인 루푸스 환자, 다발성경화증, 크론병 등의 환자들에게서 시냅스 파괴현상이 발견된다. 폭력적으로 변한 미세아교세포가 뉴런과 시냅스를 마구 집어삼키는 상황이 온다.

미세아교세포의 과격한 반란은 인간의 기분에도 치명적이다. 8,000여 명의 인구집단을 만들어 조사했다. 결과는 예상대로였다. 자가면역질환 환자들은 우울증 발병 확률이 더 높게 나왔다. 우울증 환자는 자가면역장애를 앓게 될 가능성까지 보였다. 다시 말하지만 인간은 생각하는 동물이다. 생각이 주가 된 동물로서 다른 어떤 동물보다도 신체와 정신은 이어져 있음을 보여준다. 몸이 아프면 정신까지 따라서 병드는 이유가 바로 여기에 있음을 확인할 수 있었다. 분명한 것은 뇌와 신체, 다시 말해 뇌 면역계와 신체 면역계가 서로 복잡하게 얽혀 있다. 뇌와 신체를 연결하는 중심에 미세아교세포가 있다.

뇌는 스스로 치료하는 능력을 가지고 있다.
또한 뇌는 스스로를 공격하기도 한다.

4. 질병의 대부분은 염증이다

자가면역이란

자가면역自家免疫 Autoimmunity이란 나와 나 아닌 것을 스스로 구분해서 반응하는 현상을 말한다. 다시 설명하면 면역이란 나는 나 자신의 신체를 말하고 나 아닌 것은 세균, 바이러스, 진균 같은 것으로 인식해서 받아들이지 않고 공격하는 것이다. 나 아닌 것에는 여러 가지 미생물이나 미세먼지와 금속 같은 무생물일 수도 있다. 또 하나 특별한 점은 암과 같이 자기 자신의 신체였지만 비정상적으로 변한 암세포일 수도 있다. 그래서 자기 자신의 세포일 수도 있다.

면역은 나를 방어하는 체계이고 나 아닌 것을 찾아내 제거하는 것을 목적으로 한다. 문제는 나 아닌 것에만 공격을 해야 하는데 자기 자신의 항원을 공격하는 것이 발견되었다. 나와 나 아닌 것을 구분할 수 없게 되면서 군대용어로 쓰면 피아를 구분하지 못해 나 자신인 신체의 세포와 장기를 공격한다. 친위대가 적을 구분하지 못하고 왕을 공격하는 상황이 벌어진 것이다. 자신의 병사가 자신의 몸을 공격하는 황당한 상황이 자가면역장애고, 자가면역장애를 가진 병을 자가면역질환이라고 한다. 잘 알려진 질환은 류머티즘성관절염이 있다. 이외에도 전신성홍

반성루프스, 쇼그렌증후군, 강직성척추염 등이 있다. 자가면역질환은 이름도 어렵다.

면역계는 기본 원칙이 있다. 아군과 적군을 가리는 능력을 가진 것이 면역체계인데 반대로 아군이 아군을 공격하는 상황이 발생하면 자신의 몸을 망가뜨리게 된다. 아군이 아군의 공격을 막기 위한 방안으로 자신의 세포와 장기를 자신으로 인식해서 공격하지 않는 것을 면역관용 tolerance이라고 부른다.

자가면역에 대한 이론은 파울 에를리히Paul Ehrlich에 의해서 성립되었다. 파울 에를리히는 면역체계에 대해 연구하다가 뜻밖의 현상을 발견했다. 면역체계가 예상치 못했던 방향으로 흘러 외부 항원에만 반응하는 것이 아니라 자기 항원도 공격하는 것을 확인했다. 자신의 항원을 공격하는 것을 자가내성自家耐性 horror autotoxicus이라고 적었다. 현재는 자가내성 self-tolerance이라는 의미가 더 강하다. 파울 에를리히의 생각은 자가면역의 시초가 되었다.

자가면역 치료의 한계가 있다. 자가면역이 일어나는 원인을 직접적으로 치료하는 단계가 아니라 면역을 억제하여 자가면역반응을 낮추는 치료를 할 뿐이다. 근본적인 치료가 되지 않는 것에 대한 아쉬움이 남는 것이 현실이다. 면역 억제라는 소극적인 치료방법만으로도 환자의 삶의 질은 조금 나아지고 환자의 수명을 연장하는 것에 의미가 있지만 자가면역질환에 대한 원인적 치료는 아직은 숙제로 남아 있다. 하지만 새로운 세계가 이미 열리고 있음을 깨달아야 할 때가 왔다.

몸과 뇌를 잇는 다리, 미세아교세포

미세아교세포 微細阿膠細胞 microglia에서 미세微細는 작다는 뜻이고, 아교阿膠는 액체사태로 된 접착제다. 그대로 풀면 미세아교세포는 작은 액체 상태의 접착제라고 할 수 있다. 마음과 몸을 연결해주는 세포가 미세아교세포다. 과학자와 대다수 사람은 뇌와 신체가 물리적으로 분리된 장기라고 믿어왔다.

육체적인 문제와 정신적인 문제는 기본적으로 염증성 자극이 유전적 소인과 맞물려 몸에 자가면역반응을 일으켜 나타나는 현상이다. 인간의 질병을 한마디로 정리하라고 하면 답은 간단하다. 염증성 자가면역반응이다. 염증炎症 inflammation은 자극에 대한 생체조직의 방어반응의 하나다. 인간의 병은 염증에 있다고 해도 지나치지 않다. 일반적으로 곪는다고 하는 것이 염증이고 덧난다고 하는 것도 염증이다. 심지어 암도 염증이다. 의학사전에 이렇게 적혀 있다.

"대부분의 병이 이것에 속한다."

이것이 바로 염증炎症이다. 여러 가지 원인 중 세균에 의한 것이 가장 많다. 의학사전에 이렇게 정의되어 있다.

"일상의 대부분의 병이 이것에 속한다."

이것이 바로 '염증'이다. 다시 이렇게 이야기하면 이해가 빠를 듯싶다.

"염증이 집중된 부분에 따라 다른 증상과 질병이 다를 뿐 근본적인 원인은 모두 '염증성 자가면역반응'인 것이다. 또한 신체의 면역반응은 뇌의 면역반응을 불러일으키고, 그 반대가 되기도 한다."

염증에 대한 사전적 정의의 한 부분을 그대로 옮겨 놓은 것이다. 일반적으로 병이라 하는 것들의 대부분이 염증이고, 염증이 어느 부분에 생겼느냐에 따라 아픈 형태가 다르고 병명이 다르다는 말이다. 그렇지만 앞에서 설명한 것과 같이 외부 항원에만 반응하는 것이 아니라 자기 자신의 항원도 공격하는 것이라는 설명이다. 그만큼 인간사에서 발생하는 상당 부분이 염증이라고 할 수 있다. 이 부분도 지나칠 수 없는 부분이다.

"신체의 면역반응은 뇌의 면역반응을 불러일으키고, 그 반대가 되기도 한다."

앞서 설명한 내용을 한 마디로 핵심을 지른 문장이다. 신체의 면역반응은 치료가 되게도 하지만 병을 악화시키기도 한다는 말이다. 하나의 방안인 면역반응이 자신에게 침입한 적을 공격하기도 하지만 자신을 적으로 오인해서 스스로를 공격하기도 한다는 말의 다른 표현이다.

조금 어려워서 미뤄왔던 단어 설명부터 해야 한다. 부분적으로 설명한 바가 있다. 시토카인이란 세포는 주로 백혈구에서 분비되는 단백활성 물질이라는 뜻으로 면역 담당 세포다. 스스로 할 수 있는 것이 아니라 명령을 전할 세포가 필요하다. 그것이 명령을 받아 실행하도록 하는 세포가 바로 도움자 T세포다. T세포의 명령을 전달받은 세포가 다시 면역반응을 하는 항체생산을 한다.

쥐 실험을 실시했다. 쥐에게서 백혈구에게 전투명령을 내리는 세포인 T세포를 제거했더니 뇌 인지력 장애가 발생했다. 종합하면 신체적인 문제나 정신적인 문제는 근본적으로 염증성 자극이 유전적 문제와 맞물려 신체에 자가면역반응을 일으켜 나타나는 증세다.

보다 충분한 영양분을 흡수하고, 보다 편안해지고, 보다 생활환경이 좋아졌다고 하는데 정신질환자가 늘어나는 이유는 무엇일까. 《너무 놀라운 작은 뇌세포 이야기》의 저자는 이렇게 이야기한다. 현대에 우리의 면역계가 총력적 방어가 필요한 상황이라고 오판할 만한 신종 유해화학물질들이 도처에 널려 있음을 원인으로 꼽는다. 인체의 면역계에 생뚱맞게 유해화학물질이 왜 갑자기 튀어나오냐 할 수 있다. 유해화학물질은 예상보다 많고, 다양하다. 가공 식품의 각종 첨가보존제, 가구의 방염제, 농작물의 살충제, 플라스틱의 비스페놀, 배기가스의 다이옥신, 화장품의 내분비 교란 성분으로 인해 체내 염증 반응은 최고경계 수준으로 끌어올리고 있다. 더 있다.

몸의 질병을 재촉하는 가공식품 성분, 환경독성물질, 화학물질이 뇌의 면역세포인 미세아교세포를 교란시켜 자신의 뇌를 공격하게 할 수 있다. 거기에 항생제, 냉장기술, 도로를 포장한 재료 같은 문명의 소모품들로 자연상태에서 생존했던 미생물들은 존재하기 어려워졌고 환경독성 물질들이 전방위적으로 포위하고 있어 만성적 면역반응을 유발하고 있다.

그리고 정신적으로는 디지털 시대가 되면서 정서적 스트레스 요인들이 넘치고 있다. 오히려 사회성은 결핍되고 관계는 단절되고 개인주의로 힘들어하고 있다. 깊이 생각하고 내면을 성찰하기보다는 대충 훑어보고 재미 위주로 생활하고 보다 큰 자극을 추구하고 있다. 인간의 면역계는 사회적, 정서적 스트레스를 병원균으로 인식해 만성적 뇌 면역반응을 일으켜 뇌를 망가트리는 일을 벌이고 있을지도 모른다.

신경정신과 분야는 뉴로피드백, 경두개자극기와 같이 치료가 필요한 뇌 부위를 목표, 조준해 자기자극을 전달하는 치료기법이 발달하고 있다. 뇌는 전기로 작동하는 기관이다. 뉴런은 다른 뉴런에게 전기신호, 즉 뇌파로 정보를 전달하는 일을 한다. 일반적으로 뉴런은 초당 5~20회 빈도로 전기신호를 발생시켜 자신과 연결된 수만 뉴런에 흘려보낸다. 불과 몇 년 전까지 신경정신적 질환의 증상들은 신경전달물질의 화학적 불균형으로 인해 나타난다고 믿어왔다. 처방전도 세로토닌 재흡수 억제제 같은 약물 치료가 대부분이었다. 하지만 정확한 원인이 아닌 것이 밝혀지고 있다. 최근 들어서 뇌 스캔 기법이 발달해 뇌 신경회로의 특징을 보다 구체적으로 밝히고 뇌 질환의 경과를 예측하는 데 활용한다. 최선의 방안으로 뇌에 자극을 주어 필요로 하는 치료효과를 얻는 기술이 등장했다.

만약 뉴런이 제대로 기능하지 못할 경우 전기발화가 모자라거나 넘치는 경우다. 현대의학기술로 뇌 스캔 영상을 통해 알파파, 베타파, 세타파, 델타파와 같은 뇌파가 정상으로 작동하는지를 확인할 수 있다. 또한 뇌파가 빠른지 혹은 느린지를 확인해 비정상적 시냅스의 전기적 활동상황을 파악할 수 있다. 정상적인 뇌파에 엇박자가 나서 규칙적인 순환 규칙이 깨지는 것은 뉴런의 발화, 즉 미세아교세포와 뉴런의 소통이 제대로 일어나지 않는다는 증거다. 이때 약한 전기자극을 주어 미세아교세포가 뉴런들에게 올바른 정보를 전달하도록 재부팅한다. 최근의 뇌 자극 치료 기술들은 흥분한 미세아교세포를 진정시키고 건강한 뉴런들이 뇌 시냅스 구조를 복원하게 하는 것에 주목한다.

이제는 통합의 시대가 찾아왔다. 뇌의 각 부위마다 독자적인 역할이 존재한다고 생각했던 것들이 긴밀하면서도 정교하게 연결되고 서로 협력한다는 것을 보여주는 것들이 확인되고 있다. 마찬가지로 몸과 정신이 독립적으로 존재하는 것으로 생각했지만 결론은 몸과 정신은 하나다.

신체의 질병 또는 정신적 곤란이 서로 관계가 있음을 확인했다. 몸 건강이 무너졌을 때 힘들어하는 것을 정신력이 부족하다고 핀잔을 주기보다는 몸과 마음이 하나로 연결되어 있어 당연히 그럴 수 있음을 이해해 주어야 한다. 이해와 포용, 그리고 도움의 손길이 필요하다. 이제는 이유 없이 우울해진다면 몸이 아픈 것은 아닌지 살펴보아야 한다. 몸이 아파서 마음도 아픈 것임을, 마음이 아픈 건 몸이 아픈 이유였음을 확인했으니 말이다.

신체의 건강은 뇌 건강이다.
뇌 건강 없이 신체의 건강은 없다.

5. 뇌는 재편성 된다

뇌의 절정기는 있다, 없다

누가 뭐래도 신체의 건강은 뇌건강이다. 뇌건강 없이 신체의 건강은 없다. 인간의 신체적 능력은 20대 전후가 가장 강력하다. 스포츠 선수의 나이를 보면 증명이 된다. 20대 전후의 선수가 금메달을 따고, 우승을 한다. 신체적 능력과는 다르게 인간의 두뇌는 나이를 먹을수록 성장한다. 나이를 먹으면 기억력이 감퇴하며 젊을 때 뇌를 많이 써야 한다고 말하지만 현실은 그렇지 않다. 단순 기억력에서는 젊은 청년의 뇌가 앞서지만 의사결정 같은 중요한 판단을 할 때는 한참 후인 43세부터 55살 때가 절정이다. 총체적인 것을 파악하는 통찰력이나 직관력은 나이가 든 50대 전후다. 사회적으로 중추역할을 하며 실질적인 야전사령관으로 진두지휘를 하는 나이다. 가장 많은 자산과 지혜와 지식을 갖고 지도자가 되어 사람들을 이끌어가는 연령대다.

중년이 되어 문제가 되는 걱정은 쉽게 잊어버린다는 점이다. 전화기를 가지고 방에서 거실로 나와 왜 휴대폰을 들고 나왔는지를 잊어버린다. 전화기를 들고서 찾는 경우도 있다. 가스 불을 켜놓고 잊어버리는 경우도 있다. 기억력이 현저하게 떨어지는 것을 실감한다. 뇌과학자들은 말한다. 중년의 뇌가 깜빡깜빡해도 가장 뛰어나고 똑똑하다는 새로운 사실을 밝혀냈다. 나이가 드는 것처럼 뇌도 함께 늙을 것이라고 생각하지만 그렇지 않았다. 중년의 뇌는 시냅스 연결망의 구조를 달리한다는 연구결과가 나왔다. 달리 말하면 뇌의 재편성이라고 할 수 있다.

중년 뇌의 특징 가운데 하나는 양측편재화다. 젊었을 때는 좌뇌, 우뇌 중 한쪽을 주로 사용했다. 중년이 되면 좌뇌와 우뇌를 모두 사용한다. 양쪽 뇌를 같이 사용한다는 것은 더 활발하게 뇌를 써서 과제를 수행한다는 것을 의미한다. 상호협동 체제를 구축한다는 것을 의미한다. 들어온 정보를 한쪽에서 분석하는 것보다 협조를 해서 분석하면 다른 접근방식과 더 많은 정보로 현명한 판단을 내릴 수 있다. 편향된 사고가 아니라 양편의 정보와 다른 인식체계를 가동시켜서 중립적이면서 정확한 판단을 내릴 수 있게 된다. 하나의 문제를 다른 정보와 다른 사고체계로 함께 받아들이는 장점을 발휘할 수 있게 된다. 더 빨리, 더 정확하게 해결책을 찾아내는 중년의 뇌는 침착하고 뛰어나다.

좌뇌와 우뇌의 정보와 사고로 만든 뇌구조의 재편성을 통해 중도적인 판단을 내리고 종합적으로 인식하는 유리한 점이 있다. 문제를 해결하는 데 있어서 놀라운 직관과 통찰력을 발휘하는 이유도 여기에 있다. 중년의 뇌가 놀라운 직관과 통찰력으로 더 빨리 문제의 해결책을 찾아내는 이유다.

복잡한 인지기술을 측정하는 검사를 실시했다. 어휘, 언어기억, 공간정향, 귀납적 추리 부분에서 최고의 능력을 보인 세대는 어느 나이 때일까. 어휘와 언어기억 분야에서 당연히 20대나 30대로 생각할 것이다. 의외의 결과가 나왔다. 최고의 수행력을 보인 세대는 평균적으로 40세에서 65세 사이였다. 공간 정향, 귀납적 추리 부분에서도 마찬가지로 40세에서 65세 사이에서 우세했다. 공간지향空間指向이란 쉽게 말하면 자신의 위치를 정확하게 파악하고 나아갈 방향을 찾아내는 능력이라고 할 수 있다. 그리고 지각 속도와 계산 능력 분야에서는 젊은 세대의 능력이 탁월했다. 지각 속도와 계산 능력을 제외하고 장년층이 더 뛰어났다. 나이가 들면서 뇌의 가동속도가 느려지는 것은 사실이지만 뇌구조의 재편성을 통해 인지하고 핵심을 꿰뚫어 보는 통찰력이나 직관력은 중년의 뇌가 탁월했다.

비행 운전능력을 조사했다. 젊은 조종사들과 중년의 조종사들과 비교했다. 일회적인 것이 아니라 3년이란 충분한 기간을 통해 모의 비행장치 조종 실험을 진행한 결과다. 중년의 조종사들은 젊은 조종사들에 비해 모의장치를 잘 다루지 못했다. 새로운 장비에 대한 습득력이 떨어졌지만 시간이 경과하면서 달라지기 시작했다. 시험이 반복되면서 다른 비행기와 충돌을 피하는 능력에서 젊은 조종사들보다 더 뛰어난 능력을 보였다. 중년의 뇌가 뛰어난 문제 해결력과 판단력을 보여주는 것은 중년 뇌가 가진 특성에 답이 있다.

중년의 뇌가 청년의 뇌보다 앞서는 근본적인 이유는 무엇일까. 뇌과학자들은 다양한 연구를 통해 밝혀냈다. 뉴런의 긴 팔을 덮고 있는 미엘린의 영향이었다. 미엘린myelin은 신경섬유의 축삭을 감싸는 피막이다. 축삭의 겉을 여러 겹으로 싸고 있는 막으로 미엘린수초라고도 한다. 천재들의 뇌에는 한결같이 왕성하게 발달해 있다는 미엘린이다. 몰입해서 집중하게 되면 몸의 신경회로가 생성이 된다. 방해 받지 않고 몰입할 수 있는 시간을 가지면 발달하는 미엘린이 천재들의 두뇌에 가득 차 있는 이유다.

메엘린은 뉴런을 통해 전달되는 전기신호의 누출을 막아주는 보호막으로 중년이 될 때까지 계속 증가해 평균 50세 전후에 절정에 달하는 것으로 확인되었다. 미엘린이 더 많다는 것은 뇌의 신호전달이 더 뛰어나다는 것을 의미한다.

뇌의 안쪽에 위치한 편도체는 공포감을 비롯한 부정적인 것에 민감하게 반응하도록 설정되어 있다. 인간의 뇌는 진화하면서 나이가 들수록 중년의 편도체는 다른 세대보다 부정적인 것에 적게 반응했다. 중년은 더 긍정적이고 쾌활하고 낙천적이다. 그럼에도 설단현상을 겪게 된다. 설단현상舌端現象은 알고 있는 사실이 정확한 정보가 기억나지 않아 혀끝에서 맴돌다가 말로 표현되지 않는 현상이다. 중년이 되면 종종 겪는 일이다. 흥미로운 점은 누군가가 해당 단어에 대해 작은 단서를 주면 기억해 낼 수 있다. 긴장을 하면 더 자주 일어난다. 긴장하고 있을 때 주민등록번호를 물으면 갑자기 생각나지 않는 현상을 말한다.

뇌 과학자들의 조언을 들어보자. 중년들은 실망하지 말라고 한다. 그냥 위로가 아니라 근거가 있다. 앞서 설명한 것과 같이 뇌구조를 재편성한 이유고, 인간이 생존하기 위한 방편이라고 한다. 극히 자연스러운 현상으로 생의 전환기를 준비하면서 뇌가 잠시 휴식을 취하는 것으로 본다.

뇌를 나무에 비유해 보자. 뇌구조의 재편성은 나무가 성장하면서 불필요한 가지를 쳐내는 것과 같다. 신경세포가 줄어드는 대신 신경세포 간의 연결 고리는 증대시켜 상호 연합력을 키운다. 신경신포 간의 연결 작용은 나이를 먹을수록 증가해 사물을 종합적으로 보는 능력이 향상된다. 나이를 먹고 경험이 풍부해지면 뇌가 가진 신경세포 간의 결속력으로 협동 체제를 이루어 더욱 정교해지고 능률적으로 변해간다,

이번에는 어릴 때부터 문제가 되는 질병에 대해 알아보자. 마음의 문을 닫아 걸은 병이 자폐증이다. 자폐증이란 보통 3세 이전 아동기 초반에 나타나는 전반적인 발달장애다. 소아 1000명당 1명 정도 발생하며 대부분 36개월 이전에 나타난다. 여아보다 남아에서 3배에서 5배 많이 발생한다. 자폐증에 대한 특별한 치료는 없다. 주요 증상은 크게 사회성 발달의 장애, 언어발달장애, 그리고 행동발달의 장애 3가지로 나누어 볼 수 있다.

특징적인 증상은 사람에 대한 반응을 보이지 않는다는 점이다. 유아기부터 엄마와 눈을 맞추지 않고 소리를 들을 수는 있음에도 고개를 돌려 쳐다보지도 않는다. 엄마들은 아이의 청력에 이상이 있다고 생각하고 이비인후과를 우선 찾아가는 경우가 많다. 안아 주어도 좋아하지 않고 몸을 뻗치면서 밀어낸다. 엄마들의 느낌은 마치 나무토막을 안은 느낌이라고 표현을 한다. 엄마와 떨어져도 전혀 불안을 보이지 않은 점으로 보아 애착에 장애가 있는 것으로 생각된다. 자폐아들은 언어발달이 거의 일어나지 않거나 늦다. 말을 하는 경우에도 말의 의미를 제대로 이해하지 못한다. 혼자 중얼거리기도 하고 노래도 부르지만 누가 곁에서 말을 걸면 대답을 하지 못하는 경우가 있다.

자폐증은 환경적인 요소에 의해 생긴다고 알려진 것이 제대로 뒤집어졌다. 자폐증의 원인은 환경이 아닌 유전자 때문으로 밝혀졌다. 스웨덴 카롤린스카Karolinska 연구소는 큰 계획을 세웠다. 스웨덴을 비롯해 덴마크, 핀란드, 이스라엘, 호주 등 5개국을 망라한 연구였다. 어린이 200여만 명을 대상으로 했다. 무려 최대 16년까지 추적 조사했다. 이들 중 2만 2천여 명에게서 자폐증이 발생했다. 연구 결과는 일반적으로 알려진 것과는 달랐다. 기존에는 아기와 엄마 사이의 애착이 부족했던 것으로 알려졌으나 결과는 달랐다. 자폐증에 걸린 어린이 중 약 80%가 유전적 원인 때문인 것으로 나타났다. 나머지는 아직 밝혀지지 않은 환경적 원인이 작용한 것으로 드러났다. 환경적 원인에 근거를 둔 증명되지 않는 설들을 잠재우는 데 결정적인 역할을 한 연구 결과였다.

임신부의 체중이나 출산 방법, 시기, 영양소 섭취 등 모계 원인에 의한 자폐증 발생이 아주 미미한 것으로 밝혀졌으며 자폐증의 원인으로 영아와 유아기 때 양육자와 애착에 문제가 생긴 것으로 이해되어진 것이 아니라는 것을 증명했다.

뇌 교육은 뇌파다.

뇌 교육 (뇌 학습)

4장

1. 뇌는 스스로 공부한다

뇌는 스스로 공부하는 능력을 가졌다. 인간은 사소한 것에서 큰 것을 얻을 때가 종종 있다. 사실은 사소한 것이 일상이고, 인간을 구성하는 중요 요소임에도 깨닫지 못한 경우가 있다. 인간은 스스로 공부할 수 있을까. 답은, 있다. 지금부터 실제 사례를 통해서 본질로 들어가 보자. 사소한 것일 수 있다. 음악이 없다고 인간이 의욕을 잃고 나약해져서는 아무 일도 하지 못하는 일이 발생할까. 답은 발생한다. 인간과 음악에 대한 이야기다.

프랑스의 이비인후과 의사인 알프레드 토마티스 Alfred Tomatis가 칼카 수도원에 도착했다. 90명의 수도자 중 70명이 의욕이 없는 모습으로 축 처져 있었다. 알프레드 토마티스는 당시의 상황을 이렇게 표현했다.

"수도자들이 '마치 젖은 행주처럼 방에 널브러져 있었다.'"

원인은 전염병이 돌아서 앓고 있는 것도 노동에 지쳐 쓰러진 것도 아니었다. 가혹한 탄압에 내몰린 상태도 아니었다. 단지 노래를 하지 못하게 한 것이 원인이었다. 과연 그럴 수 있을까.

칼카 수도원은 젊고 열성적인 수도원장이 맡게 되었다. 수도원장은 그레고리오 성가를 금지하지 않았지만 전반적으로 노래를 금지시켰다.

수도자들은 매일 6시간에서 8시간 노래를 불렀는데 노래하는 것이 쓸모없다며 폐지시켰다. 결과는 뜻밖이었다. 수도자들에게 집단적인 신경쇠약이 일어났다.

노래가 주는 위안과 활력을 과소평가한 대가代價는 컸다. 인간은 스스로 서기 어려운 존재다. 무언가에서 힘을 얻고, 관계를 통해서 삶의 즐거움을 찾는 존재였다. 거기에다 수도자들은 자주 침묵 서약을 했다. 성가가 없어지고 나니 자신의 목소리와 형제의 목소리를 들을 수 없었다. 인간의 목소리로부터 전혀 자극을 받지 못했다. 수도자들은 고기, 비타민, 수면 부족이 아니라 소리 부족으로 굶주렸다. 소리가 에너지고 활력을 주는 파동인 것을 알지 못했다.

알프레드 토마티스는 성가를 다시 부르도록 했다. 놀라운 일이 벌어졌다. 처음에는 다들 기력이 너무 떨어져서 노래를 하지 못했다. 에너지가 다 빠져 나가 노래를 부를 힘도 없었다. 알프레드 토마티스는 수도자들에게 자신이 발명한 '전자 귀'에 대고 노래하도록 했다. 그리고 높고 활기찬 음역대에 맞춰진 본인의 목소리를 듣게 했다. 놀라운 일이 다시 벌어졌다. 축 처진 자세가 거의 즉각적으로 달라져서 보다 꼿꼿한 자세가 되었다.

수도원의 분위기가 달라졌다. 수도자들 대부분이 정상으로 돌아왔다. 활기를 되찾았고, 베네딕트 수도원의 스케줄에 따라 낮에 오랜 시간 일하고 밤에 몇 시간만 자는 생활로 돌아갔다. 알프레드 토마티스가 말했다.

"베네딕트 수도자들은 '스스로에게 힘을 불어넣기 위해'성가를 불러왔지만 자신들이 무엇을 하고 있는지 미처 깨닫지 못했다."

음악은 자체로 살아있는 에너지였다. 많은 전통에서 음송吟誦은 활력을 채우는 것으로 여겨졌다. 음송이 효과를 발휘하려면 높은 음역으로 수용체가 많은 달팽이관을 자극해야 한다. 티베트 불교도들이 '옴'하고 내는 음송이 있는데, 보통은 깊고 낮은 소리로 인식하지만 제대로 부르면 높은 배에서 울려나오는 소리인 복음腹音을 많이 포함하여 아주 풍성한 소리가 난다. 높은 음역대로 가득한 '옴'은 사실상 화음이다.

높은 음역대로 울려 퍼지는 자신의 노래를 듣는 수도승은 거대한 우주 음악의 한 가운데 앉아있는 것과 같다. 내가 내 안에 있어 안락한 환상을 느낄 수 있는 최고의 순간이고, 치유의 시간이고, 활력을 불러일으키는 시간이다. 음악은 더욱이 자신의 목소리가 중심을 이룬 음악이 주는 상태는 평온하고 안락한 사람의 호흡과 일치하므로 즉각적으로 진정시키는 효과가 있다. 태교음악의 태아처럼 고요함과 웅장함을 함께 느낄 수 있는 상태를 즐기는 것이 된다.

그것은 동조다. 동조는 호수에서 하나의 물결이 퍼져나갈 때 또 하나의 물결이 밀고 나가며 만날 때 서로서로 영향을 미치듯 하나의 음파가 다른 음파율에 의해 영향을 미쳐 결국에는 일치하거나 근접하는 것을 말한다.

과학적으로 설명하면 뇌가 음악을 받아 자극받으면 뇌의 신경세포가 음악에 동조되어 완벽한 화음을 이루며 꽃이 피어나듯 환상적인 분위기를 만들어낸다는 것이 뇌 활동 상태를 파악하는 것으로 확인되었다. 뇌가 세상과 연결되도록 진화하면서 귀가 변환기의 역할을 수행하기 때문이다. 변환기는 특정 형태의 에너지를 다른 형태로 바꾸어준다. 스피커가 전기 에너지를 소리 에너지로 바꾸어주는 것과 같다.

신경세포가 음악과 동조해 음악을 뇌의 리듬으로 전환시키는 역할이다. 소리 신경가소성 전문가인 노스웨스턴 대학의 니나 크라우스 Nina Kraus와 실험실 동료들은 모차르트가 작곡한 세레나데에서 음파를 녹음했다. 이들은 모차르트의 음악을 피실험자에게 들려주면서 피실험자의 두피에 전자 감지기를 부착하여 뇌파를 기록해 뇌파, 음파 모양을 확인했다. 놀랍게도 모차르트 음악의 음파와 그것이 유발한 뇌파의 음파가 똑같았다. 신기한 것은 피실험자의 뇌간에서 나오는 뇌파가 모차르트의 세레나데가 만든 음악과 똑같은 소리를 내는 것도 확인했다.

동조는 보다 확실하게 나타난다. 사람들을 뇌파도에 연결하고 초당 2.4비트의 왈츠를 들려주면 뇌파의 지배적인 주파수가 초당 2.4회로 전기방전을 일으킨다. 사람들이 괜히 노래의 박자에 맞춰 몸을 흔드는 것이 아니다. 운동피질을 포함하여 뇌의 상당 부분이 박자, 즉 율동이나 음악흐름에 동조되는 것이다. 동조는 사람들 사이에서도 일어난다. 음악가들이 모여 즉흥 연주를 하면 서로의 뇌파가 동조되는 현상이 나타난다.

음악은 살아있게 하고, 생각하게 하고, 생명에너지를 일깨워준다. 반대로 잦아들게 하고, 슬프게 하고, 눈물짓게도 한다. 음악은 뇌의 보상중추를 자극해 도파민 분비를 증가시키고 이어서 환락과 동기부여를 확대시킨다. 음악은 확실히 사람들의 감성을 뛰게 만드는 능력을 가지고 있다. 뇌과학자들은 긍정적인 기분과 감정을 도파민 수치 증가와 직접적인 관계가 있다고 한다. 항우울제 치료에 도파민이 작용한다는 것을 그대로 이용하고 있다.

궁금한 것이 있다. 음악치료를 할 때 다른 좋은 음악도 많고 다양한데 왜 모차르트의 음악을 많이 사용할까. 모차르트 음악 중에서도 바이올린 곡을 선택하는 이유는 무엇일까. 모차르트의 바이올린 곡은 높은 주파수가 풍부하게 담긴 소리를 내는 악기이고 귀에 편안하게 들리는 연속적인 소리를 내기 때문이다. 그리고 모차르트의 젊은 시절 곡들이 구조적으로 단순하고 아이들에게 더 적합해서 선호한다.

신경가소성에 대한 이야기를 하다가 음악 이야기까지 이어졌다. 뇌신경은 변화하고 자신에 맞게 구조로 바꾸어가며 자신의 마음과 몸에 맞도록 재편성하는 능력을 가지고 있다. 뇌가소성을 이용한 치유방법은 에너지를 사용한다는 점이 특징이다. 구체적으로 소리, 진동, 빛, 전기,

동작 같은 형태를 가진 것들이다. 독특한 영역을 가진 에너지는 자연적이고 피부를 관통하지 않고 신체의 어떤 구멍도 통과하지 않고 질병 따위를 진단하거나 치료하는 방법으로 초음파 검사와 같이 신체에 상처를 내지 않고 행하는 검사인 비침습적非侵襲的인 통로로 인체의 감각과 몸을 통해 뇌로 들어가 뇌 자체의 치유력을 일깨우는 신비로운 방법이다. 인체가 가진 감각은 주위에 있는 개별적인 에너지를 뇌가 사용하는 전기신호로 바꾼다. 치료방법으로도 개별적인 형태의 에너지를 사용하여 뇌의 전기신호의 구조로 바꾸어 뇌 조직을 변화시킨다.

뇌의 시대가 오고 있다.
정신의 생산지인 뇌를 교육시키면
육체의 건강은 물론
정신의 건강까지 찾아온다.

2. 뇌의 시대는 한국인에게 기회가 될 것이다

뇌의 시대

뇌의 시대가 오고 있다. 뇌는 신의 영역처럼 범접할 영역이 아니었다. 마음과 뇌를 동일시하기도 어렵고, 독립된 것으로 확정하기도 어려웠다. 인체에서 인간의 미답지역이 뇌였다. 그래서 신비스러운 영역이었고, 다가가기 어려웠다. 이제는 뇌로 관심이 가기 시작했다. 뇌는 인체의 모든 영역을 지배하고 있고 뇌는 인간을 인간답게 만들어주는 영역이다.

접근이 금지되었던 뇌의 시대가 열리면서 시간이 흐를수록 과학의 접근만이 아니라 의학, 문화, 교육 등 사회 전반에 걸쳐 뇌의 중요성과 가치가 커져가고 있다. 뇌는 전기를 발생시켜서 신체물질을 분비하고 정신의 생산지로 유일한 곳이다. 국경을 넘고, 이념을 넘고, 피부색을 넘어서 거대한 하나로 연결되어가는 시대다. 개인의 창의성과 개인의 도전이 요구하는 시대다. 창의적인 사고를 하고, 도전을 결정하는 뇌를 이용하고, 미답지를 탐구할 목적지로 삼았다. 뒷받침은 과학이 해줄 것이다.

지금까지는 인체에 대한 공부였다면 지금부터는 뇌와 마음, 신체와 마음의 관계를 설명하려 한다. 어려운 부분이다. 생각의 정체, 다시 말해 마음의 정체는 무엇인가. 인간과 신의 영역으로 다루어졌던 영역에 대한 도전이다. 마음을 과학의 영역으로 밝혀보려는 인간의 노력이다.

감정이란 무엇인가. 감정에 대해 국어사전에는 이렇게 적었다. '어떤 현상이나 일에 대하여 일어나는 마음이나 느끼는 기분' 또는 '어떤 외부 자극에 대해서 보이는 주관적 느낌'이라고 적고 있다. 다시 말하면 자극에 대한 주관적 생각이 감정이고 정서라고 할 수 있다. 과학에서 관심을 가지는 것은 감정이 어떻게 만들어지는가에 있다. 심비스럽게 보는 것이 아니라 물리적이고 화학적인 현상으로서의 접근에 관심이 있다.

"감정은 신경조직과 관련된 마음의 상태로 생각, 기분, 행동적 반응, 즐거움과 불쾌함의 정도와 관련된 다양한 화학적 변화에 의해 일어난다. 감정은 특정한 생리적 활동 상태와 관련된 화, 반감, 두려움, 슬픔, 놀라움, 기쁨과 같은 긍정적 혹은 부정적 경험으로 정의될 수도 있다."

여러분은 이해가 되는가. 과학적 입장에서 본 사전적 정의다. 감정은 '신경조직과 관련된 마음의 상태'라는 부분과 '생리적 활동에 따른 마음의 일어남'이라고 할 수 있다. 《감정은 어떻게 만들어지는가?》의 저자 리사 펠드만 바렛 Lisa Feldman Barrett은 이렇게 정의했다.

"감정은 일어나는 것이 아니다. 즉석에서 바로 우리가 만드는 것이다. 감정은 뇌의 특정 영역에 위치하거나 누구에게나 공통적인 것도 아니다. 감정은 역동적인 신경망의 활동이 만드는 문화와 결과에 의해 변한다."

감정은 자연적으로 생겨나는 것이 아니라 '현장에서 바로 만들어지는 것'이라는 것이다. 누가 만드느냐, 바로 자신이란 말이다. 그러한 이유로 누구에게나 공통적 것이 아니라 개별적으로 사람마다 다르게 만든다는 말이다. 다르게 만들어지는 이유는 간단하다. 슬픔이라는 감정이 있다면 슬픔이라는 감정에 대한 정의가 자신 안에 있어야 슬픔을 느낄 수 있다는 것이다. 문화권마다 슬픔에 대한 정의가 다르다. 당연하게 슬픔에 대한 감정도 개인적인 경험과 문화공동체에서 바라보는 슬픔에 대한 입장을 반영해서 감정도 일어난다는 결론이다. 당연하게 감정은 사람마다 다르게 작동되어 다른 모습을 보인다는 것이다. 마음을 가볍게 정의할 수 있으리라고 생각하지 않았다. 들어갈수록 어렵다.

조금 더 들어가 보자. 어떤 과정으로 감정이 만들어질까. 물론 과학적인 방법이다. 감정은 사라지고 전문적인 학술용어가 기다리고 있다. 다만 아주 쉽게 설명하려 한다. 감정은 인체의 각종 호르몬의 종류와 분비량에 따라 결정된다. 호르몬을 담당하는 내분비기관인 뇌하수체에서 주로 만들어진다고 할 수 있다. 여러분은 동의하는가. 감정이 뇌의 한 부분인 뇌하수체에서 만들어진다.

여러분의 동의와 상관없이 과학은 이렇게 말한다.

"감정은 감정의 메신저인 펩타이드peptide를 매개로 뇌와 신체의 상호작용으로 만들어진다."

과학은 마음에 대해서 설명할 때 인정사정없이 가혹하리만큼 생각은 물리적인 현상이나 화학적인 설명으로 일관한다. 그럼에도 감정이 마음이고, 마음을 설명하는 유일한 과학적 접근방법이라는 점에서 인정할 수밖에 없다. 이번에는 감정을 좌우하는 물질인 호르몬에 대해서 알아보자.

뇌과학에서는 감정은 신경전달물질과 호르몬에 의해서 결정된다고 한다. 신경계와 호르몬을 설명하면서 전술한 바가 있다. 여기에서는 마음과 관련된 것들에 대해 알아본다. 감정상태를 결정하는 신경전달물질과 호르몬은 서로 분비되는 영역이 다르다. 신경전달물질은 뇌를 비롯하여 체내의 신경 세포에서 방출된다. 신경세포와 붙어있는 다른 신경 세포에 정보를 전달하는 물질이다. 호르몬은 인체의 한 부분, 주로 내분비샘에서 분비되어 혈액을 타고 표적기관으로 이동하는 일종의 화학물질이다. 두 물질이 사람의 마음 상태와 다양한 감정을 만들어낸다. 신경전달물질과 호르몬은 기본적으로 분비되는 곳이 다른 데 예외가 있다. 도파민은 신경전달물질이면서 동시에 호르몬이다.

호르몬은 정말로 인간의 감정을 만들까. 《호르몬은 왜?》라는 책에서 주장하고 있는 내용을 한 마디로 정리하면 이렇다.

"감정은 호르몬의 장난이다."

쥐를 대상으로 한 동물실험이다. 쥐의 뇌 특정 부위에 전기 자극을 주어 사고행위의 변화를 알아보는 실험이었다. 쥐의 뇌에 전극을 심어 쥐가 레버를 누르면 뇌의 특정 영역에 미세한 전기 충격이 가해지도록 했다. 황홀감을 느끼는 부위였다. 옆에는 누르면 먹이가 나오도록 설계된 또 다른 레버가 있었다. 황홀감과 먹잇감의 중에 어느 것을 선택하느냐가 관심사항이었다. 연구자들은 당연히 쥐들이 전기충격을 주는 레버가 아니라 먹이 레버를 누를 것이라고 예상했다. 결과는 예상과 달랐다. 쥐들은 먹이 레버는 아랑곳하지 않고 뇌에 전기자극을 주는 레버를 쉬지 않고 눌러댔다. 한 시간 동안 거의 수천 번을 누를 정도였다. 쥐들은 먹이를 완전히 잊어버릴 정도로 전기 자극에 빠졌다. 뇌 전극을 제거하자 쥐들은 먹이를 먹기 시작했다.

전기 자극으로 쥐를 황홀하게 만들었던 뇌 영역은 기쁨을 관장하는 쾌감중추였다. 쾌감중추를 자극하면 도파민이 분비된다. 쥐의 쾌감중추는 인간의 뇌에서 행복한 순간에 도파민을 방출하도록 하는 부분과 정확하게 일치한다. 그렇다면 인간의 감정은 호르몬의 장난인가. 답은 그렇다. 인간도 다르지 않다. 감정은 호르몬의 영향권에 있다. 물론 과학이라는 관점이다.

사랑은 3개월 동안 일어나는 호르몬의 장난이라는 말이 있다. 사랑은 호르몬에 의해서 발생하는 감정의 하나로, 유효기간은 3개월이라는 의미다. 독신자들이 만들어낸 합리화라고 하기엔 호르몬이 감정에 끼치는 영향은 생각보다 크다. 호르몬은 살아가는 내내 감정의 상승과 추락을 맛보게 한다. 또한 호르몬은 극도의 고통과 쓰러질 듯한 피로 속에서도 무너지지 않도록 인간의 몸을 보호한다. 그러면서 인간의 황홀함과 비통함에 호르몬이 춤을 추고 있다.

그렇다면 사람이 느끼는 감정에 영향을 미치는 호르몬들은 어떤 것들이 있을까. 대표적인 호르몬과 영향에 대해서 알아보자.

- **도파민 –** 당신이 성취했을 때 분비된다. 그리고 목표를 이루기 위해 치열하게 도전할 때 뿌듯함을 느끼게 한다. 누군가에게 돈을 받았을 때 당신을 행복하게 하는 것이 바로 도파민이다. 그러나 지나치지 마라. 지나치면 약물중독이나 일중독, 섹스중독에 빠질 수도 있다.
- **세로토닌 –** 당신이 맛있는 것을 먹거나 복권에 당첨되었을 때 세로토닌이 찾아올 것이다. 따뜻한 햇볕을 쬘 때, 달콤한 초콜릿을 먹어 흐뭇해질 때, 어김없이 찾아올 것이다. 반대로 모자라면 괜히 우울해진다. 행복 호르몬이라 불리는 호르몬으로 스트레스를 가라앉히는 효과가 있는데, 햇빛이 있는 날 원활하게 분비되고 비오는 날에는 분비가 줄어들어 우울감이 생긴다.
- **아드레날린 –** 당신이 위험에 빠지거나 두려움에 떨고 있을 때 당신의 마음을 안정시키는 천사다. 이유를 모르는 차분함과 정신이 집중되어 침착해질 때가 아드레날린의 도움이 있는 때다. 반대로 부족하면, 간혹 운동경기장에서 난동을 부리는 관중들의 몸에는 아드레날린이 넘치고 있다.
- **코르티솔 –** 당신이 시험 때처럼 한정 없이 긴장이 지속될 때 견디게 하는 힘을 제공해준다. 그리고 염증을 예방하는 일을 한다. 일을 마무리하고 휴식을 취할 때 지치고 나른해지는 것은 건 코르티솔이

제 임무를 마쳤기 때문이다. 사랑도 스트레스의 일종이라 뇌는 사랑에 빠져도 코르티솔 수치를 올려놓는다.

- **엔돌핀** – 당신이 심한 상처를 입었음에도 참고 병원을 찾아갈 수 있는 건 바로 엔돌핀의 도움 때문이다. 극렬한 고통 중에 즉각적으로 투입되어 통증을 가라앉히고 이성을 잃지 않게 하는 인체의 수호신이다.
- **페닐에틸아민** – 당신이 한 사람을 만나 바로 사랑에 빠졌다면 마음을 안정시키고 심호흡을 하라. 혹시 페닐에틸아민의 장난인가 의심하라.
- **옥시토신** – 당신이 사랑에 빠지면 흘러나와 당신의 체온과 혈압을 끌어올려 감당하기 어렵게 한다. 사랑은 호르몬의 찬란한 불꽃놀이란 것을 증명하려는 호르몬이다.

뇌과학에서 감정은 결국 호르몬의 화학작용놀이에 불과하다. 그래도 화끈한 무엇이 나오지 않을까. 조금 더 살펴보자. 엔돌핀은 '천연진통제'라고 할 만큼 효과가 있다. '엔돌핀'이라는 단어는 체내에서 분비되는 모르핀이란 뜻이다. 그리고 천연진통제는 인공 진통제보다 훨씬 더 효과적이다. 천연진통제인 엔돌핀은 통증을 완화시켜 극심한 통증으로 이성을 잃는 일이 없도록 한다. 그리고 생명이 위급한 상황에서도 헤쳐 나올 수 있게 하여 생존을 돕는다.

인간의 행동은 신경계와 호르몬의 작용에 의해서 작동하면 마음은 들어설 곳이 없다. 인간은 기계에 불과하게 된다. 그럼에도 확실한 하나는 뇌의 작동원리를 이해하는 데 진보적인 걸음마를 시작했다는 점이다. 인간성, 즉 마음의 자리는 축소되었지만 뇌와 신경계, 그리고 호르몬의 작용을 통해서 보다 인간의 실체를 과학적으로 접근해서 확인했다는 것은 긍정적이다.

남성을 남성답게 하는 것도 호르몬의 작용이고 여성을 여성답게 하는 것도 의지와는 상관없이 호르몬의 영향권에서 못 벗어난다는 것이 뇌과학의 입장이다. 남성 호르몬은 테스토스테론이다. 남성호르몬은 공격적인 행동을 하게 하는 원인호르몬이다. 공격성은 전형적인 남성성을 대표한다. 더 많은 테스토스테론은 더 높은 공격적인 행동을 만든다. 테스토스테론 농도가 높아지면 화를 잘 내는 성격일 가능성이 높다. 반대로 테스토스테론 수치가 낮아지면 체중이 느는 경우가 종종 있다. 증명해주는 것이 테스토스테론 수치가 낮을수록 남성의 배 둘레가 커졌다. 40대의 남성이 체중이 늘면 식습관의 문제만이 아니라 남성호르몬인 테스토스테론의 영향일 가능성이 있다.

남성호르몬의 역할과는 반대 기질을 가진 여성호르몬은 난소에서 분비되는 난포호르몬인 에스트로겐과 황체호르몬인 프로게스테론이다. 일반적으로는 여성 호르몬은 에스트로겐을 지칭하는 용어로 많이 사용된다. 난소는 스스로 호르몬을 생산하지는 못한다. 뇌하수체 전엽에서 분비되는 난포자극호르몬과 황체형성호르몬의 명령으로 여성 호르몬을 생산한다. 여성호르몬은 월경과 배란 등 여성의 생리적 특성과 밀접한 관련이 있다. 에스트로겐은 여성의 일생을 조절하는 여성 호르몬으로 생리, 임신, 그리고 폐경에 이르는 전 과정에 영향을 준다. 에스트로겐 농도는 인체의 전반에 걸쳐 영향을 행사한다. 뇌에서 간장, 뼈에 영향을 주며 특히 자궁, 비뇨기, 유방, 피부, 그리고 혈관들이 유연성과 정상상태를 유지하는 데 에스트로겐이 필요하다. 프로게스테론은 수정된 난자를 자궁에 착상시키고 보호하는 등 임신의 유지에 중요한 역할을 한다.

여성이 폐경이 되면 잘 잊어버리게 되는데, 여성호르몬 에스트로겐 분비가 줄어드는 것과 관계가 있어 보인다. 여성호르몬인 프로게스테론이 줄어 여성의 체력이 강해지고 성격이 밝아지며 사회성이 강해진다. 그리고 흔히 남성호르몬은 근육을 늘리고 여성호르몬은 반대로 근육을 감소시킨다고 알고 있는 사람도 있다. 반대로 알고 있는 것이다. 여성호르몬은 골밀도를 높이고 근육 유지에 도움을 준다. 무엇보다도 여성호르몬은 심리에 영향을 준다. 조용하고 내향적인 성격을 만들고 안정지향적, 소극적인 경향을 나타내는 것은 경험적으로 알 수 있지만 특별한 것은 여성호르몬은 공포, 우울감 등 부정적인 감정을 많이 느끼게 하며 우울증 발병률을 높인다. 남성보다 상대적으로 힘이 부족한 여성은 진화과정에서 보호받아야 할 대상으로 받아들이기 때문이 아닌가 추론해본다.

여성들의 피임약도 호르몬 조절제로 보면 옳다. 배란조절형 피임약의 경우 프로게스테론 유사 물질을 사용하여 배란을 막는다. 사후피임약은 프로게스테론 유사 물질을 이용하여 배란을 막는다는 기본 원리는 동일하다. 하지만 배란이 된 후라도 배란조절형 피임약에 비해 10~20배 높은 프로게스테론 유사 물질 농도 때문에 수정란이 자궁에 착상하지 못한다. 결국 인체를 뒤에서 조정하는 것은 호르몬이었다.

제2의 뇌가 있다. 복부두뇌다.
뇌가 온몸을 제어하듯
복부두뇌는 식도에서 장에 이르는
모든 위장운동과 소화과정을 관리 통제한다.
복부장벽은
척수의 다섯 배에 달하는
1억 개 이상의 신경세포 다발을 가지고 있다.
거기에 더해서 화학물질을 분비하고
저장하는 기능이 있다. 장기는 두뇌다.

3. 뇌는 마음의 얼굴이다

스트레스를 받으면 왜 배가 아플까

화가 나거나 분노가 치밀어 오를 때에 체하는 사람이 있다. 한국인들은 흔히 얹혔다고 한다. 스트레스를 과하게 받으면 소화도 안 될 뿐 아니라 설사와 복통을 호소하기도 한다. 왜 스트레스를 받았는데 배가 아플까. 놀라워할 사람도 있다. 배 속에 있는 제2의 뇌의 영향이다. 배 속에 뇌가 있다고. 그건 또 무슨 말인가. 하지만 사실이다.

뱃속에 또 다른 뇌가 있다는 것은 일반인에게 생소하다. 과학자들은 위장기관을 뇌에서 조정한다고 믿었다. 그런데 위장도 일종의 고유지능이 있어서 뇌처럼 사고한다는 사실이 밝혀졌다.

뱃속의 제2의 뇌는 '복부두뇌'라고 한다. 뇌가 온몸을 제어하듯 복부두뇌는 식도에서 장에 이르는 모든 위장운동과 소화과정을 관리 통제한다. 6미터에 이르는 복부장벽은 척수의 다섯 배에 달하는 1억 개 이상의 신경세포 다발을 가지고 있다. 거기에 더해서 화학물질을 분비하고 저장하는 기능이 있다. 더욱 놀라운 것은 복부두뇌는 인체의 두개골처럼 잘 조직되어 있고 복잡한 정보 운영기구를 가진 매우 얇은 막에 둘러싸여 있다.

복부두뇌는 신체의 모든 심리반응을 저장하며 필요할 때마다 정보를 추출해 대뇌로 전달한다. 그리고 기억 속에 저장해 놓은 음식 특성에 맞춰 소화속도와 소화액 분비 속도를 조절한다. 이래도 두뇌라는 말에 거부반응을 보일 것인가. 소화과정에서 음식물은 반유동체가 되어 근육의 연동운동으로 다음 소화기관으로 이동한다. 소화기관에서는 평생 음식물과 음료수를 소화한다. 소화 과정의 모든 것을 감시하고 제어하는 것이 복부두뇌다.

생각한 것보다 조직된 운영체계와 지능을 가지고 있다. 배 속에 있는 복부두뇌와 머리에 있는 대뇌는 서로 연결이 되어있어 하나에 문제가 생기면 다른 하나도 영향을 받게 된다. 스트레스와 소화불량의 연관성은 여기에서 찾을 수 있다.

복부두뇌와 대뇌의 연관성을 이야기하려면 세로토닌을 등장시켜야 한다. 언뜻 이해가 쉽지 않은 것이 세로토닌의 역할이다. 세로토닌은 뇌뿐 아니라 장 근육 운동 제어에서도 결정적인 역할을 한다. 소화기관에서 음식물을 이동시키는 장 근육의 연동운동을 자극하는 것이 바로 세로토닌이다. 장내 세로토닌의 수치의 변화에 따라 장의 반응이 좋아지기도 하고 나빠지기도 한다.

복부두뇌는 기억저장 기능뿐 아니라 감정에도 영향을 받는다. 위와 장 속의 세로토닌의 수치가 심각하게 높아지면 복통과 설사 등의 증상이 나타나게 되는데, 스트레스가 세로토닌의 농도에 영향을 주기 때문이다. 많은 스트레스를 계속해서 받게 된다면 소화기관 속의 세로토닌 농도는 급격하게 높아진다. 그래서 과하게 신경을 쓰거나 긴장하게 되면 스트레스 지수가 높아지면서 소화에 문제가 생기는 것이다.

별다른 몸 상태로 인한 원인이 없이 민감해진 대장 때문에 설사나 포만감, 복통, 또는 복부 팽만감 같은 소화장애를 보이는 과민성대장증후군도 대부분 복부두뇌의 신경세포가 과도한 자극을 받아 세로토닌을 너무 많이 분비해서 나타나는 현상이다. 또한 과도한 세로토닌이 통증

감지 장치를 작동시켜 뇌를 속이는 때도 있다. 스트레스는 소화기관의 세로토닌의 농도를 높게 만들지만 뇌의 세로토닌 농도는 오히려 낮게 하는 역할도 한다. 뇌에서 세로토닌 농도가 옅어지면 기분이 저조해지고 우울하게 된다. 그래서 기분이 안 좋을 때 위장장애나 설사에 시달리고 자주 화장실에 가게 되는 것이다. 평소 스트레스를 받으면 배가 아픈 사람이라면 스트레스 관리가 우선적으로 되어야 하는 이유가 여기에 있다.

현대인들은 스트레스를 계속해서 받을 일이 많지만 스트레스를 효율적으로 푸는 방법을 모르기 때문에 장이 점점 민감해지는 경향이 있다. 스트레스는 만병의 근원이라고 할 수 있다. 스트레스를 받지 말아야 하겠지만 스트레스를 푸는 방법을 찾아내는 것이 필요하다.

그렇다면 호르몬을 인위적으로 조절해 사람의 감정을 조절할 수 있을까. 실제로 사람들이 알코올과 니코틴, 즉 술과 담배를 끊지 못하는 것에 호르몬이 관련되어 있다. 사람들이 즐거운 일을 할 때 도파민을 분출시켜 뇌의 쾌감중추를 자극시킨다. 심지어 코카인이나 히로뽕과 같은 마약에까지 손대게 되는 것도 쾌감중추의 영향이다. 인간의 감정에 호르몬이 깊숙이 관여돼 있음을 보여준다. 쾌감을 잊지 못하고 다시 찾는 것이다. 인간의 모든 감정에 호르몬이 관계돼 있음을 호르몬이 증명해 주고 있다. 흐뭇한 마음이 들게 하는 세로토닌, 이성을 잃지 않게 만들어주는 엔도르핀, 기쁨을 자극하는 도파민, 흥분하게 하고 집중하게 하는 양날을 가진 아드레날린, 사랑에 빠지게 만드는 페닐에틸아민. 인간의 감정에 호르몬들이 서로 상호작용하면서 인간을 황홀경에 빠뜨리기도 하고 절망으로 추락하게 만들기도 한다. 다시 말하지만 호르몬이 인간의 감정을 만드는 것이라고 과학은 말하고 있다.

이성과 감정이 겨루면 누가 우월한가

인간은 누구나 생명뇌, 감정뇌, 이성뇌가 있다. 대뇌피질의 생각뇌와 변연계의 감정뇌, 그리고 뇌간의 생명뇌를 가지고 있다. 어느 것이 더 강하게 끌어당길까. 당연하게 근원적인 것이 더 강하다. 생명을 관장하고 있는 생명뇌가 더 강하게 작용하고, 다음으로 감정의 뇌가 작동한다. 감정과 이성의 대결에서 감정이 우선한다. 근원적인 것부터 발달하고 마지막에 생각하는 이성뇌가 발달한다.

이성의 뇌인 전두엽은 주로 합리적 판단과 대인관계능력, 실행 능력을 담당한다. 전두엽의 가장 중요한 기능은 생각하는 존재인 인간의 능력을 갖추고 있다는 점이다. 인간의 자아 형성에 가장 기초가 된다. 전두엽이 손상될 경우 대부분 무의식 상태에 빠지게 되며 내가 없는 상태는 세상의 존재를 파악할 수 없음을 말한다. 또 다른 기능으로 단기기억과 미래기억을 가능하게 해준다. 단기기억은 수초에서 수십 초간 지속되고, 메모를 보고 전화를 걸 때 한 번 보고 전화번호를 누를 수 있게 해주는 기능이다. 한 단계 높은 미래기억은 앞으로 일어날 미래의 일을 추정가능하게 하는 기능이다. 교통사고 발생 시 행동요령, 화재가 났을 때 응급조치 요령 같은 것을 생각하는 것처럼 마음을 미래로 투사하여 일어나지 않은 일을 예상하거나 가상체험을 할 수 있다. 뇌를 가상현실 체험이 가능하게 하는 기능이다. 뇌는 추상공간이라고 할 수 있다. 가장 흔히 사용할 수 있는 것으로 대화를 할 때 상대방의 반응이나 대답을 대략적으로 알 수 있는 것이 여기에 해당한다. 이른바 마음이론이라고 하는 것 중에서 가장 중요한 부분이다.

마음이론은 타인의 감정을 무의식적으로 알아내는 능력이다. 스웨덴의 심리학자 딤버그 Dimberg는 사람들에게 다양한 얼굴이 나타나는 화면을 보여주면서 얼굴 표정 근육이 어떻게 움직이는지 관찰했다. 실험 참가자들에게 화면에 나타난 얼굴 표정과는 상관없이 무표정 상태를 유지하도록 했다. 화면에는 0.03초 동안 한 가지 표정이 나타났고, 한 표정에서 다른 표정으로 넘어갈 때마다 시간 간격을 두었다. 첫 화면에 나타난 사진은 아무런 표정이 없었고 사람들은 무표정을 유지했다. 두 번째는 웃는 표정의 사진을 보여주었다. 시간은 같은 0.03초 동안 보여주었다. 화면을 보고 있던 사람들의 얼굴에 웃음 근육이 움직였다. 세 번째 사진은 찡그린 얼굴 표정을 보여주었다. 화면을 보고 있는 사람들은 분노하고 있는 표정의 근육이 움찔했다.

화면을 보고 있는 사람들은 극히 짧은 시간 사진을 봤기 때문에 영상에 보여진 얼굴이 웃는 얼굴인지 화난 얼굴인지를 인식하지 못하면서도 자신이 본 얼굴 표정과 같은 표정을 나타내는 근육을 움직였다. 사람들은 타인의 얼굴 표정에 즉각 반응했다. 자신이 본 얼굴이 어떤 상태인지 인식하지 못하고 있음에도 무의식적으로 반응했다. 사람은 상대방의 행동에 따라 같은 행동을 따라 했다. 의식은 하지 않지만 사람은 항상 타인의 시선에 주목하고 상대방의 행동에 따라 순간적으로 반응했다. 타인의 표정, 몸짓, 시선, 태도를 보고 일어날 일을 순간적으로 예측했다. 의식적인 판단 이전에 느낌으로 타인의 감정과 의도를 알아내는 능력을 마음이론이라고 한다.

어른이 되어서도 철없이 사는 사람들이 있다. 행패를 부리고 시비를 거는 것은 물론 도박에 빠져 패가망신을 하는 사람이 있다. 감정을 조절할 수 있는 두뇌와 이성적인 두뇌와의 불균형 때문이다. 가정 파괴를 하는 행동을 두려움 없이 하고 사회 부조리에 둔한 사람들을 만난다. 문제 인간은 이미 어렸을 때 알 수 있다. 예측이 가능하다.

감정의 뇌인 변연계에 편도체가 있다. 편도체는 감정을 조절하고 공포를 기억하는 역할을 한다. 화가 난 상태를 편도체는 생명이 왔다 갔다 할 정도의 위기 상황으로 받아들인다. 위기 상황으로 받아들이는 순간 뇌 속의 피가 파충류의 뇌라고도 하는 생존 담당인 생명의 뇌로 쏠

리면서 본능적으로 전투태세로 돌입한다. 격정적인 사람들의 뇌는 이미 예정되어 있다.

이성보다 감정이 앞서는 사람들의 뇌 구조에서 일어나는 현상이다. 감정의 처리도 남녀가 다르다. 남성은 세로토닌 분비량이 적고 테스토스테론 호르몬이 많이 분비되어 공격적이고 충동적인 언행을 하며 여성보다 더 격할 수 있다. 여성의 경우는 다르다. 뒷담화로 풀거나 수다로 공격성이 표출된다. 그리고 남성과 달리 화가 나면 울어버리는 형태로 표출된다.

어린이나 청소년들이 감정적으로 표출하는 것은 전두엽이 완성되지 않아서다. 당연히 전두엽이 완성되지 않아 판단능력이 떨어져 잘못된 결정을 할 수도 있다. 이성과 감정 중에 몸은 어느 편을 들까. 이성이 아니라 감정이 우선이다. 인간은 본능을 관장하는 생명뇌가 우선이고, 다음으로 정보를 받아들여 행동을 하게 하는 감정뇌, 마지막으로 종합적인 분석과 통찰력을 가진 이성뇌가 작동된다.

인간은 생명뇌, 감정뇌, 이성뇌 중에서 어느 단계에 있을까. 인간의 뇌는 아직 감정과 이성의 중간 단계에 머물고 있다. 본능과 직관에 의해서만 사고하고 행동하지 않는다는 점에서는 동물 수준을 면했고, 완전하게 이성에 의해 사고하고 행동하지 않는다는 점에서 아직 완전한 영적인간과는 거리가 멀다는 것이 뇌과학자의 인식이다.

인간은 왜 이성뇌보다 감정뇌의 작동이 강한가. 스트레스 상황에서 감정의 뇌는 학습을 방해한다. 심하면 생존 뇌에 대들거나 도망가는 반응을 유발하면서 이성이 뇌로 통하는 길을 막을 수도 있다. 이성이 작동하는 것을 막는 문이 감정의 뇌에 있다. 이성으로 가는 문을 걸어 잠가버리면 이성이 작동하지 않고 감정뇌가 작동한다. 이성이 작동하려면 감정의 뇌가 긍정적이고 편안한 상태를 유지해야 도파민이 분비되면서 이성으로 가는 통로를 연다. 학습, 수업은 이성의 뇌가 관장하는 고도의 능력이다.

효과적인 수업을 위해서 먼저 해야 할 작업이 있다. 계획하고 목표를 수립하고 의사결정을 하며 주의를 어디에 기울일지를 결정하는 이성뇌인 전두엽을 최적화해야 한다. 인간의 최고의 경지인 이성뇌가 작동되어 학습을 위해서는 감정뇌의 허락이 필요하다. 쉽게 말하면 학습으로 가는 문지기는 감성뇌가 하고 있다. 들어가는 문을 열어주고 닫고는 감성뇌의 역할이다. 이성보다 감성이 먼저인 이유다. 교육을 시키려는 교사와 수업을 받으려는 학생은 먼저 감정의 뇌를 최적화해서 마음이 편안한 상태가 되어야 가능하다.

감정과 이성의 관계에 대해서는 뒤에 좀 더 자세히 살펴본다. 뇌의 정보처리에는 순서가 있다. 생존 정보를 가장 먼저 처리하고 그 다음이 감정 정보다. 이성뇌에서 관장하는 학습 정보는 정보처리 처리 순번에서 마지막이다. 생존욕구는 수면, 식욕, 성욕의 욕구를 말하고 감정상태는 화가 나거나 슬프거나 짜증이 난 기분상태를 말한다. 생각해 보라. 잠이 오거나 배가 고픈 상태를 먼저 해결해야 다음 순번인 감정정보를 해결한다. 감정뇌가 담당하는 긴장 불안 초조 슬픔상태에서 공부를 한다거나 학습을 하고 정신수련을 하는 이성뇌가 작동되지 않는다.

인체의 작동원리는 어떻게 되는가. 감정 정보를 처리하는 변연계의 핵심 구조물의 하나인 편도체扁桃體에 주목할 필요가 있다. 편도체는 생존을 위한 활동을 개시한다. 위험상황을 감지하거나 불이 났을 때 알아차리는 임무를 수행한다. 편도체는 뇌 속으로 들어온 감정 정보가 생존과 어떤 관련이 있는지 분석하는 임무를 수행한다.

길을 가다 들개를 만났다고 할 때 편도체는 정보 분석을 통해 위협신호를 보낸다. 위험이 감지되면 편도체는 시상하부와 뇌간에 위험상황을 전달해 스트레스 호르몬을 분비시켜 맥박수를 올리고 팔다리에 에너지를 보내며 대들어 싸울지 도망갈지를 결정하게 해 비상사태에 대비시킨다. 또한 극심한 스트레스를 유발하는 위협이나 두려움 같은 감정도 화재경보기를 긴급히 작동시킨다. 급작한 순간에는 이성의 뇌의 작동이 일시적으로 멈춘다. 이런 현상을 편도체납치 amygdala hijacking라고 한다. 편도체 부위의 과대한 대사 작용 때문에 이성의 뇌로 정보를 보내는 통로가 순간적으로 차단되는 현상이다. 순간적으로 과전류가 흘렀을 때 두꺼비집이 내려가 정상적인 전류의 흐름이 중단되는 것과 같은 이치다. 시상하부에서는 인체의 항상성 유지를 위해 여러 가지 호르몬 분비를 조절하고, 뇌간은 호흡, 맥박, 혈압 같은 생명을 유지시키는 일에 관여한다.

편도체납치현상이란 생리적 현상을 이해하면 사람들이 문제행동을 일으키는 원리를 이해할 수 있다. 문제행동은 스트레스 발작에 가깝다. 뇌를 이해하면 인간이해가 깊어진다.

이번에는 감정과 인지, 의사결정에 대한 뇌의 작동상황을 알아보자. 인간의 뇌는 혼재된 상황이라고 할 수 있다. 생명뇌, 감정뇌, 이성뇌라고 해서 독자적인 구조와 작동원리를 가진 것이 아니라는 의미다. 과거에는 감정과 인지는 분리할 수 있다고 여겼다. 현재 뇌과학계에서는 상호의존적이고 분리할 수 없는 영역임이 확인했다.

감정은 주의를 작동시키고 주의는 인지기능을 작동시키며 인지작용은 기억의 회로를 만든다. 감정은 주의注意를, 주위는 인지認知를, 인지는 기억으로 연결되는 구조를 가지고 있어 전 단계의 것들은 필수적이다. 당연히 기억에 감정과 주의와 인지가 포함된다. 주의는 집중하는 상태고 인지는 알아차리는 것을 말한다.

인지는 지각된 감각자극을 기존에 저장된 정보와 비교하여 어떤 의미를 갖는지 알게 되고 여기에 추가하여 어떤 느낌을 갖는지 알게 된다. 예를 들어 빛 자극으로부터 인간이 어떤 의미를 알게 되고 어떤 느낌을 갖게 되는지 알아보자. 인간이 빛 자극을 받으면 시각기관인 눈을 통하여 빛 자극을 감지한다. 빛 자극은 시신경 세포를 통하여 전기적 신호로서 후두엽의 시각피질에 도달한다. 이때는 단순히 빛으로만 지각한다. 그리고 빛을 기존에 기억되어 있던 정보와 비교 분석하여 어떤 색인지를 인지하고 여기에 추가하여 어떤 느낌을 갖게 되는 것이다.

그렇다면 감정은 인지작용의 결과일까. 두려움이란 감정은 무엇이 위협적인지 알아차리는 것이고 화는 모욕을 당했다는 것을 알아차린 반응이다. 그리고 흥미란 감정은 무엇이 새롭고 모르는 것에 대해 무엇이 궁금한가를 알아차린 것이다.

다시 의문이 간다. 감정과 의사결정은 어떤 관계가 있을까. 감정은 의사결정에 영향을 미치는 확실하면서도 폭넓은 정보며 예측 가능하게 하는 요소다. 탁월한 능력을 가진 뇌과학자 중 한 사람인 안토니오 다마지오Antonio Damasio는 획기적인 발견을 했다. 감정을 생성하는 뇌 부분이 손상된 환자들을 연구했다. 감정을 생성한 부분의 뇌가 손상된 환자들의 공통점은 당연하게 감정을 느낄 수 없었다. 특별한 현상은 의사결정을 할 수 없었다. 무엇을 해야 하는지에 대해서 논리적으로 설명을 할 수 있었지만 의사결정은 할 수 없었다. 심지어 무엇을 먹을지조차 결정할 수 없었다. 여기서 확인할 수 있는 것은 감정이 의사결정에 결정적인 영향을 미친다는 사실이다.

감정과 기분은 직관을 형성하고 직관과 인지적 기능은 연동해서 작동한다. 직관은 인지적 사고의 재료가 되고 방향을 제시한다. 인간은 이런 과정을 통해 원하는 것을 합리화한다. 감정과 기분의 영향을 받아 형성되는 직관은 전파탐지기와 같다. 직관은 즉각적이고 느낌만으로 판단해 빠르다. 하지만 전파탐지기를 통해서는 물체를 정확하게 볼 수 없다. 대략의 아이디어와 구체적이지 않은 위치와 방향에 대한 정보를 얻을 수 있다. 직관은 바로 이런 것이다. 무의식의 차원에서 감정은 인간의 의사결정과 행동에 심대한 영향을 미친다.

뇌와 신경체계는 일생에 걸쳐 변한다!

뇌과학자들은 뇌의 구조는 출생 직후에 완전히 고정된다는 결론을 내렸다. 성인의 뇌는 호박 속의 파리 화석처럼 고정되어 있어 절대로 변할 수 없다. 모두가 그렇게 믿고 따랐다. 모두가 옳다고 할 때 혼자 아니라고 외치는 사람이 있었다. 그가 바로 모헤브 코스탄디다. 진실을 외치는 뇌과학자가 있었다.

"우리의 뇌와 신경체계는 일생에 걸쳐 변한다!"

"우리 뇌는 모두 맞춤형이다!"

고정된 뇌, 타고난 뇌로 인식하고 있는 뇌과학자들을 흔들어 깨웠다. 신경세포는 끝없이 변하고, 성장하고, 인간의 뇌는 사람마다 독립적인 세계로 개인에 따라 다르게 만들어진다는 주장이었다. 신경가소성 Neuroplasticity은 일생에 걸쳐 변하는 뇌와 신경계의 능력으로 뇌는 일생에 걸쳐 끊임없이 변한다. 뇌가 고정되어 있지도, 무한히 변하지도 않는 이유를 알려주는 책, 모헤브 코스탄디 Moheb Costandi가 저술한 《신경가소성, 일생에 걸쳐 변하는 뇌와 신경계의 능력》이다. 책명에 핵심이 그대로 들어있다.

신경계가 변화하는 여러 가지 방식을 포괄적으로 일컫는 말이 신경가소성이다. 신경가소성의 첫 번째 단계는 분자 활동과 개별 세포 기능이라는 가장 낮은 수준. 둘째 단계는 신경세포 집단과 넓게 확산된 신경망이라는 중간 단계. 셋째 단계는 뇌 차원의 시스템과 행동이라는 가장 고차원적인 수준이다. 신경계 조직의 모든 단계에서 다양한 형태로 발휘된다. 신경가소성은 평생에 걸쳐 지속적으로 나타나기도 하고 특정 시기에만 일어나기도 하며 여러 유형이 동시에 또는 별개로 유도될 수 있다.

인간의 뇌는 복잡하다. 역할이 정확하지도 독립적이지도 않다. 인간의 머리로는 측정하기 어려운 1,000억 개의 뉴런, 그보다 훨씬 많은 수의 신경아교세포, 그리고 1,000조 개의 정교하고 정확한 시냅스 연결로 구성된 기관이 뇌다. 신경계가 제대로 기능하려면 연결 전체가 올바로 구성되어 있어야 한다. 복잡하고 혼란스러워 보이기까지 한 복잡한 기관이 뇌다.

뇌는 어떻게 만들어질까.

인간의 뇌는 실제로 하는 것과 상상하는 것을 구분하지 못한다. 놀랍게도 머릿속에서 동작을 그려보는 운동 연상으로도 특정 기술의 학습과 실행을 향상시킬 수 있다. 설득력 있는 증거가 있다. 머릿속에서 동작을 상상하는 것만으로도 뇌에서 같은 종류의 가소적 변화를 이끌어 낼 수 있다.

2개 국어를 사용하는 사람의 뇌는 해당 부위의 뇌가 활성화되었고, 언어를 배우는 시기에 따라 뇌의 변화 정도에 차이가 있었다. 또 피아노 연습은 뇌의 백색질 신경로를 바꾸었으며, 공수도 검은띠 보유자는 대조군보다 운동겉질과 소뇌의 백색질 신경로가 훨씬 컸다. 분명 언어 학습, 음악 훈련, 운동을 할 때 사용하는 뇌 부위가 변화를 보였다.

질병은 뇌에서 시작되고
치유도 뇌에서 결정된다.
인체는,
또한 마음은
신경계와 호르몬이 지배한다.

뇌 치료

5장

1. 병은 어떤 원리로 오는가

질병疾病 disease은 인체에 일어나는 잘못된 현상이 아니라 매우 정교한 치유과정이다. 일반적으로 질병하면 정상에서 벗어나 문제가 생긴 것으로 생각하지만 오히려 반대다. 질병의 증상은 그저 몸이 현존하는 불균형에 대하여 반응하고 있으며 스스로를 치유하는 데 열중하고 있음을 나타내는 신호다. 그래서 질병의 증상을 완벽하게 억제한다는 것은 실제로는 몸의 치유 능력을 강제로 약화시키는 것을 의미한다.

다시 정의하면 질병이란 심신의 전체 또는 일부가 장애를 일으켜서 정상적인 기능을 할 수 없는 상태다. 감염성 질환과 비감염성 질환으로 나눌 수 있는데, 감염성 질환은 바이러스, 세균, 곰팡이, 기생충과 같이 질병을 일으키는 병원체가 동물이나 인간에게 전파 또는 침입하여 질환을 일으킨다. 반면, 비감염성 질환은 고혈압이나 당뇨와 같이 병원체 없이 일어날 수 있고 발현기간이 길다.

여기에서의 주제는 비감염성 질환이다. 고혈압이나 당뇨와 같이 병원체 없이 일어날 수 있으며 대부분 발현기간이 길어 만성적 경과를 밟는 경우가 많다. 비감염성 질환이 감염성 질환보다 중요성이 더욱 커지고 있다. 외부로 드러내지 않아 비감염성 질환의 원인은 명확히 밝혀지지 않은 경우가 많다. 위험인자가 복합적으로 질환을 유발시키는 데 관여하는 것으로 알려져 있다.

인간에게는 질병으로부터 자신을 보호할 수 있는 면역체계가 있다. 면역체계는 질병의 감시자 같은 존재다. 신체에 침입하여 손상을 입히는 각종 요소들에 대응하는 체계가 면역체계다. 면역체계는 생존을 위한 생명체의 진화와 큰 흐름을 함께 해왔다. 진화의 산 증인이라고 할 수 있다. 단순한 동물에서 복잡한 동물로 옮겨갈수록 다양한 방식의 면역체계가 발달한다.

그리고 질병으로부터 자신을 보호하기 위한 방안으로 항상성이 있다. 다양한 자극에 반응하여 개체 또는 세포의 상태를 일정하게 유지하려는 성질을 의미한다. 주변 환경에 의해 깨진 평형 상태를 원래대로 복구하여 최적화된 상태로 만들려고 하는 것을 항상성 유지라고 한다. 대부분의 생명 현상이 항상성 유지와 관련되어 있다. 사람의 온도가 일정하게 유지되는 것, 혈중 포도당 농도가 적정 수준으로 조절되는 것, 혈액의 산도가 기준치로 조절되는 것이 항상성 유지다.

인간에게는 적당한 건강수치로서의 작동수치가 있다. 인체가 가진 대부분의 건강을 측정하는 기준 작동치는 타고난 체질에 따라 다른 값을 가지기도 하지만 평균치는 분명 있다.

뇌파 10Hz
체온 36.5℃
심장박동수 1분에 70회
혈압 80, 120
혈당 80㎎/100㎖
혈액 ph7.4
혈중염도 135~145
수분함량 70%

생명체 중에서 포유류의 경우 안정된 상태의 평형상태를 계속 유지하려는 노력이 몸 안에 존재하고 있다. 면역체계의 하나로 되먹임 고리feedback loop에 의한 조절을 한다. 동물은 체온, 심장박동수, 혈압, 수분, 혈중 포도당 농도 등의 항상성 유지를 대부분 되먹임 고리feedback loop라는 과정으로 조절한다. 첫째 평형 상태를 거스르는 변화 신호를 감지하고, 둘째 수용하여, 셋째 조절 기관으로 신호를 보내고, 넷째 조절 기관은 다시 평형 상태로 되돌릴 수 있는 반응을 매개해서, 다섯째 평형 상태를 유도한다. 같은 과정을 되풀이하면서 적정상태의 몸 유지를 한다.

외부 자극으로부터 평형 상태를 잃게 되면 자극에 의해 변화가 감지되어 조절 기관으로 전달된다. 조절 기관에서는 소실된 평형 상태를 다시 복구할 수 있도록 반응기를 작동시켜 불균형 상태를 해결해 항상성을 유지하도록 한다.

구체적인 예로 혈중 포도당 농도 유지 방법을 알아보자. 사람의 혈당은 80~100 mg/dL 정도로 유지된다. 식사를 하지 않은 경우는 70~90mg/dL, 식사 후 2시간 내에는 120~140 mg/dL 정도가 정상 혈당의 범위다. 혈당 농도는 인슐린과 글루카곤Glucagon 호르몬에 의해 조절된다. 혈중 포도당의 농도가 높아지면, 인슐린이 췌장 베타 세포에서 분비되어 혈액 속의 포도당을 세포 내부로 흡수시키거나 간에서 글리코겐glycogen 합성을 촉진하여 혈중 포도당 농도를 낮추어 준다. 반면, 혈중 포도당 농도가 낮아지면, 글루카곤이 췌장 알파 세포에서 분비된 후 간에 작용하여 글리코겐을 포도당으로 분해하여 혈류로 방출하는 과정을 촉진하여서 혈중 포도당 농도를 높여준다.

인슐린과 글루카곤에 의한 혈중 포도당 농도의 항상성 유지를 한다. 인간을 포함한 동물에게서 혈중 포도당의 적정 농도 유지는 생명 현상에 필수적이다. 생존을 위한 긴밀한 협조체계로 안정적인 상태를 유지한다. 혈중 포도당 농도의 항상성은 인슐린과 글루카곤이라는 호르몬에 의해 정밀하게 조절된다.

항상성에 문제가 생기면 인슐린을 생성하는 췌장 베타 세포가 파괴되는 질환으로, 체내 인슐린 생성이 정상적으로 되지 않아 혈당을 낮추는 인슐린의 작용이 없어서 지속적인 혈당이 상승하는 고혈당 증상이 나타나는 것이 특징이다. 인슐린에 의한 혈당 조절이 불가능해지고 인슐린이 매개하는 세포 내 신호전달 과정도 균형을 잃게 된다. 이것이 당뇨병이다.

인체를 위험으로부터 보호하고 안정적으로 유지하기 위해서 적당한 건강수치를 지키는 것은 필수다. 인체에서 정해 놓은 기준치는 무시할 수 없는 기준치다. 적정한 기준치를 만들어주는 것은 신경세포와 호르몬이다. 신경세포와 호르몬 중에 보다 근원적인 것은 신경세포다. 신경세포가 자신의 존재를 알리는 방법은 전기신호인 뇌파다. 뇌파腦波 brain wave는 신경계에서 뇌신경 사이에 신호가 전달될 때 생기는 전기의 흐름이다. 심신의 상태에 따라 각각 다르게 나타나며 뇌의 활동 상황을 측정하는 가장 중요한 지표다. 뇌파는 뇌전도를 통해 기록할 수 있다.

대부분의 질환 증상은
항상성의 불균형으로 나타난다.

2. 뇌의 불균형이 질병을 만든다

항상성의 불균형이 질병의 증세다. 항상성 유지의 중요성은 강조해도 좋다. 대부분의 질환은 항상성의 불균형에서 비롯된다. 항상성 조절에 관여하는 인자들에 결함이 발생하면 안정이 깨어지고 항상성 유지가 불가능해진다. 지속적인 항상성 불균형이 이어지면 유전적 혹은 후천적 기능 장애를 동반한 질환이 발생할 수 있다.

다시 돌아와도 결국은 뇌의 문제로 귀결된다. 청각의 과정을 살펴보자. 귀에 털이 나 있어 유모세포에는 감각털이 있다. 감각털은 통로로 자극이 들어오면 전기신호로 변환시킨다. 귀로 들어온 소리가 청각신경인 유모세포에서 신경신호로 바뀌어 뇌로 들어와 좌뇌와 우뇌로 연결된다. 청각정보는 마침내 일차 청각피질에 도달하게 된다. 일차 청각피질은 소리의 주파수 대역에 따라 반응하는 구조로 되어 있다.

저음은 일차 청각피질의 앞쪽과 옆면에서 처리되고, 고음은 피질의 뒤쪽과 중앙에서 처리한다. 베르니케 영역과 브로카 영역 Wernicke's area, Broca's area을 설명하려 한다. 1863년 프랑스의 외과의사인 폴 브로카는 대뇌 좌반구의 전두엽이 손상돼 말을 하지 못하는 언어장애가 생긴 여덟 가지 사례를 담은 논문을 발표했다. 브로카는 말하기 기능을 수행하는 영역이다. 전두엽의 운동피질에서 입과 입술을 조절하는 영역과 인접해 있어서 브로카 영역이 손상되면 말을 알아듣거나 읽을 수는 있지만 말하기는 어려워해 브로카 실어증이 나타난다.

1874년 독일의 신경병리학자인 칼 베르니케는 브로카 영역과는 다른 대뇌 좌반구의 손상에 의해 정상 언어기능에 장애가 생긴 사례를 발표했다. 대뇌의 측두엽 상부 표면에 위치하는 베르니케 영역은 청각피질 바로 뒤쪽에 위치한다. 베르니케는 알아듣기 기능을 수행하는 영역이다. 베르니케 영역에 문제가 생기면 베르니케 실어증이 생긴다. 베르니케 실어증에 걸리면 말을 유창하게 하는 것처럼 들리지만 내용이 논리적이지 않고, 다른 사람이 하는 말의 의미를 이해하지 못한다.

말의 어조와 시간을 지각하는 감각은 말의 의미를 명확하게 전달하고 파악하는 데 도움이 되는 역할로 우반구에 의해 수행된다. 우반구는 이야기를 이해하는 것, 추론을 만들어내는 것과 같이 이야기의 주제를 추출하는 기능에 관여한다. 좌반구에 비해 우반구는 광범위한 의미 연합을 활성화시킴으로써 언어의 은유 기법을 이해하게 한다.

일반적으로 언어의 의미를 이해하지 못하는 것은 왼쪽 뇌에 손상을 입은 경우이고, 음악에 감응하지 못하는 것은 우뇌가 손상되어서다. 한데 예상치 않은 결과가 있다. 왼쪽 뇌가 손상되어 언어기능을 잃은 사람이라도 대개 노래는 부를 수 있다. 특별하다. 오른쪽 뇌가 손상돼 음악상실증에 걸린 한 음악 교수는 왼쪽 뇌가 온전하고 지적 능력에도 문제가 없어 강의를 계속할 수 있었다. 더구나 지휘도 하고, 새로운 언어를 배우기까지 했다. 놀라운 것은 음악을 들어도 즐거움을 느낄 수 없었고, 지휘를 할 때에도 좌뇌가 손상되기 이전처럼 열정에 휩싸이지 못했다.

뇌는 아직도 신비의 영역이고, 복잡하고 미로여서 정복되지 않은 영역이다. 들어갈수록 신비하고 기적 같은 현상을 보여준다. 뛰어난 음악가였고 역사적으로 가장 유명한 음악상실증 환자는 모리스 라벨이다. 모리스 라벨Maurice Joseph Ravel은 '볼레로'와 '죽은 왕녀를 위한 파반느'를 작곡한 음악가다. 52세가 되던 해부터 서서히 음악상실증이 나타났다. 작곡을 할 수 없었다. 작곡 능력을 잃어버렸다. 5년 뒤에는 교통사고로 뇌를 다치면서 베르니케 실어증까지 나타났다. 신기한 것은 음악상실증도 베르니케 실어증도 기억을 훼손시키지는 않는다는 점이다. 모리스 라벨은 변함없이 자신이 예전에 만든 곡을 연주하거나 따라 부를 수 있었다. 일부 능력만 사라지는 현상을 보였다. 더욱 이해하기 쉽지 않았던 점은 음악을 느끼는 감각이 없어졌음에도 음악상실증에 나타나기 전의 음악은 연주하거나 따라 부를 수 있었음에도 새로운 곡을 만들지는 못했다. 뇌는 인간의 예상을 종종 뛰어넘어 다른 결과를 보여주곤 한다.

뇌는 부위마다 고유한 담당 역할이 있다. 좌뇌와 우뇌의 역할도 따로 있다. 뇌는 독립적으로 정보처리를 하지 않고 협력체계를 구축해서 정보를 해석하고 판단할 수 있도록 연계되어 있다. 그럼에도 전두엽 후두엽 측두엽 같은 뇌의 영역에 따른 기능이 있다. 하지만 어느 한쪽만 발달하면 상호협력체제에 문제가 발생하게 된다. 좌우 뇌가 불균형하게 발달되면 자폐증, 틱장애, 주의력 결핍 과잉행동장애 같은 병의 발병 원인이 될 수 있다. 발병 원인인 좌우 뇌의 균형을 맞춰주면 증상이 완화된다는 실험 결과가 있다.

좌뇌는 언어를 사용한 의사소통, 산수, 의식적인 행동, 논리적 사고, 충동적인 행동을 담당한다. 우뇌는 표정 등을 사용한 비언어적 의사소통, 무의식적인 행동, 감성지수, 사랑 같은 추상적인 개념의 이해, 주의 깊고 안전한 행동 등을 주관한다. 좌우 뇌를 고르게 발달시키는 것으로 장기 · 바둑 · 보드게임 등을 권한다.

미국의 기능성 신경학 전문의인 로버트 머릴로 Robert Melillo 박사는 자폐증, 틱장애, 주의력결핍장애, 과잉행동장애 뚜렛증후군, 언어장애 같은 소아 정신질환은 아이의 뇌가 잘못된 것이 아니라 좌우 뇌의 기능적인 불균형으로 인해 좌우 뇌가 통합적으로 연결되지 않아 생기는 질환으로 보고 있다. 소아 정신질환을 치료하기 위해서는 약물보다 기능이 약해진 아이의 뇌를 운동으로 활성화하여 좌우 뇌 균형을 맞추는 것이 필요하다고 했다.

좌우 뇌의 불균형이 만들어지는 아이들에게 성장하면서 점차 뇌세포와 뇌세포를 잇는 신경줄기세포가 늘어나고 튼튼해지지만 지나친 TV 시청, 컴퓨터게임, 비만 등으로 인해 한쪽 뇌만 발달하면 좌우 뇌가 제대로 이어질 수 없게 된다고 했다. 한쪽 뇌만 발달하면 양쪽이 단절되면서 감각 · 운동 · 발달 · 성장에 각종 문제가 생긴다.

좌뇌와 우뇌는 각기 다른 기능을 하면서 서로 부족한 점을 보완해 주는데 좌우 뇌가 비슷하게 발달하지 않아 불균형 상태가 되면 멍하니 있다가 특정 상황에 격하게 반응하는 자폐증, 집중이 어렵고 산만한 주의력 결핍장애, 운동신경에 이상이 생기는 뚜렛증후군이 생길 수 있다. 주의력 결핍 과잉행동장애 환자들의 우뇌가 좌뇌보다 특히 덜 발달됐다는 연구 결과다. 또한 주의력 결핍 과잉행동장애 환자와 정상인의 뇌를 비교했을 때도 마찬가지로 우뇌가 좌뇌보다 덜 발달했다.

우뇌와 좌뇌 중에 한쪽 뇌가 우월하다고 믿는다. 답은 아니다. 좌뇌와 우뇌는 따로 놀지 않는다. 역할의 차이는 있다. 좌뇌는 언어적, 논리적, 분석적인 역할을 담당하고, 우뇌는 시공간적, 종합적, 직관적인 기능을 가지고 있다. 음악의 경우는 음률, 박자, 음정, 리듬에 따라 좌우 뇌에 모두 관련이 된다. 좌우 뇌의 불균형은 주의가 산만하고 자주 멍한 상태를 보이며 언어발달이 늦다. 좌우뇌의 불균형을 없애주면 자연스럽게 말하기가 이루어지고 말의 이해력이 늘어나며 말에 대한 반응이 빨라지는 것을 볼 수 있다. 또한 운동능력과 주의 집중력이 깊어지는 것을 확인할 수 있다. 뇌의 전두엽 후두엽 측두엽 같은 뇌의 부위가 불균형하게 발달되면 문제가 발생한다. 뇌의 불균형의 원인은 뇌가 부분적인 발달과 성장으로 지체된 부분과의 역할분담과 소통이 한계가 있어 생기지만 또 하나는 뇌 신경세포가 역할을 제대로 할 수 있도록 해주는 것이 신경줄기세포다. 즉 뉴런과 시냅스가 발달하지 못하거나 약해져 소통이 되지 않을 때 발생한다.

신경세포가 건강해지고 신경세포를 이어주는 신경줄기세포가 건강해지고 늘어나면 세포간의 고속도로가 생기는 것과 원리로 소통이 원활해지고 정보가 교환되어 뇌는 활성화되어 신경계의 통합과 활성화가 이루어지고 좌우 뇌의 균형발달이 이루어진다. 신경의 활성화를 통해 두뇌활성화, 신경계의 재구조화를 이루고 두뇌발달을 촉진할 수 있다.

전자알약이 나왔다.
전자알약은 두 가지다.
하나는 인체 내로 들여보내는 전자알약과
다른 하나는 뇌파를 먹는 전자알약이다.

3. 전자알약이 나왔다

걸어 다니며 치료하고, 놀면서 치료한다. 알약과 주사가 대세이던 의약기술에서 이제는 인터넷으로 치료할 수 있는 전자알약의 시대가 되었다. 전자알약은 두 가지 형태가 있다. 하나의 전자알약은 모래알 크기의 아주 작은 감지기를 붙여서 만든 정제다. 알약을 삼키면 약 성분이 녹는 동시에 구리, 마그네슘, 실리콘으로 만든 감지기가 위액과 반응하여 전기 신호를 만들어낸다. 환자의 왼쪽 가슴에 붙여둔 패치가 신호를 잡아서 휴대폰으로 기록을 전송한다. 약 복용 날짜와 시간을 자동으로 기록하고 환자의 기분 상태를 추가할 수 있고 매일의 휴식 시간과 활동량을 기록하는 것도 가능하다.

환자가 약을 복용한 날과 복용하지 않은 날 환자의 기분, 휴식 시간, 활동량에는 어떤 차이가 있는지를 휴대폰을 통해 한 눈으로 파악할 수 있다. 제약회사들이 전자알약 개발에 앞장서 나선 것은 의사가 처방해 준대로 약을 먹지 않아서 발생하는 어마어마한 사회적, 의료적 비용의 증가 때문이다. 세계보건기구가 조현병 치료제에서 전자알약을 승인한 것도 같은 이유다.

다른 하나는 인간을 통제하는 총사령부가 뇌다. 뇌와 관계되지 않은 질병은 존재하기 어렵다. 또한 외상의 경우에도 곪지 않게 하는 것과 직접적인 관계가 있다. 거기에 호르몬의 작용에 의해 신체가 정상적으로 작동되도록 하는 것은 신경계의 명령을 받아야 가능해진다. 신체의 말단인 발가락과 손가락까지 총사령부인 뇌에서 명령을 전달하고 말단의 손가락과 발가락의 상태를 뇌까지 전달하는 것은 신경계다. 신경이 살아있어야 신체의 작동이 정상적으로 이루어진다.

인간의 질병에 뇌와 관계되지 않은 것은 없다고 해도 지나친 말이 아니다. 중요한 일을 수행하고 있는 뇌가 신체와 통신하는 방법은 전기다. 전기를 뇌파로 보낸다. 뇌파가 곧 소통 방법이다. 뇌파에 의해 호르몬이 만들어지고, 뇌파에 의해 신체의 활동 상황을 실시간으로 파악할 수 있다. 뇌파에 문제가 생기면 바로 신체 각 부분으로 보내지는 기관들의 역할에 문제가 생긴다. 뇌가 수행하는 기본적이고 중요한 것들을 전달하는 핵심적인 것은 뇌파다.

뇌파에 문제가 생기면 뇌는 물론 호르몬 생산이 멈춰지거나 변형되어 몸 전체가 무너질 수 밖에 없다. 군 작전 수행 중에 통신이 두절되면 투입된 인원과 장비를 운용할 수 없고, 명령을 내릴 수도 없으며 조정능력을 상실하게 된다.

식량이 제때 보급되지 않아 병사들이 굶을 수도 있고, 포사격 명령을 잘못 내려 아군에게 포탄이 날아갈 수도 있다. 실제로 호르몬 분비가 잘못되거나 자신의 신체를 공격하는 상황이 발생하기도 한다. 발작을 일으키는 뇌전증도 뇌파가 정상적이지 않을 때 발생하는 질병이다. 뇌의 특정 부분을 통제하지 못하게 되는 것이 원인으로 뇌파가 강렬하고 급격하게 뿜어져 나온다.

뇌파가 없다면 생명현상도 없다. 뇌파는 신경계에서 뇌신경 사이에 신호가 전달될 때 생기는 전기의 흐름이다. 심신의 상태에 따라 각각 다르게 나타나며 뇌의 활동 상황을 측정하는 가장 중요한 지표다. 뇌파가 정상적이지 않다면 바로 신체는 혼란에 빠지게 된다. 스트레스파라고 하는 불안, 긴장, 초조할 때 나타나는 뇌파가 근무 중에 수시로 나온다고 하면 정상 근무를 할 수가 없다. 졸음파 또는 수면파라고 하는 세타파가 활동 중에 나온다면 활동이 어려울 것이다. 심신이 안정을 취하고 있을 때의 안정파가 알파파다. 인간 뇌파의 대표적인 뇌파로 뇌의 발달과 밀접한 관계가 있다.

몸의 대화는 뇌파다. 마음의 상태도 뇌파로 이야기한다. 인간의 신체는 전기방전의 연속으로 이루어진 생명활동을 하고 있다. 천둥과 번개를 동반한 폭풍우가 내리치는 현장이 인체라고 생각하면 된다. 전기방전이 곧 번개다. 작은 번개가 쉬지 않고 일어나고 있는 현장이 인체다. 인체는 조용한 듯하지만 거친 자연현상이 일어나고 사라지는 곳이다. 다만 전기가 약해서 몸으로 느끼지 못할 뿐이다. 팔을 들어 올리거나 눈을 깜박이거나 발가락이 움직일 때마다 수백 개의 뉴런 사이에 전기불꽃이 터진다. 전기언어, 다시 말해 전기방전을 통해 자극을 전달하고 받는다. 고요하게 책을 읽고 있는 동안, 눈으로 읽고 내용을 이해하기 위해서 뇌의 수천 개 뉴런들이 이웃 뉴런과 전기적 언어로 대화하면서 비교, 동질화, 흡수 작업을 진행하고 있는 것이다.

전기는 인체에 필수적이며 생명현상이다. 자극을 전기로 바꾸어 통신하게 하는 뇌파는 주요하고, 중요하다. 뇌파는 변한다. 비정상적인 뇌파를 생산해 몸에 교란이 일어나기도 하고, 몸에 문제가 생겨 질병과 연결되기도 한다. 또한 정신상태를 혼란스럽게도 한다. 비정상적인 뇌파를 안정되게 만들어주면 잘못되었던 것들이 정상적으로 돌아온다. 통신이 두절되고, 전기가 단전되어 군 작전이 마비되었던 것이 통신과 전기가 공급되면 일시에 해결되듯 인체도 마찬가지 원리로 뇌파를 정상적으로 만들어주면 몸건강과 마음건강이 정상으로 되돌아온다.

먹는 알약이 아닌 전파를 먹는 것이 전자알약이다. 감기에 걸리면 병원이나 약국에 가서 진찰을 받는 것이 아니라 개인 활동을 하면서 휴대폰으로 뇌파를 받아먹는 시대가 곧 올 것이다. 전 단계로 뇌파를 받아서 먹으면 치유와 건강을 개선할 수 있는 것이 개발되어 있다. 인체는 살아있는 생명체다. 장기와 기관, 그리고 어느 부위도 고정된 것은 없다. 살아 꿈틀대는 변화의 현장이다. 날것 그대로 변화하고, 성장하고 쇠퇴하고, 생성되고 죽어 사라지기도 한다. 심지어 신경세포의 유전자 발현 양상이 달라지기도 하며 세포 모양이 바뀌기도 한다. 뇌는 성장기 동안에 만들어져 성인이 되어 완성체로 고정되는 것이 아니다. 완성된 구조로 사용되는 정교한 기계가 아니었다. 성인의 뇌도 환경 변화에 따라, 그리고 사용하는 만큼 변해간다.

이런 경우도 있다. 고작 2시간의 연습만으로도 뇌의 변화를 확인할 수 있다. 피험자들에게 니드 포 스피드Need for speed라는 자동차 경주 게임을 하면서 경주 트랙을 기억하게 했다. 2시간 동안 학습을 진행하고 자기공명영상으로 피험자들의 뇌를 살펴보았다. 공간 탐색 기능의 뇌 부위인 해마와 부해마에서 구조적인 변화가 관찰되었다. 그리 긴 시간이 아니었다. 고작 2시간의 연습 시간으로 관찰이 가능한 크기의 구조적 변화가 일어난 것이다. 뇌는 끝없이 적응하고, 스스로 길을 찾아가는 생명체였다.

뇌파를 이용한 뉴로피드백은 살아 움직이는 뇌파를 안정되게, 건강하게 만들어주는 역할을 수행하는 방법을 보여준다. 뉴로피드백은 자신의 뇌에서 발생한 뇌파 정보를 활용하여 치료에 유용한 특정 뇌파를 훈련하는 치료 방법이다. 측정된 뇌파를 바탕으로 뇌 활동을 교정하는 행위로서 인위적인 자극을 지속적으로 보내 생명체가 활동하는 방식에 변화를 주는 바이오피드백의 한 종류이다. 목표로 삼은 파장이 나오면 보상을 주고, 배제하려는 파장이 나오면 징벌을 하는 방식을 쓴다. 예를 들면 집중할 때 나타나는 특수한 뇌파를 두피에서 측정하여 실시간으로 화면이나 소리를 통해 자료 수집을 하고 훈련을 통해 신호를 늘려

집중력에 도움이 되도록 할 수 있다. 실례를 들면 이해가 쉬워질 수 있다.

살펴보자. 자동차가 움직이는 게임으로 뉴로피드백을 하는 경우다. 뇌파가 안정적이면 차가 잘 달리는 보상을, 뇌파가 흐트러지기 시작하면 차가 멈추는 징벌을 준다. 종소리를 듣게 하는 게임도 있다. 역시 뇌파가 안정적일 때 보상해주는 방식이다. 뇌파가 안정적일 때는 보상으로 종소리가 나서 정상임을 뇌에 알려주어 정상으로 돌아가도록 유도해준다. 정상 뇌파를 찾아내서 신호를 주는 방식이다.

뉴로피드백의 장점은 단순한 방법으로 효과는 크고 부작용이 없다는 것이 장점이다. 뇌파가 인체에 주는 영향은 생각보다 크다. 인체의 모든 것을 지배하는 것이 뇌파라고 해도 틀린 말이 아니다. 인간의 신체 모두를 관할하고 있다. 인체를 움직이는 최상위에 있는 것이 뇌고 뇌의 역할을 전달하고 정보를 받아들이는 것이 모두 뇌파라고 해도 틀리지 않을 정도다. 정신병은 뇌파의 문제다. 뇌파가 호르몬을 조종하고, 호르몬이 신체를 변화시킨다. 정신병은 정신의 문제라고 쉽게 생각할 수 있지만, 정신의 문제가 아니라 뇌파의 문제다. 뇌는 정교하고 세밀한 기계작동이다. 기계작동이 정상적일지 않을 때 이상행동과 정신이상 상태가 된다. 정신의 영역까지 지배하고 있는 것이 뇌다. 신체에 미치는 영향력은 설명할 필요도 없다.

뇌 속에만 1,000억 개의 신경세포가 있고, 신경세포 하나당 평균 1,000조 개의 시냅스를 가지고 있다. 계산할 수 있는가. 상상이 가지 않는 수사가 나온다. 도출된 숫자에 해당하는 시냅스, 다시 말해 신경세포와 신경세포를 연결해주는 신경줄기세포가 무엇으로 작동하는가. 뇌파다. 전기 자극으로 신호를 보내고 받는다. 전기 자극을 받아서 호르몬을 생산하고, 분비한다. 결국은 신경세포와 신경줄기세포가 하는 일은 전기 자극으로 뇌파다. 뇌파가 전기고, 전기가 뇌파로 구성되어 있지 않은가. 신경말단부분의 자극도 전기로 송신되고, 수신한다.

뉴로피드백은 뇌에 자극을 주어 뉴런과 시냅스, 신경세포와 신경줄기세포를 강화해 준다. 신경세포와 신경줄기세포가 강화되면 호르몬의 생산과 분비가 정상적으로 유지되고, 신경세포와 신경줄기세포가 강화되어 호르몬이 정상적으로 생산되고, 정상적으로 분비되면 신체의 각 부분과 장기들이 정상화된다. 결국은 몸 전체가 정상으로 돌아가는 선순환을 출발시키는 곳이 바로 뉴로피드백이다. 앞서 설명한 것과 같이 만병의 출발이 뇌파고, 호르몬이다. 뉴로피드백은 신경세포와 신경세포를 이어주는 신경줄기세포를 강화시켜주는, 작아 보이지만 큰일을 하는 숨은 핵심이다.

뇌파훈련을 하면 짧은 시간에
뇌 전체의 뇌신경망 발달을 촉진시킨다.
그리고 효과가 반영구적이라는 특별함이 있다.
이유는 간단하다.
신경세포와 신경줄기세포를 강화시키고, 확장시키고,
특히 신경세포줄기 수를 폭발적으로
늘리는 효과를 보기 때문이다.

4. 뉴로피드백은 뇌의 비정상을 정상으로 돌려놓는 작업이다

뇌 인지능력 뉴로피드백Neurofeedback

뉴로피드백은 뇌에 동기를 유발하고, 뇌를 일깨워주는 역할을 한다. 뇌는 인지해야 대뇌가 작동된다. 뇌는 감지되어 인지된 것, 즉 받아들인 것만 인지하고 나머지는 버린다. 중요하다고 인식한 것만 받아들인다는 말이다. 수많은 변화의 중심에 있는 것이 생명체다. 한 사람이 숲속에 서 있다고 가정해보라. 언제 어디에서 무엇이 튀어나올지 모른다. 야수가 달려들지도 모른다. 바람과 공기와 소리를 느끼고, 보고, 들어야 한다. 오감을 작동시켜 파악하고 분석한다. 하나의 감각을 더 동원하면 육감으로 경계태세를 갖추고 있다. 쉬는 것이 아니다. 거기에 몸은 음식을 먹고 소화를 시키고 있고 장기와 신체기관들이 분주하게 자신의 역할수행을 하고 있다. 한 생명체가 살아가려면 몸과 마음, 그리고 감각이 정말로 많은 일을 처리해야 한다. 즐기는 일에만 몰입하기엔 지구라는 환경은 위험하다. 인간의 뇌는 위험한 지구에서 생존하기에 적당하도록 설정되어있다.

오감으로 파악하고 분석하는 데 중요한 역할을 수행하는 것이 뇌다. 뇌가 가진 역할이 깨지면 치명적인 일이 벌어진다. 아주 사소한 변화가 몸 전체의 균형을 깬다. 그만큼 뇌가 중요하고, 뇌가 하는 일의 중요한 임무는 뇌파가 대행한다. 뇌파가 작동되어야 뇌가 가동되고, 신체활동이 가능해진다. 그만큼 뇌파의 역할은 막중하다. 뉴로피드백은 뇌가 정상 작동하도록 기초작업을 가동하는 역할 집행자다.

호르몬의 가동 상황을 살펴보자. 인간의 감정과 의지를 조절하고 있는 물질이 호르몬이다. 갑상선 호르몬의 경우, 갑상선에 문제가 생겨서 호르몬을 많이 분비하면 활력이 넘치는 조증형 인간이 되고, 호르몬을 모자라게 분비하면 방콕만 하려고 하는 울증형 인간이 된다. 조증형이나. 울증형 인간 모두 병이다. 뇌화학자들은 인간의 의욕, 성욕, 심지어는 사랑마저도 호르몬의 작용이라고 주장한다. 호르몬이 인간을 지배한다는 표현이 어색하지 않다. 호르몬의 입장에서 설명하다 보면 무언가를 시작하고 해보려는 의욕도 호르몬의 작용이다. 희로애락을 느끼는 감정도 다 호르몬의 영향이라고 할 수 있다. 사람들은 흔히 뇌로 생각하고 뇌로 행동한다고 하지만 결국은 호르몬에 의해 인간은 살아간다고 할 수 있다.

호르몬은 되먹임Feedback작용을 통해 신체의 밸런스를 유지한다. 여기에서 피드백이 나온다. 뇌하수체는 갑상선 호르몬의 농도가 모자라면 갑상선 자극 호르몬을 많이 분비하고 넘치면 조금 분비한다. 자신이 일으킨 변화에 받아들여 자신을 재조정하는 되먹임을 한다. 신체활동이 줄어들게 하는 되먹임은 음성되먹임 Negative Feedback이라고 하고. 반응이 반응을 더욱 가속시키는 움직임을 양성되먹임Positive Feedback이라고 한다.

다시 돌아가서 뉴로피드백에 대해 설명한다. 구체적으로 예를 들면 현대인들을 괴롭히는 주의력 결핍증이나 불면증은 심각한 정신질병이다. 정신질병을 앓고 있는 사람들의 뇌파는 정상인들과 차이가 있다. 뇌파를 정상 뇌파상태로 돌리면 해당 질병이 치료된다. 정상적인 뇌파

상태로 되돌려 놓는 뇌파 조정기술을 뉴로피드백이라고 한다.

뉴로피드백에 의한 질병의 진단 및 치료 과정은 이렇다. 일차적으로 진단을 위해 환자의 두피에 전극을 붙이고 생체 전기신호의 일종인 뇌파를 수집한다. 둘째 뇌파신호가 약해 증폭 회로를 통해 입력된 뇌파에 강한 전압을 가하여 신호를 증폭한다. 셋째 뇌파는 눈만 깜박여도 변화가 생긴다. 발가락을 움직이는 미세한 움직임에도 변화가 생겨 필터 회로를 통해 주된 뇌파만 걸러낸다. 넷째 주된 뇌파 대역을 찾아낸다. 마지막으로 아날로그 형태인 뇌파를 컨버터를 통해 디지털 형태로 바꾸어 주면 컴퓨터 화면에 나타나고, 뇌파상태를 확인할 수 있다. 이해하기 쉽게 대화로 설명하면 이해가 쉬울 듯싶다. 뉴로피드백 원리가 핵심 내용이기 때문이다.

- **뇌 :** "내가 신경 신호를 보낼게. 그것을 처리해서 내게 다시 돌려보내 줘. 처리 조건은 내게 필요한 것은 높여주고 내게 필요하지 않은 것은 낮춰서 보내."
- **뉴로하모니 :** 알았어. 조건에 맞으면, 땡! 소리를 내줄게.
- **뇌 :** "그래. 그럼 땡 소리 날 때 보내준 것이 내가 필요로 하는 뇌파였구나! 알았어. 기억할게.
- **뉴로하모니 :** 이번에는 어때? 뇌파 신호 보고 알려줘."
- **뇌 :** 보낸 거야? 한데 왜 아무 소식이 없지?
- **뉴로하모니 :** 아하. 그렇구나! 조건에 안 맞으면 소리가 없어. 무음이야!
- **뇌 :** 아. 그래? 이것은 안 맞는 거구나! 알았어. 좋은 뇌파를 만들도록 노력할게.

뉴로피드백으로 뇌를 검사해서 뇌파 상태를 확인한다. 주의력 결핍증 환자들은 정상인에 비해 델타파나 세타파가 아주 강하게 나타나고, 우울증 환자의 경우는 좌뇌보다 우뇌가 뇌파의 진동이 유독 빠르게 나타난다. 진단으로 많은 정보를 얻을 수 있다. 건강상태와 성격은 물론 머리가 좋고 나쁜 지능까지 확인할 수 있다. 지능이 높을수록 뇌파지수가 높게 나오고, 지능이 낮을수록 뇌파지수가 낮게 나온다.

환자를 치료하는 방법은 무엇일까. 원리는 간단하다. 간단한 것이 효과도 크고 진리일 경우가 많다. 정확하게 짚어내면 처리 과정도 간단할 수밖에 없다. 정확하게 파악하지 못했을 경우 많은 조사와 분석, 그리고 다른 것까지 살펴보게 된다. 답이 정확한데 처리 과정이 복잡할 필요가 없다. 주의력 결핍증 환자의 경우 자신이 집중한 상태 자체를 알기 어려워 집중 상태의 뇌파를 화면을 통해 실시간으로 보여준다. 집중 상태로 들어가도록 반복 훈련을 하게 한다. 다시 설명하면 다양한 사고를 하게 하면서 집중력과 관련된 베타파가 나올 때가 어떤 때인지를 스스로 점검하게 하고 베타파가 계속 나올 수 있도록 피드백을 이끌어가는 방법으로 치료한다. 조건반사와 비슷하다.

특정 뇌파가 나오는 상황을 환자에게 알려주면 환자들은 좋은 상태를 유지하려는 노력을 하게 된다. 그러면 놀라운 변화가 온다. 정말 놀랍다. 뇌에서 해당 뇌파의 발생 회로가 발달하고 훈련을 계속하면 회로가 강화되어 특정 뇌파가 늘어나게 된다. 실제로 베타파를 이용한 뉴로피드백으로 주의력 결핍증 치료에 성공하였다. 그리고 좌뇌와 우뇌의 뇌파 속도를 균형 있게 맞춰주는 뉴로피드백 훈련을 통해 우울증을 치료하는 데 성공했다. 현재 뉴로피드백은 자폐증, 불면증 등 다양한 질환을 고치는 데 이용되고 있다. 효과가 탁월하다.

전두엽 발달과 집중력 향상을 위한 뉴로피드백 뇌파 훈련

지구상에 있는 동물 중 가장 미숙한 상태로 태어나는 것이 인간이다. 인간은 태어나서 기지도 못한다. 고개도 가누지 못해 목을 받쳐주어야 한다. 태어나면서 일어서고, 뛰기까지 하는 다른 포유류에 비하면 부족한 상태로 태어난다. 매미와 나비는 태어나서 바로 난다. 미완성된 인간은 다른 동물과 다른 진화의 길을 선택했다. 짧은 기간에 육체적인 능력을 최대한 발휘할 수 있는 포유류와 달리 인간은 육체적으로 미성숙한 상태로 태어나 뇌를 계속 성장시키는 전략을 선택했다.

신생아는 1,000억 개의 뉴런을 가지고 있고 기본적 신경망도 갖추고 태어난다. 하지만 한 생명체가 태어나기 위해 필요한 최소한의 신경망에 불과하다. 신경망은 자라면서 계속 발달한다. 아기는 고개를 가누고, 기고, 앉고, 서고, 걸을 수 있는 신경망도 제대로 완성되지 않은 상태다. 다른 포유류의 신체 활동성에 비하면 느리게 발달하는 것 같지만 신생아는 걸어 다니기 전에 세상을 먼저 배운다.

1세 이하의 아기들은 주로 눈, 귀, 코, 그리고 혀를 가지고 주위 사물을 배운다. 배우는 과정도 단계적으로 이루어지고 속도도 상당히 빠르다. 두뇌 발달이 급격하게 이루어지는 시기다. 인간은 두뇌의 발달에 전력을 기울이고, 다른 동물의 경우 신체의 빠른 발달에 모여 있다. 결국은 인간의 전략이 지배권을 갖게 하는 중요한 역할을 했다.

중요한 연구 결과를 소개한다. 인간을 제외한 동물들의 신체 발달과 성장이 일시에 빨리 일어나 생존을 추구하고, 인간의 성장이 느리지만 지속되는 것을 증명한 사례다. 조금 지루해도 인지해야 할 중요한 내용이니 참고 들어가 보자. 주된 내용은 '인간은, 왜 침팬지와 다른가?'다. 핵심내용은 뉴런과 시냅스는 성장이 느리지만 지속적으로 성장한다는 것이다.

인간과 다른 유인원의 유전자는 얼마나 닮았나? 아프리카의 유인원인 보노보는 인간과 유전자의 약 98.7%가 같다. 침팬지의 경우는 98.8%가 닮아 인간과 가장 가까운 유인원이다. 수치로 보면 인간과 유인원의 유전자는 거의 닮았다고 할 수 있다. 유전적으로는 닮았음에도 인간과 다른 유인원의 인지능력은 왜 현저하게 차이가 날까. 무엇이 인간과 유인원의 차이를 만들어내는가에 연구진들은 관심을 가졌다.

미국 소크 연구소와 UC샌디에고 공동연구로 밝혀냈다. 인간과 보노보, 그리고 침팬지의 뇌 속 뉴런 형성을 비교 연구한 결과였다. 뉴런은 신경계를 이루는 구조적 · 기능적 기본단위다. 다른 뉴런과 연결되는 곳에서 신경전달물질을 보내 정보를 전달하고 처리하는 역할을 수행한다. 연구진은 뇌 발달에 있어 가장 중요한 두 가지 과정으로 뉴런의 성장과 확산으로 꼽았다. 뉴런이 성장한다는 것은 뉴런끼리 연결성이 늘어나고 서로 간의 소통 역시 증가한다는 의미라고 했다. 뉴런은 증가하면서 뇌의 다른 부분으로 위치를 옮겨 확산해가기도 하는데, 연구진은 여기에서 중요한 단서를 잡았다. 뉴런이 성장하고 확산해가는 차이가 다른 유인원과 인간은 다르다는 것을 확인했다. 사소한 것 같지만 큰 차이였고, 성과였다.

침팬지와 보노보, 그리고 인간의 뉴런 성장을 비교하기 위해 연구진은 신경계 전구세포를 채취해 쥐의 뇌에 이식했다. 이식한 후 19주 동안 3종의 뉴런의 성장 양태를 비교했다. 침팬지의 뉴런이 빠른 시간 내에 더 멀리 확산했다. 연구진은 뉴런의 이동 거리, 형태, 크기 차이를 종합적으로 관찰했다. 중요하게 다른 점은 침팬지와 보노보의 뉴런은 짧은 기간 내에 빠르게 확산했고, 인간의 뉴런은 상대적으로 느리게 퍼져나갔다. 실험이 진행된 지 2주 만에 침팬지의 뉴런은 더 먼 거리를 이동해 인간의 뉴런보다 약 76%나 더 넓은 영역으로 확산했다. 확산 속도가 인간보다 유인원이 훨씬 빨랐다. 여기서 그쳤으면 다음 현상을 몰랐을 것이다. 하지만 역전현상이 나타나기 시작했다.

인간의 뉴런은 느리지만 더 오랜 시간에 걸쳐 지속해서 성장했다. 다른 동물의 경우 신체 발달이 태어나자마자 이루어져 생존을 위해 빨리 달리고 활동할 수 있지만, 성장은 신체 성장의 완성과 함께 뇌도 완성되어 멈추어버렸다. 인간이 태어날 때 미숙한 상태지만 서서히 신체 발달이 이루어지고, 뇌도 느리지만 계속 발달해가는 진화 방법을 선택했음을 확인할 수 있었다. 연구진은 인간의 뉴런은 느리지만 지속적인 성장 과정을 거쳐 인간이 다른 유인원과는 변별성을 가져 고유의 행동과 고유한 인지능력을 갖게 됐을 가능성이 있다고 결론을 내렸다.

뇌는 변한다는 진리에 관심을 갖고 변하는 원리를 적용해서 만든 것이 뉴로피드백이다. 뉴로피드백은 전두엽의 활성화에 중점을 둔 방법이다. 전두엽은 대뇌반구의 앞에 위치하며 집중력, 기억력, 사고력을 주관하는 뇌 기관이다. 이외에도 전두엽은 순서배열 능력, 의사결정 능력, 성격 형성, 문제해결 능력, 어휘표현 능력, 자발성 능력, 감정조절 능력, 신체 움직임개시 능력 등의 기능과 관계가 깊다. 전두엽은 포유류 중에서 고등한 것일수록 발달하여 있고 특히 인간은 현저하게 발달해 있다.

전두엽 중에서도 이마 부위에 해당하는 전전두엽은 인간만이 가지고 있으며 인간이 사회적인 동물로 구분되는 가장 큰 특징이라고 할 수 있다. 전전두엽은 고등적 사고, 사회성, 연합능력과 관계하며 뇌의 전체적인 기능이 성인의 수준에 도달하는 15세는 물론, 이후에도 20세까지 계속 발달한다.

전두엽은 생후 4~6세 사이에 크게 발전하는데, 인간다운 사고능력이 키워지는 시기로 구분할 수 있다. 아이들은 지적 호기심이 강하게 발달하고 새로운 분석능력과 사고능력이 생긴다. 질문들이 많아지는 것도 전두엽 발달과 관계가 있다. 인체의 최고사령부인 전두엽의 발달 지연이나 이상 시에는 학습장애, 주의력 결핍, 과잉행동 같은 증상이 발생한다. 아동 청소년기에 발생하는 틱 장애, 주의력결핍 과잉행동장애도 전두엽의 기능 저하와 밀접한 관련이 있다.

지휘관이 사라진 전투는 승리하기 어렵다. 전두엽은 인체를 총지휘하는 본부다. 본부인 전두엽의 결정은 인체의 안정을 위해 필수적이지만 외부에서 들어오는 감각에 적절하게 대응하는 기능도 전두엽에서 가지고 있다. 전두엽의 기능을 향상하기 위해서 독서, 뇌 훈련을 실시하면 전두엽 기능을 활성화할 수 있다. 개인의 능력으로 할 수 있는 방법들이 있지만, 가시적인 효과를 보기 어렵다. 무엇보다 시간이 오래 걸리고 서서히 나타나 중간에 포기하기 쉽다.

전문가에 의해 만들어진 뉴로피드백으로 뇌파 훈련을 하면 짧은 시간에 뇌 전체의 뇌신경망 발달을 촉진한다. 그리고 효과가 반영구적이라는 특별함이 있다. 이유는 간단하다. 신경세포와 신경줄기세포를 강화하고, 확장하고, 특히 신경세포줄기 수를 폭발적으로 늘리는 효과를 보기 때문이다. 한번 생성된 신경세포줄기, 즉 시냅스가 계속 유지되기 때문이다. 뇌의 지휘 본부가 운영하는 무기를 개량하고 확장해서 역량을 키우는 근본적인 변화를 하기 때문이다. 무기는 시냅스가 성장하고 건강하게 만들어주는 역할이다. 근본적인 것을 해결하기 때문에 뉴로피드백의 치료 영역은 폭넓다.

뉴로피드백 임상적 치료영역

일반 : 우울증, 강박증, 불안증, 수면장애, 공황장애, 뇌손상후유장애, 간질, 알코올중독, 기억력 저하 등

소아청소년 : 주의력 결핍(ADD), 과잉행동장애(ADHD), 수면장애, 감정조절, 소아우울증, 불안증, 기억력 저하, 인터넷 게임중독, 창의성 개발 등

뉴로피드백은 뇌파를 통제하는 바이오피드백 기법이다. 바이오피드백은 인체의 심리 생리적 현상을 기기를 통해 관찰하는 방식이다. 기기를 통해 심장의 활동, 근육의 활동, 뇌의 전기적 활동을 볼 수 있다. 주의력 결핍 및 과잉행동장애, 불안장애, 우울증, 만성 통증, 두통, 요실금, 뇌파 등 자율신경계에 대한 효과를 미친다. 바이오피드백은 정상적인 상태에서는 의식적으로 알 수 없거나 조절할 수 없는 자율신경계의 반응을 스스로 조절할 수 있도록 환자 스스로가 자신의 호흡수, 맥박수와 같은 생리적 정보를 눈으로 볼 수 있게 수치화해서 알려준다. 환자에게 긴장 상태와 이완 상태에서 보이는 생리적인 차이에 대한 구체적인 상황 변화를 시각과 청각 자료로 보여주어 스스로 훈련을 통해 증상과 관련된 생리적인 변수를 조절할 수 있도록 하는 것이 바이오피드백이다.

바이오피드백은 인간의 생체정보를 즉시 제공하는 기술이다. 인간의 항상성과 학습능력을 토대로 신체기관의 리듬을 유지하고 기능을 향상시키는 데 활용되고 있다. 뇌는 다른 신체기관과는 다르게 뇌파라는 신경전달체계를 구축하고 있어 뇌파를 활용한 바이오피드백 기술을 뉴로피드백이라고 한다.

뉴로피드백은 뇌파를 이용하여 뇌를 발달시키는 적극적인 훈련 방법이다. 특히, 뇌 발달 중에 있는 아동청소년이 뉴로피드백 훈련을 수행하면 빨리, 폭넓은 효과를 볼 수 있다. 뉴로피드백 훈련은 전두엽의 발달은 물론 좌우뇌가 균형 있고 밀도 있는 성장을 하도록 돕는다.

세계적으로 뉴로피드백은 간질, 주의력결핍 과잉행동장애, 우울증, 불면증, 공황장애 등을 관리하는 목적으로 활용되고 있다. 뉴로피드백은 저하된 뇌 기능을 되살리는 목적보다 뇌 기능을 발달시키는 적극적인 방법으로 활용이 가능하다. 브라질 리우올림픽 양궁선수단이나 평창동계올림픽 스노보드 선수단이 집중력을 높이는 방법으로 뇌파를 훈련한 경우가 좋은 예이다.

최근에는 도시 지역에서 뉴로하모니 뇌파 훈련이 도입되고 있다. 교육단체는 학생들의 집중력 강화, 지능 향상, 자기주도학습, 명상 훈련을 목적으로 뇌 훈련을 개설 운영한다. 뉴로피드백 훈련이 뇌 발달기의 아동 · 청소년에게 시행될 때 전두엽 발달은 물론 학업능력 향상에 긍정적인 변화를 만들어 내고 있다.

뉴로피드백의 역사는 오래되었다. 가정용 뉴로피드백 장치 뉴로하모니가 대표적인 뉴로피드백 시스템이다. 뉴로피드백 훈련을 위해서는 특별한 훈련 장치가 요구된다. 뇌파를 측정하는 장치와 측정된 뇌파를 인간이 감지할 수 있는 신호로 변환해주는 장치이다. 뇌파 게임 형태의 훈련을 제공한다. 쉽게 이용할 수 있어 관리자의 도움이 필요 없다. 남녀노소 누구나 쉽게 사용이 가능하도록 만들어져 있다. 뉴로하모니는 자동임계값조절 기법이 적용되어 있어 사용자가 별도의 설정 없이 지속적인 뇌 훈련을 할 수 있다. 뇌의 특정 부위에서 나타나는 신호, 즉 활성화된 것을 뇌 지도로 만들 수 있다.

영화에서는 자주 등장하지만 실제로 뇌파를 이용하는 장치의 제작은 쉽지 않다. 일단 인간의 뇌파 신호 자체가 대단히 미약해서 측정과 분석이 어렵다. 그럼에도 큰 장점은 뇌의 상태를 간단하게 확인할 수 있어 이용에 편리하다. 뇌에 직접 계측기를 심을 필요도 없고 안전하다. 비용도 적게 들어 상업화가 가능하다. 1990년도 후반 한때 큰 인기가 있었다. 자기공명영상 같은 뇌 영상 기술과 뇌파 측정을 동시에 시도하려는 노력이 이루어지고 있다. 실용화가 가능하다면 꿈의 기술이 될 수 있는 의학 기기였다. 세계의 대학과 연구소들이 끊임없이 뇌파를 증폭하고 해석하는 기술의 발전을 위해 연구 중이다. 미국에서 처음 시작된 상용화가 지금 세계 최고의 기술은 한국에서 보유하고 있다.

뉴로피드백은
뇌파 정보를 직접 눈으로 확인하면서
스스로 조절하여 뇌를 발달시키는
최첨단 뇌 훈련 기술이다.

5. 뉴로피드백은 뇌 건강과 뇌 학습을 주도한다

인간의 뇌가 가진 역할, 즉 기능을 다 하려면 필요한 것이 건강한 신경세포와 건강한 신경줄기세포가 있어야 가능하다. 신경세포가 우선 튼튼해야 한다. 다음으로 신경줄기세포가 많고 건강해야 정보를 주고받을 수 있다. 군대로 비유하면 병사 한 사람 한 사람의 건강과 훈련이 잘되어 있어야 강한 군 조직이 될 수 있다. 다음으로는 통신과 보급이 원활하게 이루어져야 개인으로서의 병사들이 활동할 수 있고, 전쟁을 수행할 수 있다.

뇌를 군대로 비유하면 개별 병사의 능력 향상을 이뤄야 한다. 전투력을 올릴 수 있는 체력훈련과 사격은 물론 병사가 소속되어 있는 부대가 포병이라면 포병 훈련을 숙지해 포사격을 능숙하게 할 수 있고, 전투기 조종사라면 비행 능력과 고도의 무기 체계를 다룰 수 있는 병사 개인의 전투력을 끌어올리는 것이 우선이다. 병사 개인의 전투능력 향상이 건강한 신경세포로 만드는 일이다. 다음으로는 군대조직을 재편성하고, 부대 간 연합훈련을 실시하고, 통신과 보급 상태를 재정비해서 최고의 전투력을 갖게 하는 것을 신경가소성이라고 할 수 있다. 통신과 보급, 그리고 원활한 도로를 만들어주는 것이 시냅스 수를 증가시키고 건강하게 유지하는 것이다.

신경과학적 차원에서는 신경세포 하나하나가 건강하고 최고의 능력으로 향상될 수 있도록 하는 것이 우선이다. 다음으로는 마치 섬처럼 독립된 신경세포와 신경세포를 연결해야 신경세포가 가진 역할을 제대로 발휘할 수 있다. 다시 설명하면 독립적인 신경세포의 능력이 먼저 강화되고 신경세포 간의 연결을 확장하고 원활하게 하는 것을 신경가소성이라고 한다. 섬과 섬 사이를 연결하기 위해서 배가 필요하고 다리를 놓아 섬과 섬을 잇는 작업을 하는 것이 신경가소성으로 보면 된다. 뉴런 사이의 연결 강도의 강화라고 할 수 있다.

인간의 신경세포와 신경세포줄기는 강해질 수도, 약해질 수도 있다. 배가 여러 척으로 늘어나기도 하고, 줄어들기도 한다. 다리는 생기기도 하고, 오래되어 무너지기도 한다. 배가 늘어나고 줄어드는 것과 다리를 더 많이 설치하거나 있던 다리를 없앨 것인가는 뇌가 뭘 학습하는지에 의해 결정된다. 뇌가 무엇에 관심이 있고, 어떤 행로를 선택할 것인가를 선택해서 배와 다리의 증감을 결정한다는 말이다. 하나는 신경전달물질 개수의 증감과 신경전달물질 수용체의 증감이 있다. 또 다른 하나는 구조적으로는 시냅스의 개수 변화가 있다.

해마는 뇌에서 말초신경으로 신호를 보내는 역할을 한다. 신호를 보내는 체계는 2가지가 있다. 하나는 해마처럼 뇌에서 말초신경으로 보내는 원심성 신경섬유고, 다른 하나는 반대의 경우로 말초신경에서 뇌로 보내는 구심성 신경섬유를 가진 전달체계다. 해마는 학습과 기억에 관여하며 감정 행동, 그리고 일부 운동을 조절한다.

해마는 뇌의 다른 부위로 신호를 전달하는 중요한 원심성 신경섬유 역할을 한다. 해마는 기억을 저장하고, 다시 기억을 떠올리는 역할을 담당하며 학습과 기억에 관여한다. 또한 감정 행동 및 일부 운동을 조절한다. 그리고 시상하부의 기능을 조절하는 역할을 가지고 있다. 해마에 문제가 생기면 치매, 간질 같은 증세를 보인다.

대뇌 피질은 외부 환경과의 교신을 통하여 이를 입체적으로 인식하는 능력을 갖추며 목적 지향성 이성 행동을 주재한다. 뇌는 자체적으로 과거의 이력과 현재를 바탕으로 미래를 계획하는 능력을 갖추고 있다. 즉, 인간으로서 가진 가장 영적인 단계인 사색, 판단, 창조적 정신 같은 영적인 최고의 정신 활동을 하며 운동과 감각을 담당한다. 그리고 변연계는 본능 행동과 정서 감정을 주재한다. 행동 의욕, 학업 학습, 기억 통로로서의 역할에 관여한다. 바로 기억을 담당하는 기관이 바로 변연계다.

변연계에는 해마라는 언어 기억, 의식 기억, 특히 쾌감을 담당하는 소기관과 편도체라는 감정 기억, 또한 무의식적으로 공포나 분노를 담당하는 기관이다. 해마는 새로운 사실을 학습하고 기억하는 기능을 하는 중요한 기관이다. 해마가 손상되면 새로운 정보를 기억할 수 없다. 치매 같은 뇌 질환이 진행될 때 먼저 손상되는 곳이 해마다. 그래서 해마가 상대적으로 큰 사람은 치매가 진행돼도 기억력이 감퇴하는 증상이 더디게 나타나기도 한다. 또 평소에 뭔가를 잘 잊어버리는 사람은 해마가 상대적으로 작은 경우가 많다.

뉴로피드백은 새로운 뇌길을 만든다

뇌를 읽는 기술이 뉴로피드백이다. 뇌를 읽는다는 것은 마음을 읽는다는 이야기와도 통한다. 뇌파 신호를 이용한 제어 기술이다. 인간의 머리에서 발생하는 뇌파를 이용하여 컴퓨터로 제어하는 것이 뉴로피드백이다. 뉴로피드백은 뇌파 정보를 직접 눈으로 확인하면서 스스로 조절하여 뇌를 발달시키는 최첨단 뇌 훈련 기술이다. 앞서 말한 것처럼 뇌의 상태를 읽으면 마음의 상태도 읽을 수 있다. 뇌의 상태를 읽으면 인체의 상태도 읽을 수 있다. 놀라운 것이 아니라 이제는 상용화되고 있고, 이미 상당 수준 뇌를 읽는 기계의 역할을 확실히 하고 있다.

한발 앞서 뇌를 성장시키고 뇌를 건강하게 하는 역할을 이미 수행하고 있다. 뇌파 측정은 기본이고 뇌파 분석과 같은 한정된 영역을 뛰어넘어 뇌파를 이용한 졸음운전 방지 시스템, 스마트폰과 연동된 뇌파 게임 같은 응용기술 관련 발명품의 출원이 이어지고 있다. 마음을 읽는 과학의 시대로 접어들었다. 지능도 발달시킬 수 있으며 건강도 지켜주는 것은 물론 건강치료도 하고 있다. 치매나 건망증 같은 정신질환은 물론 호르몬 장애로 인한 많은 질병을 치료하는 데 혁혁한 공을 세우고 있는 것이 뉴로피드백이다.

뉴로피드백 기술은 이미 10여 년 전에 지식경제부에서 향후 30년 먹거리가 될 수 있는 6대 미래산업 중 하나로 선정해 지원하고 있다. 출발은 뇌파의 측정에서부터 시작된다. 관찰과 훈련의 대상이 되다. 뇌에서 나오는 뇌파는 인간의 특정한 정신 상태를 반영하며 정신상태의 변화는 뇌파의 변화로 관찰된다. 따라서 바이오피드백의 원리를 도입해 인간이 증가시키거나 감소시키고 싶은 정신 활동과 관련된 뇌파를 변화시키면 인간의 마음이 변화될 수 있다는 것이 뉴로피드백의 원리다. 작은 원리가 큰 효과를 보게 한다. 뇌파와 호르몬이 만사다. 인간의 건강과 마음을 움직이는 핵심을 바르게 잡아주면 나머지는 선순환의 원리로 바로 서게 되어 바른 흐름을 갖고 건강한 마음과 건강한 육체를 유지할 수 있게 한다.

뉴로피드백에서 사용하는 시스템의 원리는 바이오피드백의 그것과 매우 비슷하며 실제로 다수의 장비는 뉴로피드백과 바이오피드백을 한 시스템에서 동시에 사용할 수 있게 되어 있다.

뉴로피드백 입문

바이오피드백과 뉴로피드백을 장비 하나로 함께 사용할 수 있다. 뉴로피드백과 바이오피드백의 가장 큰 차이는 기계에 입력되는 신호가 두뇌에서 시작된 것이라는 점이다. 바이오피드백은 신체 일반이라고 하면 뉴로피드백은 뇌만을 상대로 한 것이라 할 수 있다. 두뇌에서 발생한 전기적 신호는 뉴로피드백 시스템을 이용해 디지털 신호로 변환되어 컴퓨터에 영상으로 나타난다. 전달된 정보는 실시간으로 스크린에 보여 변화하는 뇌파를 확인할 수 있다. 뇌파를 환자가 쉽게 이해할 수 있도록 뇌파의 특정 정보를 선택해 그림이나 애니메이션의 형태로 보여준다.

뉴로피드백의 원리를 살펴보자. 먼저 사용자의 뇌파를 측정, 분석한다. 둘째, 사용자가 필요로 하는 뇌파 상태를 찾아낸다. 셋째, 찾아낸 뇌파 상태를 정보로 사용자에게 알린다. 넷째, 알리는 방식은 소리나 영상으로 한다. 다섯째, 사용자의 뇌는 자신이 필요로 하는 뇌 상태를 깨달아 동일한 상태를 유지하기 위해 스스로 학습하고 훈련하게 된다. 뉴로피드백 원리는 원하는 뇌의 상태를 만들기 위한 안내 역할을 수행하는 것에 있다.

훈련 시 나타나는 일반적인 반응은 머리가 쾌청해지고 눈이 밝아지며 몸과 마음이 편안해진다. 피검자의 상태에 따라 특이한 반응도 나타난다. 100명 중 1명이 훈련 중 머리가 아프다고 하였으나 3~4회 반복 후 두통 증세가 사라졌다. 200명 중 1명이 훈련 중 턱이 조이는 느낌을 받았는데 평상시 목덜미의 통증을 가졌던 사람이었고 2회부터는 없어졌다. 훈련 중 발이 따뜻해지는 것을 느끼는 경우도 있다. 이외에 훈련 중 잠들어버리는 경우는 흔했다.

뉴로피드백의 효과는 폭넓었고, 컸다. 사례를 간단하게 살펴보자. 뇌성마비 환자의 경우다. 태어날 때부터 뇌성마비이며 지능은 정상이나 온몸에 힘이 들어가서 뻗쳐대고 침을 흘리며 몸을 못 가누었다. 훈련 첫날은 명상훈련이 안 돼서 1시간씩 휴대용만으로 훈련했다. 훈련 중에 변화가 감지되었다. 평생 낮잠을 잔 적이 없는 아이가 잠을 잤다. 2회부터 컴퓨터 앞에서 손발을 뻗쳐대지 않고 명상훈련이 가능해지고 8회 정도 훈련으로 얼굴이 좋아졌다. 무엇보다 뇌파가 현저히 좋아졌다. 학교 개학으로 계속하지 못했지만 충분한 발전 가능성을 발견하였다.

피부에 문제가 있는 사람이었다. 40세가 넘도록 여러 가지 치료와 화장품을 사용해보았다. 피부가 깨끗할 날이 없었고 체온은 항상 1도가량 높고 머릿결은 햇빛에만 나가도 거칠어졌다고 했다. 뇌파가 눈을 감아도 베타파까지 높게 나와 휴식으로 매일 훈련하였다. 뇌파가 정상인 상태로 좋아지며 평생의 고질인 여드름이 없어졌다. 뇌파가 베타파로까지 각성하여 얼굴과 머리카락에 영향이 있었던 것으로 짐작된다.

성격에도 끼친다. 극도로 소심한 아이였다. 11세가 되었음에도 보기에도 안쓰러울 정도로 엄마에게 붙어서 떨어지질 못했다. 남들을 의식해 얼굴은 홍조를 띠고 예민해 있었다. 출산 시 심한 난산으로 저산소증이어서 출생 후 바로 울지도 못했다고 했다. 태아 저산소증은 출생과정에서 태아에게 산소공급이 원활하지 않은 상태를 말한다. 태아 저산소증은 뇌 기능에 이상을 남기기도 하고 태아 사망의 원인이 되기도 하는 위험한 상태다. 아이의 뇌파검사를 실시했다. 뇌파도 델타파가 높게 나와 휴식상태로 시작했다. 첫날은 훈련이 잘되지 않아서 중도에 포기했다. 다음날부터 급속도로 좋아지며 뉴로피드백 훈련을 잘 해냈다. 15회 훈련으로 얼굴도 좋아지며 혼자 올 수 있게 되고 방과 후 혼자서도 놀러 가게 되었다.

우울증 환자였다. 편의상 우뇌가 활성화된 뇌파를 우뇌형이라 한다. 뇌파에 대한 소견은 우측이 활성화되고 좌측은 낮은 뇌파를 보였다. 2년 반 전에 정신과를 1년간 다녔다. 가슴이 뛰고 잠을 못 자고, 뉴스에서 방영되는 자극적인 내용을 보아도 밤에 잠을 못 잤다. 기존의 방법으로 치료 기간이 오래 걸릴 것이었지만 뉴로피드백에서 우울증 훈련 방법인 집중력으로 훈련한 후 좌우뇌 균형을 실시했다. 첫날부터 잠을 잘 자고 5회 훈련 후 약을 끊었다. 10회 정도부터 본인의 환경으로부터 오는 스트레스를 막을 수 있게 조언했더니 더 효과적이었다. 15년 결혼생활 동안 남편이 새벽 1~3시에 들어오는데, 남편이 들어올 때까지 잠을 못 잤다. 훈련 후 초저녁부터 잘 수 있게 되었다. 사고가 바뀌고 행동이 바뀌니 좌측 뇌파가 더 활성화하였다.

뉴로피드백에 대한 대부분의 연구들은 미국을 중심으로 이루어졌다. 뇌파는 뇌세포 상호 간의 신호전달이다. 전기적 신호로 뇌의 기능적 이상 유무뿐만 아니라 육체적, 심리적인 상태까지 알 수 있는 정보가 포함되어 있다. 대부분의 피검자들의 실험 자료에서 볼 수 있었던 것은 느린 뇌파와 빠른 뇌파가 섞여 있는 상태다. 일반적으로 뇌파가 안정상태일 때는 알파파가 지배적이 되는데, 베타파가 혼입되어 있는 것은 정신적인 스트레스나 긴장, 불안상태를 말해준다. 또한 델타파나 세타파의 강세는 심리적인 불안이나 육체적으로 긴장상태에 있거나 불안상태로 나타난다. 뉴로피드백 훈련을 실시하면 불안상태를 나타내는 뇌파들이 현저히 감소한다. 결국 건강은 심신의 안정으로부터 시작된다고 해도 과언이 아니다.

뉴로피드백의 훈련은 비정상적인 뇌파의 비율을 정상적으로 교정하여 전반적으로 뇌 기능을 조화롭게 하는 데 목적이 있다. 그리고 뉴로피드백의 장점 중 하나가 안전하다는 점이다. 장기적인 약물복용은 뇌 기능을 억제하여 뇌의 발달을 저해할 수 있다. 뇌의 건강과 발달을 위해서는 약물복용에 의존하기보다 운동이나 영양식, 그리고 무엇보다 뉴로피드백과 같은 기술을 이용하는 것이 중요하다.

뉴로피드백의 효과로 좌뇌와 우뇌의 기능 분화에 대해 뚜렷한 결과들이 나왔다. 좌우뇌의 비대칭으로 인해 뇌 기능장애나 행동 장애 및 건강에 문제를 만드는 증상들이 나타나는 것을 좌우뇌가 균형 상태가 되도록 했다. 건강을 해치고 마음의 안정을 깨는 것은 뇌파에 달려있었다. 뇌파를 안정시켜주면 혼란스러웠던 몸과 마음이 정리되면서 문제가 되었던 기능들이 정상적인 상태로 돌아오는 것을 임상실험으로 확인할 수 있었다. 뉴로피드백은 논에 물을 댈 때 물꼬를 터주는 것과 같은 역할을 하는 원리다. 비정상적인 뇌의 흐름을 정상적인 뇌의 흐름으로 바꾸어주면 몸과 마음이 선순환하면서 문제점들을 하나하나 해소해주는 역할을 했다. 뇌파가 뇌의 활동 상태를 보여주는 중요한 생체 신호라는 것을 이용한 유용하고도 직접적인 효과를 보여주는 것이 뉴로피드백이다.

기적은 뉴로피드백에서 나온다.
의학의 지도가 바뀌고 있다.
약물과 알약의 시대는 저물고
뇌파의 시대가 오고 있다.

놀라운 기적이 증명하고 있다

6장
실제사례

1. 뇌를 이용해 병을 치료할 수 있을까

뇌를 이용해 병을 치료할 수 있을까. 답은 가능하다. 실제 사례이기 때문에 관심을 가지고 살펴볼 필요가 있다. 인간의 질병은 뇌가 무너지는 것에서 출발한다. 뇌가 정상적으로 작동하지 않을 때 여러 질병으로 나타난다. 쉽게 생각하면 쉬운 결론이 나온다. 인간의 질병 종류를 조사해보면 뇌 질병이 절대적으로 많다. 그리고 인간의 모든 신체는 뇌에서 시작되고 뇌로 마무리된다고 할 수 있다. 뇌 신경계의 문제가 머리에서부터 말단의 발가락까지 연결되어 있다. 뇌에 문제가 생기면 발가락을 사용할 수 없다. 뇌가 망가지면 인체의 면역체계가 무너진다. 신경계의 명령에 따라 분비되는 호르몬의 역할을 생각하면 발병의 원인과 질병의 치료에 있어 뇌를 빼놓으면 나머지는 간단하고 쉽다.

뇌는 인체의 만사다. 뇌를 치료하면 건강은 따라온다. 다리가 부러지거나 넘어져 다친 외상의 경우마저도 결국은 다시 뇌의 영향을 받을 수밖에 없다. 곪지 않게 하려면 뇌와 연결된 곪지 않게 하는 면역체계가 작동되어야 한다. 뇌를 정상적으로 유지하면 건강은 자연스럽게 유지된다. 인체는 신경계와 호르몬의 영향권에서 자유로울 수 없다. 뇌의 작동을 정상으로 만드는 방법은 현재 뇌파를 안정적으로 만드는 것에서 출발한다. 세계적으로 최고의 능력을 인정받고, 새로운 의학의 바람으로 여겨지고 있는 것이 뉴로피드백이다. 실제 사례와 논문이 말해주고 있다. 세계적인 뇌 과학의 석학들이 뉴로피드백을 채용하고 있는 이유도 분명한 효과가 증명되고 있기 때문이다.

생각은 전기 자극이다

생각을 떠올릴 때가 있는데, 바로 생각은 두뇌의 전기작용과 특정 화학 작용에 의해 일어나는 현상이다. 생각은 전기작용이다. 그리고 화학작용이다. 과학의 눈으로 보는 생각에 대한 정의다. 생각에 대한 물리적 현상을 설명한 것이지만 실로 핵심은 '생각은 전기'라는 말이 중심을 차지하고 있다. 공감이 쉽게 오지 않는다. 생명과 과학은 만날 수 있을까.

현대사회에서 과학은 종교 역할까지 하고 있다. 과학의 신봉시대가 왔다. 과학이 인류에게 준 공헌은 많다. 가장 큰 것은 식량 증산이었다. 먹는 것이 부족한 지구에서 식량은 인류를 구원하는 데 중요한 역할을 했다. 다음으로 편리였다. 그리고 세상을 이해하는 도구로서 유용하다는 점이다. 과학의 공헌 중에 의학도 한몫한다. 뇌과학자들은 인간의 감정이나 이성을 과학적으로 증명하고 싶었다. 과학적으로 설명하고 싶었다. 뇌가 작동하는 원리는 전기라는 것을 믿었던 사람이 있었다. 생각을 전기로 확인할 수 있을 것이라는 가설을 증명한 사람이 한스 베르거였다. 한스 베르거Hans Berger가 의문점을 실험으로 확인한 최초의 사람이었다.

피실험자로 자신의 아들인 클라우스Klaus를 선택해 베르거는 1924

년에 최초로 인간 뇌파를 측정하고, 기록했다. 그리고 비밀리에 몇 년간 실험을 계속했다. 베르거는 자신의 연구 내용을 책으로 출간했다. 신경학계에 혁명을 불러일으켰다. 오늘날 뇌파계는 간질, 수면 장애, 수많은 기타 신경학 문제를 진단하기 위해 사용되고 있다. 한스 베르거가 발표한 뇌파는 인간의 뇌 활동 상태를 보여주는 중요한 생체신호다.

뇌파가 보내는 생체신호를 분석하고 들여다보면 놀라운 정보가 들어 있었다. 뇌파는 정신 작용에 따라 진동이 빠르거나 느려진다. 만일 그렇지 않으면 뇌의 기능이 비정상이라는 의미다. 예를 들어보자. 주의가 산만한 주의력 결핍증 환자는 뇌파가 정상인에 비해 느리다. 지능이 낮은 경우 역시 뇌파의 속도가 느리다. 그리고 질병에 따라 다양한 특성의 뇌파가 나타난다. 다시 예를 들어보자. 간질은 3Hz 뇌파가 강하게 나타난다. 자폐나 정신지체, 주의력 결핍 과잉행동 장애, 치매 같은 병은 모두 세타파가 아주 강해진다. 우울증은 우뇌가 좌뇌보다 뇌파의 진동이 더 빨라진다. 정상적인 뇌와 비정상적인 뇌는 뇌파에서 분명한 특징을 나타내기 때문에 뇌파를 측정하여 뇌의 이상 여부를 판단할 수 있다. 뇌를 이해하는 순간 질병이 가진 특성을 파악할 수가 있었다. 원인을 알면 치료도 나올 수 있는 것은 당연하다.

비정상적인 뇌파를 조절해 정상적인 뇌파로 바꿀 수 있다면 뇌의 기능도 정상이 되겠지 하는 당연한 의문을 가졌다. 일반적으로 뇌파는 자율신경계가 조절하는 몸의 기능을 통제할 수 없는 것으로 알려졌다. 그러나 미국 예일대의 밀러Miller 박사는 내장이나 심장의 근육처럼 인간 의지로 조절할 수 없는 근육이나 자율신경계도 조건에 따라 인간 의지로 조절이 가능하다는 사실을 1950년대에 발견했다. 의지로 조절할 수 없는 불수의근이나 자율신경계를 인간의 의지로 제어하는 기술이 바로 바이오피드백이다. 특히 뇌파를 통제하는 바이오피드백 기술은 신경이란 의미의 접두사 뉴로neuro와 결합해 뉴로피드백 neurofeedback이라 부른다.

뉴로피드백의 발견은 1934년이다. 영국 케임브리지대의 매튜 박사와 아드리안 박사는 뇌파측정기를 제작해 뇌파를 측정했다. 뇌파를 측정하면서 알파파가 나올 때만 스피커에서 소리가 나게 했다. 그러자 알파파가 점점 강해지는 현상을 발견했다. 이것이 바로 뉴로피드백의 원리다.

사용자의 뇌파를 측정해서 특정 뇌파가 발생했다는 것을 사용자에게 알려주면 뇌는 자동으로 특정 뇌파를 강화시킨다. 조건반사와 같은 것이다. 개에게 먹이를 주면서 종을 치면 나중에는 종만 쳐도 침을 흘리는 원리와 같았다. 먹이를 보면 침을 흘린다는 뇌의 무조건적 반사회로가 종소리와 연결돼 조건반사회로가 만들어졌다. 계속 반복하면 새롭게 만들어진 조건반사 회로가 강화돼 습관화가 이뤄진다. 그러면 종만 쳐도 침을 흘리게 된다. 같은 원리로 특정 뇌파가 나올 때마다 알려주면 뇌에서 해당 뇌파에 의한 회로가 발달되고 계속 반복하면 회로가 강화되어 특정 뇌파가 증가하게 되는 것이다.

1958년 미국 시카고대에서 뉴로피드백의 원리에 따라 뇌파를 조절해서 마음의 상태를 바꾸는 실험을 최초로 했다. 당시는 인간의 모든 것이 유전자에 의해 이미 결정돼 있다는 결정론이 우세하던 때였다. 태어날 때 확정된 것으로 평생을 유지하는 것으로 인식하던 결정론이 지배하던 때였다. 뇌파를 조절해서 변화시킬 수 있다는 자유로운 인간의 의지를 실험해보고 싶었다. 후일 《갈매기의 꿈》을 저술한 당시 대학원생인 리처드 바크 Richard Bach에게 자신의 마음 상태가 알파파 상태라고 생각하면 벨을 누르라고 지시했다. 뇌파를 측정해 바크에게 알파파의 작동상태를 설명해 주었다. 그리고 직감으로 알파파 상태인 것을 맞추는 실험이었다. 인간의 판단이 맞나 틀리나를 확인하는 실험이었다. 첫날은 30분 동안 60번 시도해 50%를 맞췄고, 둘째 날은 65%, 셋째 날은 85%, 넷째 날은 거의 100%를 맞추는 결과를 얻었다.

다음은 실험을 반대로 했다. 첫 번째 벨이 울리면 알파파 상태에 들어가고, 두 번째 벨이 울리면 알파파 상태에서 빠져나오도록 했는데 모두 성공했다. 바크에게 물었다. "어떻게 그렇게 쉽게 뇌파를 조정했냐?" 바크가 대답했다. "시각적 심상이 사라지면 알파파에 빠진다." 오케스트라가 연주하는 음악을 상상하면 알파파 상태지만 연주하는 영상을 떠올리면 알파파가 아니라는 것이다. 실험의 효과는 컸다. 새로운 것을 확인시켜 주었다. 임의로 조절할 수 없다는 뇌파를 의지로 조절할 수 있다는 결과였다. 진정한 의미에서 최초의 뉴로피드백 실험이었다.

뉴로피드백의 원리를 이용해서 질병의 치료에 쓰이게 되는 것을 보여주는 실험이 성공했다. 1971년이었다. 미국의 배리 스터먼Barry Sterman 박사는 뇌의 감각운동피질에서 발생하는 뇌파를 이용한 뉴로피드백으로 간질병을 치료하는 데 성공했다. 세계 최초의 뉴로피드백을 질병 치료에 적용한 사례다. 1976년에는 뇌파를 이용한 뉴로피드백으로 주의력 결핍증ADD와 주의력결핍 과잉행동장애ADHD를 치료하는 데 성공했다. 또한 1979년에 미국의 데이비슨Davidson 박사는 좌뇌와 우뇌의 알파파 균형이 깨지면 우울증에 걸린다는 사실을 발견했다. 소위 정서장애에 대한 뇌파 이상을 발견한 것이다. 1995년에 로젠펠트Rosenfeld 박사는 좌뇌와 우뇌의 알파파 균형을 맞춰주는 뉴로피드백 훈련을 통해 우울증을 치료하는 실험에 성공했다.

이후 알코올중독이나 외상후스트레스장애와 자폐, 불면, 불안, 만성피로, 강박증, 충동증, 치매, 두통, 파킨슨병, 아스퍼거증후군, 투렛증후군 등 다양한 정신 질환의 치료에 성공해서 일반화해가고 있다.

뉴로피드백은 질병 치료 목적으로 널리 쓰이고 있다. 다른 공간에서는 명상과 같이 인간의 내면세계를 밝히는 데에도 적용됐다. 명상 시 나타나는 뇌파의 특징은 알파파와 세타파가 강해지면서 진동이 느려지고 감마파가 증가한다. 특히 명상 수련을 오래 한 사람일수록 세타파와 감마파가 강해진다. 명상 수준까지 가기 위해서는 오랜 기간 집중적으로 수련해야 한다. 명상과 같은 깊은 의식 상태를 유도하는 뉴로피드백 방법은 두 가지다. 알파파와 세타파다. 알파파 뉴로피드백과 감마 뉴로피드백이 있다. 1970년대 엘머 그린Elmer Green 박사는 다년간 인도 요기들의 뇌파를 연구했다. 깊은 명상상태에서는 알파파와 함께 세타파가 크게 증가하는 것을 발견했다. 뉴로피드백을 이용해 알파파와 세타파를 활성화하면 쉽게 깊은 명상 상태에 빠질 수 있다는 것을 발견했다.

보통 눈을 감은 상태에서는 알파파가 지배적인 뇌파가 되는데 알파-세타 뉴로피드백 훈련을 받으면 세타파가 알파파보다 강해지는 현상이 나타난다. 마치 명상상태처럼 깊은 안정과 넉넉한 평화가 찾아온다. 또 세타파의 증가로 나타나는 몰입과 창의성, 기억력, 인지능력의 증가는 뇌의 능력을 향상하고 최적화하는 효과가 있다. 알파-세타 뉴로피드백이 음악이나 무용 같은 예술적인 표현능력의 향상에도 효과가 있다는 사실이 최근 밝혀졌다.

한편 감마파는 뇌의 여러 부분에 흩어져 있는 단편적인 정보를 서로 통합해 인지하도록 한다고 알려져 있다. 따라서 숙련된 명상 수행자들에게서 보이는 감마파의 증가는 인지작용과 주의각성상태의 강화를 의미한다.

뉴로피드백은 뇌파 조절로 뇌 신경망을 발달시킨다. 뇌파는 함께 활동하는 뉴런들의 시냅스 후 전압의 일정한 총합을 말한다. 뇌파는 함께 활동하는 뉴런들의 개수와 밀접한 관계가 있다. 예를 들면 깊은 수면상태에서는 많은 수의 뉴런들이 활동을 안 하고 쉬고 있기 때문에 뇌파가 강하고 느린 델타파가 나오고, 작업을 하고 있을 때는 특정 뉴런들만 활동이 활발해 뇌파가 약하고 빠른 베타파가 나온다. 뇌파는 신경망의 발달과 밀접한 관계가 있다.

신경망이 잘 발달되어 있으면 적은 수의 뉴런으로도 많은 작업을 할 수 있다. 당연히 적은 에너지로 정보처리 효율을 높일 수 있다. 즉, 뇌파의 세기가 약하고 빠르게 된다. 건강한 성인의 기초율동은 알파파다. 신경망이 발달되지 않으면 많은 수의 뉴런들이 작업에 참여해야 하기 때문에 많은 에너지가 소비되고 정보처리 효율이 낮다. 즉, 뇌파가 강하고 느리게 된다. 유아나 노인의 기초율동이 세타파가 된다. 따라서 각 개인의 취약한 부분을 찾아내서 훈련 모드를 결정해 특정 뇌파를 조절하는 것은 뇌 신경망의 발달을 조절하기 위한 것이다.

전두엽은 뇌 전체와 연결되어 있다.
따라서 뇌의 특정 기능을 발달시키기 위해
신경회로를 작동시켜 발달하게 한다.

2. 전두엽은 뇌 전체와 연결되어 있다

뇌는 부위별로 분업과 협업상태로 운영된다

뇌는 부위별로 기능이 특화되어 있다. 전두엽 후두엽 측두엽 같이 각자의 역할이 있다. 그러나 독자적인 역할이 아니라 분업과 협업상태로 이해하면 된다. 독자적인 역할이 있지만 독립적으로 역할을 수행하지 않고 정보를 교환하며 서로 협력해서 고유 업무를 처리한다.

같은 기능을 하는 세포들은 신경망이 형성되어 신경회로를 구성하고 있다. 회로 상에 있는 세포들은 해당 작업을 할 때 동시에 반응한다. 즉 뇌파가 발생하게 된다. 특히 전전두엽은 뇌 전체와 연결되어 있다. 따라서 뇌의 특정 기능을 발달시키기 위해 신경회로를 작동시켜 발달하게 한다. 뉴로피드백에서 각 개인에게 맞도록 다양한 훈련 프로그램들이 필요한 이유다.

뇌파 조절과 작업기반 뇌 훈련의 결합한 상태인 뉴로하모니는 뇌파조절과 작업 기반 뇌 훈련을 통합해 뇌의 특정 신경회로를 선택적으로 발달시킨다. 신경회로를 활용하기 때문에 전전두엽 훈련으로 뇌의 전체적인 훈련이 가능하게 되는 이유다. 자신에게 부족한 기능을 선택해서 발달시킬 수 있다. 현재 자신이 필요한 자신의 뇌의 문제점을 해결할 수 있도록 강화해준다.

점점 더 어려워진다. 임계값이란 무엇인가. 뉴로피드백을 확실하게 이해하기 위해서 알아야 할 관문이다. 임계값이란, 뇌파 조절을 위한 기준값을 의미한다. 인간의 뇌파는 살아있기 때문에 매순간 변화한다. 피드백에 의해 뇌파는 특정 상태로 유도되어 변화한다. 따라서 매초 기준값이 달라져야 한다. 뉴로하모니는 매초 기준값을 자동으로 조절하여 각 개인의 변화에 밀접하게 반응하여 실시간으로 뇌파를 조절해 준다. 임계값 자동조절로 개인별 맞춤 훈련 뉴로하모니가 역할을 제대로 수행한다.

뉴로하모니는 세 가지를 결합해 만들어졌다. 첫째는 뉴로피드백원리, 둘째는 이미지테라피 Imagery therapy, 셋째는 자기최면요법을 결합해서 만들었다. 효과의 극대화를 위해서 찾아낸 최적의 결합이다. 뉴로피드백은 앞에서 길게 설명했다. 이미지테라피 차례다. 뇌는 상상만으로도 실제 행동할 때와 똑같이 활동한다. 실제와 상상을 구별하지 못하는 것이 뇌다. 뇌의 작동원리는 생각이 없는 기계적인 충실한 일꾼이다. 상상이 뚜렷할수록 실제 행동할 때와 똑같은 뇌 부위가 활성화된다. 실제와 상상을 구별하지 못하는 뇌의 특성을 이용한 치료기법을 이미지테라피라고 한다. 이번에는 자기최면요법이다. 스스로 자기 자신에게 최면을 거는 것으로 "나는 할 수 있다. 나는 날씬해질 수 있어."믿음을 반복적으로 주면 보다 빠른 목표 달성을 이루게 하는 방법이다. 날씬해지기 위한 행동을 하면서 목표 달성을 위한 마음의 기반을 잡아주는 것이 최면 요법이다.

인체의 모든 부위는 신경에 의해 뇌에 연결되어 있다. 뇌는 자율신경, 감각 신경, 운동신경, 장 신경계를 통합한 말초신경계와 호르몬계를 통해 인체를 통합적으로 통제하고 관리한다. 또한 뇌는 뇌 전체에 뻗어있는 신경망을 총괄하는 확산조절계를 통해 스스로를 조절한다. 결론적으로 뉴로하모니는 뇌와 인체의 조화로운 발달을 뉴로피드백과 이미지테라피 그리고 자기최면요법을 통합하여 최적의 상태를 이루어내도록 만든다.

난독증을 아십니까

대학생의 경우였다. 교수에게서 뜻밖의 말을 듣는다.

"혹시 읽는 것뿐이 아니라 보고 베끼는 것도 어렵지 않니?"

교수가 학생에게 조심스럽게 말했다.

학생은 남성이었다. 학생은 자신이 난독증이 아닌가 생각했다. 책을 읽거나 시험공부를 할 때 자신이 계획했던 분량에 이르지 못하고 책을 덮을 때마다 힘들었다. 또한 머리가 맑지 않았다. 강의를 듣거나 설명을 들어도 명료하지 않았다. 전체를 파악하기가 어려웠다. 머리도 항상 멍한 느낌이 있었다. 또한 학생의 생각으로는 지적 능력은 타고나는 것이며 유아기 및 아동기의 환경에 의해서 결정되는 것이라는 생각을 가지고 있었다. 일반적인 생각이었다. 성격은 타고나는 것이고 변하지 않는다는 것이라는 고정관념을 가지고 있었다. 학생 자신은 머리가 나쁘다는 것을 알고 있었다. 그리고 공공연히 말하고 다녔다. 같은 형제였지만 학생의 형은 머리가 비상했다. 학생에게 머리가 좋은 형은 부러움의 대상이었다. 친형이 공부를 자신에게 가르칠 때마다 마음이 편하지 않았다. 친형은 동생인 학생에게 아무런 부담 없이 말을 던지곤 했다.

"이런 멍청한 것."

불만이었지만 당연하게 받아들일 수밖에 없었다. 타고난 것을 고칠 수 없었다.

우연하게 아는 선배로부터 뉴로피드백에 대해 소개를 받았다. 막연한 기대였다. 변화가 감지되었다. 잠을 3시간 밖에 자지 못했는데도 정신이 맑았다. 그리고 교수로부터 변화된 자신의 모습에 대해 이야기를 들었다.

"너 예전에는 설명해 주면 몇 번이나 물어보더니 요즘에는 단번에 이해하네."

학생 자신도 몰랐던 이야기를 해주었다. 변화하고 있는 자신을 스스로 알게 되었고, 남에 의해서 알게 되었다. 평소에 맑은 기분이 아니라 무언가 멍한 상태를 경험하곤 했다. 수면상태와 각성상태의 중간에 있는 느낌이었다. 일상생활을 하면서 듣는 말이 있었다.

"멍하다."

"얼빠졌다."

불편했지만 당연한 것이려니 하고 살았다. 그러던 것이 한 달에 한두 번 맑은 날이 찾아왔다. 새로운 기분이었다. 별천지 같은 느낌이었다. 흐린 하늘이 맑아지는 그런 느낌이었다.

교수가 학생을 불렀다. 학생이 연구실로 찾아갔다. 교수가 학생에게 심화학습 자료를 건네주었다.

"내가 한 오늘 강의 내용 중 30% 정도밖에 설명하지 않았는데, 네 질문은 100% 강의 내용을 숙지한 사람이 던지는 수준이었다."

평소에 듣지 못하던 말이었다. 형으로부터 멍청하다는 말과 얼빠졌다는 말을 듣고 있던 자신에게 의외의 말이었다. 이해가 어려워 몇 번이나 질문을 하던 자신이었다. 자신의 증세가 받아들이고 살아야 할 것이 아니라 개선시킬 수 있는 것임을 자각했다. 놀라운 세상이 기다리고 있다는 것을 믿었다. 무엇보다도 책을 읽기 어려웠고, 이해가 되지 않던 난독증 증세가 완화되었다. 맑아지고 지적 능력이 향상되는 것을 자각할 수 있었다. 책을 보고 옮겨 적으려면 보던 위치를 찾지 못해 고생하던 것이 사라졌다. 불과 3개월만의 변화였다. 성격에도 변화가 찾아왔다.

자신의 결함으로 자신감이 사라져 사람을 만나는 것이 불편했다. 대인기피증이 있었다. 자신감이 생기기 시작했다. 세상이 밝게 보였다. 마음의 여유가 생겼다. 주변 사람과 자신이 살고 있는 주변의 사물에 대해 무덤덤했던 것이 달라졌다. 사람에 대해 호감을 가지게 되었고 사물에 대한 관심과 일상이 즐겁게 보이기 시작했다. 후배가 어려움에 처해 있는 것을 보고 적극적으로 나서서 도와주었다. 없었던 일이었다. 자신이 처한 상황과 자신의 입장을 감당하기도 만만하지 않았던 것이 새롭게 변화되어 다가왔다. 자신의 집 주위에 펼쳐진 바다가 아름다운지를 비로소 알게 되었다. 무채색으로 늘 함께 있던 것들이 생기를 가지며 사랑스럽게 느껴졌다.

하루하루가 신명 나고 눈에 비친 것들이 사랑스럽게 다가왔다. 작은 것에도 흐뭇하고, 누군가 나에게 베푼 작은 배려에도 마음이 훈훈해졌다. 냉담에서 온기로 변하고 있었다. 무엇보다 감정의 통제가 쉬워졌다. 그리고 긍정적으로 변했다.

난독증의 정의를 사전에서 찾아보자. 난독증Dyslexia은 우선 뇌신경 정신질환으로 정의된다. 분류로는 뇌신경질환이다. 발생부위는 머리로 병원에 가면 정신건강의학과다. 증상은 읽기, 쓰기 능력이 부족한 것을 말한다. 관련 질환으로는 주의력 결핍, 과잉행동장애, 성인 주의력 결핍, 과잉행동장애가 있다. 좀 더 자세히 설명하면 난독증은 학습 장애의 유형 중 하나로 읽기 장애다. 좁은 의미로는 글에서 의미를 파악하는 독해력은 정상이지만 문자로 표기된 단어를 말소리로 바꾸는 해독 능력에 문제가 있는 것을 의미한다. 넓은 의미로는 독해력만이 아니라 해독 능력에도 문제가 있음을 의미한다. 난독증이 있으면 읽기 능력이 연령, 교육 수준, 지능에 비해 기대되는 수준보다 낮다. 작업을 할 때나 일상생활을 하는 데 방해가 된다.

난독증의 원인은 유전적 요인과 관련이 크다고 알려져 있다. 일란성 쌍생아의 경우 둘 모두 난독증일 확률이 약 70%에 달하며 가족력에도 영향을 많이 받는다. 특히 발달 초기 신경세포의 이동과 연결에 관여하는 여러 유전자와 관련이 있다. 뇌 영상 연구 결과에 따르면, 난독증이 언어, 읽기와 관련된 좌뇌 영역의 구조적, 기능적 이상과 관련이 있다는 점이 확인된다. 특히 좌측 두정측두 영역, 측두후두 영역, 좌측 하부 전두엽이랑 등이 주로 난독증과 관련 있는 뇌 영역으로 알려져 있다.

난독증이 있는 아동은 대부분 음운 인식 능력에 결함이 있다. 음운 인식 능력은 귀로 들은 소리의 내부적 구조를 파악하는 능력이다. 음운 인식 능력은 원활한 해독을 위해 반드시 필요한 기능이다. 단어를 각각의 음절로 나누어 지각하고, 하부 단위인 음소까지 파악해야 한다. 음소를 생략, 첨가, 대치하여 말소리를 변화시킬 수도 있어야 한다. 음운 인식 능력이 저하되면 소리의 내부 구조를 파악하지 못해 소리를 글자와 연결하는 데 어려움이 생긴다. 이것이 사전에 나와 있는 난독증에 대한 내용이다.

대학생의 경우 간단하게 난독증이 있다고 했지만 자세히 살펴보면 증세도 복잡하고 다양하다. 일상생활을 하는 데 어려움이 있는 정신적인 질병이다. 이해를 돕기 위해 좀 더 자세하게 살펴보자.

학령 초기에는 이렇다.

- 아주 익숙한 단어 외에는 읽지 못한다.
- 받침이 있는 단어는 읽지 못한다.
- 글자의 모양과 무관한 읽기 오류가 많다.
- 음절 단어나 음운 변동이 있는 단어를 읽기 힘들어한다.
- 베껴 쓸 수는 있으나 받아쓰지는 못한다.
- 쓰는 속도가 느리며 쓴 글씨를 알아보기 어렵다.
- 단어 속 자음, 모음의 순서를 헷갈린다.
- 혼자서 책을 읽거나 문제를 풀지 못한다.
- 정상인에게는 일반적으로 쉽게 할 수 있는 것들임에도 어려워하는데 신기하게도 내용을 읽어주면 잘 이해한다.

학령 후기의 증세다.

- 다음 절이나 낯선 외래어를 읽을 때 생략을 하거나 대치시킨다.
- 소리 내서 읽는 것이 느리며 이를 힘들어한다.
- 날짜, 사람 이름, 전화번호를 외우는 것을 힘들어한다.
- 읽기 능력과 이해 능력이 부족하다.
- 조사, 접속사 등에 대한 이해가 부족하다.
- 철자법을 틀리고 작문 능력이 부족하다.

당연하게 책 읽는 것을 싫어하게 된다. 힘든 것을 즐겁게 하기는 더욱 어려운 것임을 확인하게 된다.

이번에는 청소년기 및 성인기의 증세다.

- 읽기가 느리고 이를 힘겨워 한다.
- 소리 내어 읽어야만 내용을 이해한다.
- 자세하게 읽기보다 대충 읽는 경향이 있다.
- 읽고 이해하는 능력과 작문하는 능력이 부족하다.
- 철자법 실수가 늦게까지 지속된다.

지금까지 증세에 대해 자세하게 살펴보았다. 이번에는 난독증에 대한 진단으로 정신건강의학과 의사의 진단과 평가가 중요하다. 병력 청취와 문진을 시행하여 읽기 능력에 저하가 발생하는지, 이로 인해 학업, 일상생활에서 현저한 어려움을 겪고 있는지 확인한다. 시각, 청각과 관련된 감각 장애가 있는지를 확인하고, 장애가 다른 정신건강의학과적인 질환에 의한 것이 아닌지 감별한다.

치료방법을 살펴보자. 난독증 치료의 기본은 부족한 음운 인식 능력을 기르는 음운 인식 훈련이다. 체계적인 발음 중심 교육, 해독 훈련,

철자법 및 유창성 훈련이 결합된 치료 교육을 지속적으로 시행하는 것이 가장 효과적이다. 이외에 주의력결핍 과잉행동장애(ADHD) 등과 같이 학습에 영향을 주는 한 가지 이상의 질환이 있는 경우, 연관 질환을 치료하면 난독증을 호전시키는 데 도움이 된다.

난독증에 대한 경과와 합병증에 대해서도 살펴보자. 난독증의 경과는 적절한 치료를 얼마나 일찍 받았는지에 따라 달라진다. 초등학교 고학년이 되기 전에 집중적인 치료 교육을 받은 난독증 환자는 상당한 호전을 보인다. 하지만 치료를 받지 못한 경우 일생 동안 난독증이 지속될 수 있다. 치료를 받지 못한 난독증 환자는 최종 학업 성취, 직업 수준이 낮으며 우울 등과 같은 기분 증상을 겪을 가능성이 높다. 난독증 환자가 주의력결핍 과잉행동장애ADHD 등과 같은 주의력과 관련한 한 가지 이상의 질환을 앓고 있는 경우 증세가 더욱 나쁠 가능성이 크다.

이상이 질병백과에 나와 있는 내용을 그대로 옮긴 것이다. 무엇이 문제인가. 치료방법으로 부족한 음운 인식 능력을 기르는 음운 인식 훈련으로 체계적인 발음 중심 교육, 해독 훈련, 철자법 및 유창성 훈련이 결합된 치료 교육을 지속적으로 시행하는 것이 가장 효과적이라고 한다. 생각해 보라. 무언가 문제가 있는데 문제에 대한 접근은 없고 훈련으로 반복하라는 내용뿐이다. 그리고 주의력결핍 과잉행동장애 등과 같이 학습에 영향을 주는 다른 정신적인 질병이나 시력에 문제가 있을 경우 치료가 더 어렵다는 내용이 전부다.

안타깝다. 치료 방법이 없다는 것과 별다르지 않은 처방이다. 놀라운 것은 뉴로피드백을 3개월 하자 문제의 증상들이 사라지기 시작하고 다른 증상마저 좋아지고 있다는 놀라운 현상이다. 모녀가 함께 치료받은 사례다. 딸의 문제로 상담이 왔다. 중학교 2학년인 딸은 짜증을 잘 냈다. 다른 표현으로 하면 감정기복이 심하고 자기절제가 안 된다는 말이다. 또한 집중도가 낮고 엉뚱한 행동을 잘 했다. 한 가지 일에 집중하지 못하고 외부환경에 의해 쉽게 집중도가 떨어졌다. 애써 공부를 해도 성적이 좋지 않았다. 엄마도 우울하고 불안했으며 걱정이 많았다. 화를 잘 냈다. 딸과 같이 감정기복이 심하고 자기절제가 잘 안 되는 상태였다.

딸 문제로 상담을 했지만 결국은 같이 치료에 응하기로 했다.

매주 2,3회 한 시간씩 실시했다. 딸보다 엄마가 먼저 반응이 오기 시작했다. 두 달째였다. 불안 걱정 근심 조급증이 점차 줄어들었다. 화도 거의 내지 않게 되었다. 신기했다. 마음이 편해지고 무겁던 머리가 맑아졌다. 짜증을 내며 감정조절이 원활하지 못한 사춘기 딸에게도 이해심이 생겼다. 웃는 날이 당연하게 많아졌다. 딸에게도 변화가 오기 시작했다. 6개월이 경과할 무렵이었다. 우선 짜증이 줄어들었다. 동생과도 친해졌다. 웃음이 늘기 시작했다. 상대방을 배려하는 따뜻한 아이로 변하고 있었다. 성적이 오르기 시작했다. 막연한 생각을 가졌던 아이가 진로를 생각하고 구체적인 계획을 세우기까지 했다.

한 사례를 더 살펴보자. 남자 30대였다. 감정조절이 미숙한 것을 치료하기 위해 찾아왔다. 평소에 말의 속도조절이 되지 않아서 내방한 경우였다. 말의 속도조절이 안 된다는 말은 감정조절이 잘 안 된다는 말과 같은 말이다. 자신이 원하는 방향으로 상황전개가 되지 않으면 당황하고, 감정조절이 되지 않아 당황하는 경향이 있었다. 자신이 자신의 상황을 파악하고 있음에도 자기조절능력이 떨어져 원하는 방향으로 전개하지 못했다. 감정기복이 심해 대인관계에 문제가 있었고, 미래계획을 세우기가 어려웠다. 문제점을 알면서도 고칠 수 없어 다양한 방법을 실시했다. 언어학습 학원도 다녀보고, 정신과 병원도 찾았다. 결과는 좋지 않았다. 답답했다.

뉴로피드백과 만나게 되었다. 검사를 실시했다. 결정적일 때 눈치가 없다는 말을 듣고 살았는데 검사 결과에서 주의지수와 함께 주의력이 낮게 나왔다. 또한 자기조절지수도 낮게 나왔다. 감정통제가 안 되는 것이 검사 결과 뚜렷하게 나왔다. 훈련에 들어갔다. 예상외로 개선이 쉽게 되지 않았다. 결과는 사람에 따라 차이가 있다. 2주가 지나자 성과가 보이기 시작했다. 안정된 뇌파가 형성되기 시작했다. 뇌파가 안정되자 독서도 잘 되었다. 여유도 생겼다. 생활 태도도 바뀌었다. 긍정적으로 바뀌기 시작했다. 40대 남성의 직업은 초등학교 교사였다. 아이들을 바라보는 시선도 바뀌었다. 폭이 넓어지고 감정통제가 잘되자 아이들을 가르치고 이끌어가는 것이 원활해졌다. 무엇보다 세상에 대해 자신감이 늘었다.

이번에는 심한 증세를 보였던 사람을 소개한다. 여자였다. 비를 두려워하는 증상이 생겼다. 상당히 불안했고, 우울했다. 증상은 4년째를 지나고 있었다. 어느 순간 안정제를 먹고 있었다. 괜찮아지겠지 했는데 수면유도제를 복용해야 하는 단계까지 왔다. 슬픈 드라마를 보면 감정이입이 잘 되었다. 슬픔과 교감하는 문이 열린 듯했다. 먹고 입는 것에 대한 즐거움이 사라졌다. 활동적이던 사람이 움직이지 않고 잠만 자고 싶고, 밖으로 나가기가 싫었다. 남과 만나는 것도 기피하기 시작했다. 그대로 시간이 멈추거나 그대로 눈을 감고 싶은 마음이었다.

상담을 받으면 같은 이야기를 반복적으로 들었다.

"산책하세요."

"긍정적으로 생각하세요."

알면서도 되지 않았다. 고칠 수 없는 어떤 힘에 눌리는 기분이었다. 몰라서 못하는 것이 아니라 알면서도 되지 않았다. 불가항력이란 것이 이런 것이구나 했다. 내 몸이 내 생각에 따라주지 않았다. 어둠으로 빠져드는 늪 같았다. 낮도 싫고, 햇빛도 싫고, 사람을 만나는 것도 싫었다. 오로지 잠만 잤다. 혼자가 좋았다. 세상에서 나를 제외하고 싶었다. 심지어는 내가 무슨 짓을 하고 있는지도 모를 정도로 심해졌다. 하루하루를 견디기 힘든 상황이었다. 더 이상 버티기 어려웠다.

고민을 친구에게 이야기했다. 친구가 권했다. 뉴로피드백이라는 것이 있는데 상담을 받아보라는 권유였다. 2개월부터 변화가 시작되었다. 약을 줄여서 먹을 수 있게 되었다. 사람을 만나 이야기하는 것이 조금씩 좋아졌다. 하지만 여전히 금단현상처럼 날씨나 기분에 따라 눈물을 흘릴 때도 있었고, 나락으로 떨어질 때가 있었다. 그럼에도 작은 변화가 보이기 시작했다. 4개월이 되자 수면유도제를 먹지 않을 수 있었다. 나 자신에게 선물하는 것을 다시 찾기 시작했다. 맛있는 것을 찾아먹거나 옷을 사기도 했다. 무기력에서 탈출하는 증세가 보였다. 6개월이 되자 약을 끊었다. 날씨에 의해 눈물을 흘리지 않았다.

뉴로피드백은
한 가지만을 고치거나 개선되는 것이 아니라
여러 분야에서 동시에 좋아지는 것을 발견하게 된다.
인체의 통제시스템이 제대로 작동하도록 하기 때문이다.
너무나 쉽고 간단한 치료방법이다.

3. 틱을 아십니까

틱장애에 대해 알아보자. 이번에는 증세와 치료방법을 살펴보고 실제 치료 사례를 살펴보자. 사전적 정의부터 옮겨본다. 틱장애는 아이들이 특별한 이유 없이 자신도 모르게 몸을 움직이거나 소리를 내는 것을 말한다. 틱Tic은 눈을 계속 깜박거리거나 머리를 흔들거나 어깨를 실룩거리는 것처럼 신체의 한 부분에서 틱이 발생하는 것을 운동틱이라고 한다. 킁킁거리는 소리, 기침 소리처럼 소리를 내는 것을 음성틱이라고 한다. 심한 음성틱은 욕설이나 야한 이야기를 반복적으로 하는 경우도 있다. 틱 증상은 파도가 밀려오듯이 갑자기 심해졌다가 며칠 뒤에는 잠잠해지는 양상으로 나타난다. 증상의 정도에 변화가 많고, 발생하는 위치도 자주 변한다.

틱은 학령기 아동에게 매우 흔하게 나타난다. 전체 아동의 10~20%는 일시적으로 틱 증상을 보이는 흔한 증상이다. 틱 증상이 1개월 이상 지속되는 일과성 틱 장애는 5~15%의 아동에게서, 1년 이상 틱 증상이 지속되는 만성 틱 장애는 1%의 아동에게서 나타난다. 운동틱과 음성틱을 모두 경험하는 것을 뚜렛병Tourette's Disorder이라고 한다. 뚜렛병 아동은 주의력 결핍과잉행동장애ADHD, 학습장애, 강박증 등을 동시에 가진 경우도 있다.

틱은 뇌신경정신질환, 소아청소년질환에 속한다. 진료과는 정신건강의학과이며 관련 질환은 우울증, 불안장애, 행동 및 충동장애가 있다. 원인은 뇌신경전달체계의 이상, 유전적인 요인, 출산 과정 중 뇌 손상이나 세균 감염과 관련된 면역 반응 이상 등과 관련이 있는 것으로 알려져 있다. 학습 요인, 심리적 요인 등이 틱 발생 및 악화와도 관련이 있다. 예를 들어, 가족의 일원이 틱 증상을 오해하고 창피를 주거나 벌을 주어서 증상을 제지하고자 하면 아동이 정서적으로 불안해져 증상이 악화될 수 있다. 그러나 심리적인 원인이나 잘못된 양육 방법이 틱 장애의 발생 원인은 아니다.

증상으로는 앞서 설명한 것 외에 흔한 틱 증상은 얼굴을 찡그리거나 입맛을 다시거나 코를 킁킁대거나 목에서 '흠' 하고 소리를 내거나 눈을 자주 깜빡이는 것도 해당한다. 보통 정서적으로 불안한 상황이나 컴퓨터 게임처럼 흥분하는 상황에서 증상이 악화된다.

중요한 치료방법이다. 물론 현재까지 알려진 사전적 치료방법이다. 현재까지는 틱 장애 치료는 약물 치료가 효과적이라고 알려져 있다. 일과성 틱 장애가 아닌 만성 틱 장애, 뚜렛에 대해서는 대개 약물 치료를 시행한다. 인지 행동 치료나 이완 요법도 도움이 될 수 있다. 틱이 있는 아동청소년의 부모가 할 수 있는 것에는 무엇이 있을까. 부모로서는 난감하다. 부모가 해 줄 수 있는 방법 또한 난감하다. 틱 증상을 무시하고 관심을 기울이지 않는 것이 전부다. 일과성 틱은 무시하는 것만으로도 저절로 없어지기도 한다.

틱이나 뚜렛병은 뇌의 문제이기 때문에 아동이 소리나 움직임을 고의적으로 만들어내는 것이 아니며 참을 수도 없다. 증세가 있는 아동을 나무라고 비난하거나 놀리지 않아야 한다. 부모가 벌을 주거나 선생님이 꾸중한다고 틱을 조절할 수 있는 것이 아니다. 다른 치료방법으로 나와 있는 것을 보면 안타깝다. 장애 아동의 부모는 자신의 아이가 틱 증상이 있더라도 여느 사람과 똑같이 긍정적인 마음과 배짱, 유머, 장기적인 안목으로 미래를 바라보는 융통성 있는 사고로 아동을 대해야 한다고 적고 있다. 또한 스트레스를 이겨내는 방법을 배울 수 있도록 도와주고 많이 칭찬하여 자신감을 증진시켜 주는 것이 중요하다는 것이 전부다. 초등학생의 5~24% 정도가 틱이 있었거나 과거에 틱이 있었다고 보고되었다. 틱 장애로 인한 증상은 보통 12세 전후에 가장 악화되고, 30세 이전에 대부분 호전되는 것으로 알려져 있다.

치료사례를 살펴본다. 여자아이로 9세였다. 병원에 갔더니 틱이라는 진단을 받았다. 3개월 뉴로피드백을 하자 틱증상은 한 달에 1번 했다. 사라졌다고 봐야 한다. 4개월이 되자 아주 경미하게 한 번 했다. 그리고 사라졌다. 틱의 치료가 이렇게 간단하게 될 줄을 모른다. 뇌파를 안정시키면 간단하게 치료될 수 있는 장애였다.

특별한 것은 틱을 치료하기 위해 시작한 것이 다른 좋은 소식이 왔다. 학교에서 영어 단어시험을 보는데 단어 공부를 스쿨버스에서 잠깐 보고도 다 외우는 능력을 발견했다. 뉴로피드백은 한 가지만을 고치거나 개선되는 것이 아니라 여러 분야에서 동시에 좋아지는 것을 발견한다. 너무나 쉽고 간단한 치료방법이다. 약을 먹거나 다른 처방이 필요 없다.

우울증을 아십니까

불면증과 우울증이 있다면 어떻게 조치하겠는가. 많은 사람들이 안고 사는 증세이기도 하다. 잠을 이루지 못해본 사람은 안다. 사람에게서 잠을 빼앗아가면 어떤 증세가 오는가를. 우울증도 마찬가지다. 죽음에 이를 수 있는 병이다. 무서운 병이 우울증이다. 우울증보다 한 단계 나간 것이 조울증이다. 우울증이 슬픔만을 끌어안은 병이라면 조울증은 화냄과 슬픔을 같이 품어 안은 병이다. 어느 병도 쉽지 않다. 견딜 수 없을 만큼 힘든 것이 병이다.

불면증부터 살펴보자. 사전적 정의와 증세다. 이미 인정된 내용들이고 인터넷에 명시되어 있는 내용이다. 불면증不眠症은 수면장애睡眠障碍로 잠자는 것에 장애를 느끼는 병이다. 수면은 우리 삶의 큰 비중을 차지하는 건강의 중요한 영역이다. 불면증, 즉 수면장애는 잠들기가 어려운 입면장애와 잠은 들지만 자는 도중 자주 깨거나 너무 일찍 잠에서 깨어나는 수면유지장애가 있다. 밤에 충분히 잠을 자지 못하면 수면 부족 상태가 되어 낮 동안 졸음, 피로감, 의욕 상실 등을 초래해 일상생활에 지장을 주고 삶의 질을 떨어뜨린다. 우리나라 20세 이상 성인 500명을 대상으로 한 한국보건사회연구원의 연구 결과에 의하면, 불면증을 경험한 적이 있다고 응답한 비율이 70% 이상으로 매우 높게 조사되었다. 국민병이기도 하다.

내용을 살펴보자. 불면증은 평소 잠자는 시간이나 습관이 불규칙한 사람에게 생기며 환경 변화와 심리적인 부담감을 가질 경우 증상이 악화된다. 불면증 자체에 대해 지나치게 걱정하는 경우에도 신경계가 긴장하여 불면증이 지속되고 심해질 수 있다. 걱정이 걱정을 강화시키는 것을 말한다. 불면증의 원인은 다양하지만, 일시적으로 겪는 불면증의 흔한 원인은 여행으로 인한 시차, 새로운 직장일, 이사, 입원 등으로 규칙적인 생활 리듬이 바뀐다. 며칠이 지나면 좋아지는 것으로 병의 단계가 아니다.

문제가 되는 불면증은 적어도 1개월 이상 잠들기 어렵거나 잠을 유지하는 데 어려움이 있고, 낮에는 피로감으로 인해 일상생활에 어려움이 있을 때를 말한다. 수면 시간은 사람마다 다르다. 건강한 성인의 평균 수면 시간은 7시간 ±30분 정도다. 사람에 따라 8시간 이상을 자도 낮에 졸릴 수 있고, 4, 5시간을 자도 일상생활에 문제가 없을 수도 있다.

4,5시간의 수면 시간으로도 낮 동안에 문제가 없다면 일부러 수면 시간을 늘릴 필요는 없다. 습관과 환경적인 문제가 있을 수 있다. 일반적인 수면유도 방법이다.

- 침실의 온도를 적절하게 하고 충분히 조용하고 어두운 상태로 유지한다.
  - 일정한 시간에 잠자리에 들고 일정한 시간에 일어난다. 수면은 우리 몸의 생체 시계에 영향을 받게 됩니다. 만약 잠자리에 들고 일어나는 시간이 불규칙할 경우 생체 시계에 혼란을 주게 되고, 이에 따라 잠에 들기 더 어려워지게 된다.
  - 점심식사 이후에는 카페인을 피하고 잠자리에 들기 전에는 음주를 하지 않는다. 특히 술은 잠을 잘 들게 하는 효과도 있지만, 잠에서 쉽게 깨고 한번 깬 후에는 다시 잠들기 어려우므로 불면증이 있을 경우 음주는 피해야 한다.
  - 잠자리에 들기 전에는 과도한 수분 및 음식 섭취를 하지 않는다.
  - 잠자리에 들기 전에 과격한 운동은 피한다. 잠자리에 들기 직전의 과격한 운동은 잠들기까지 시간을 길게 하므로 피한다.
  - 침실은 수면을 할 때만 이용한다. 만약 잠이 오지 않는다면 침실 밖으로 나간다.
  - 따뜻한 물 샤워는 수면에 도움을 준다. 수면 전 몸을 따뜻하게 할 경우 졸림이 증가하고 깊은 잠을 자는 시간이 늘어날 수 있다.

잠을 잘 수 있는 나쁜 습관은 많다. 습관을 고쳐도 잠을 못 이룬다면 문제다. 문제가 있다. 습관을 고쳐서 되지 않는 다른 불면증이 있다. 술을 이용하거나 수면제를 복용하게 된다. 문제 단계다.

이번에는 우울증이다. 우울증depressive disorder은 흔한 정신질환으로 마음의 감기라고도 한다. 우울증은 성적 저하, 대인관계의 문제, 휴학 등 여러 가지 문제를 야기할 수 있으며 심한 경우 자살이라는 심각한 결과에 이를 수 있는 뇌질환이다. 분명하게 질환이다. 그것도 뇌질환이다.

다행히 우울증은 효과적으로 치료될 수 있는 질환으로 초기 완쾌율이 2개월 내에 70~80%에 이른다. 우울증은 상담과 정신과 치료가 필수적이다. 청소년기 이상의 우울증은 항우울제 투여도 필요하다. 특히, 최근 개발된 항우울제들은 뇌내의 저하된 세로토닌을 증가시켜 우울 증상을 호전시키고, 부작용이 거의 없이 안전하게 우울증을 개선할 수 있다. 약으로 강제하는 것은 일시적이라는 문제가 있다.

정신의학에서 말하는 우울증이란 일시적으로 기분만 저하된 상태를 뜻하는 것이 아니다. 생각의 내용, 사고 과정, 동기, 의욕, 관심, 행동, 수면, 신체활동 등 전반적인 정신 기능이 저하된 상태를 말한다. 증상이 거의 매일, 거의 하루 종일 나타나는 경우 우울증이다.

원인을 살펴보자. 생물학적 원인으로 우울증은 뇌의 신경전달물질의 불균형으로 인해 초래된다. 흔히 세로토닌이라는 뇌내 신경전달물질의 저하가 우울증과 관련이 있다. 항우울제는 신경전달물질을 조절하여 우울증의 원인을 치료한다. 문제는 장기 복용은 부작용이 크다는 점이다. 또한 약물치료는 일시적이라는 문제가 있다. 증세를 살펴보면 사회생활을 정상적으로 하기에 어려움이 있고 죽음에 이를 수도 있는 무서운 병이다. 주요 증상은 이렇다.

- 지속적인 우울감
- 의욕 저하, 흥미의 저하
- 불면증 등 수면장애

- 식욕 저하 또는 식욕 증가와 관련된 체중 변화
- 주의집중력 저하
- 자살에 대한 반복적인 생각, 자살시도
- 부정적 사고, 무가치감, 지나친 죄책감
- 일상생활 기능의 저하, 학업능력 저하, 휴학, 생산성 저하, 가족 갈등, 이혼 등

정상적인 활동을 할 수 없다. 자살을 꿈꾸는 사람에게서 무엇을 구한단 말인가. 극단적인 상태는 괴로움이 앞으로도 영원히 지속될 것처럼 느껴진다는 점이다.

우울증의 증상이 2주 이상 지속되어 일상생활에 지장을 줄 경우 정신과 전문의와 상의하는 것이 좋다. 치료방법으로 정신치료가 있으나 우울증이 심할 때는 부정적인 생각에 지배되어 치료에 대한 기대도 부정적인 경우가 많다. 가족, 친구 등 보호자의 지지와 역할이 중요하다. 병원을 방문할 경우 환자에 대해서 잘 아는 보호자가 함께 내원하여 의사에게 구체적인 정보를 제공하는 것도 많은 도움이 된다. 특히, 자살사고 등 위험성이 있는 경우는 즉시 방문할 필요가 있다.

다른 치료방법으로 약물치료가 있다. 약물요법으로 항우울제는 지난 10년간 안정성과 효과가 크게 강화되어 우울증 치료에 있어 핵심적인 역할을 담당하고 있다. 세로토닌에 작용하는 약물로 뇌신경에 작용하여 세로토닌을 증가시키고 수용체 수를 정상화시켜 우울증을 치료하는 약이다. 여러 종류의 항우울제가 사용되고 있으며, 환자의 증상과 선호에 따라 적절한 약물을 선택하는 것이 중요하다. 대개의 약물치료가 그렇듯 부작용도 있다. 치료 초기에 입이 마르거나, 변비, 기립성 저혈압 등의 부작용이 나타날 수 있다. 일시적 완화를 위하여 수면제를 사용하기도 한다. 다음으로는 항불안제를 사용하기도 하지만 약물의 내성과

의존의 위험이 있다.

하지만 뉴로피드백으로 치료하면 간단하게 해결된다. 어떤 부작용도 없다. 주부 한 사람이 찾아왔다. 본인의 문제가 아니라 남편의 문제였다. 불면과 우울증을 동시에 가진 남편의 치료를 위해 찾아왔다. 부인은 남편에게 권했다. 남편은 뉴로피드백에 대해서 알지도 못했고, 알려고 하지도 않았다. 대개의 경우 뇌 훈련으로 불면증과 우울증이 개선된다고 하면 믿음을 갖지 못한다. 부인의 설득으로 남편이 뇌파검사를 했다. 검사 결과 불면과 우울증의 원인으로 뇌의 불균형과 자기조절 능력의 미약이라는 진단이 나왔다.

실제로 상황을 보지 않아도 알 수 있는 결과였다. 우울증으로 인해 앞서 열거했던 것들이 가정 내에서 일어나고 있음을 감지할 수 있었다. 적어도 유사한 상황이 일어날 것을 알 수 있었다. 부정적 사고, 무가치감, 지나친 죄책감이나 일상생활 기능의 저하, 학업능력저하, 휴학, 생산성 저하, 가족 갈등, 이혼을 생각할 정도의 심각한 문제와 더 나아가서는 자살에 대한 반복적인 생각, 시도의 위험성을 가지고 있었다. 이미 이중에서 일부가 진행되고 있어서 부인이 해결책을 찾던 중 마땅한 방법이 없어 마지막이라는 심정으로 찾아온 것이었다.

불과 2주 만에 평화가 찾아오기 시작했다. 우선은 남편이 잠을 잘 잔다는 점이었다. 동시에 우울증과 짜증이 사라졌다. 마음은 안정되었다. 스스로 자신의 감정을 조절할 수 있게 변화되어 갔다. 아이들과의 관계도 좋아지게 되었다. 아이들과 놀아주고 밝은 표정으로 일상을 대했다. 어떠한 약물도 사용하지 않았고, 힘든 과정을 견뎌야 하는 것도 아니었다. 뇌파훈련만을 진행한 결과로 부작용이 없는 행복을 찾았다.

뇌가 생명을 만들어주고,
뇌가 생각을 주관하며,
뇌가 건강을 책임져 준다.

뇌를 건강하게 하는 것으로
현대 과학에서는 뉴로피드백이다.

뇌가 정상을 유지하도록 하면
만사가 해결되는 단초가 된다.

4. 아이들의 산만함을 치료할 수 있을까요

아이들의 산만함을 고칠 수 있을까. 물론 고칠 수 있다. 개구지다는 정도를 넘어선 산만함을 말한다. 주의력 결핍 과잉행동 장애를 말한다. 짧게 정리하면 아동기에 주로 나타나는 장애로 지속적으로 주의력이 부족하여 산만하고 과다활동, 충동성을 보이는 상태다. 약어로는 ADHD로 정신건강의학과, 소아정신과에서 담당한다.

주의력 결핍과 과잉행동 장애Attention Deficit/Hyperactivity Disorder ADHD는 지속적으로 주의력이 부족하여 산만하고 과다활동, 충동성을 보이는 상태다. 치료하지 않고 방치할 경우 아동기 내내 여러 방면에서 어려움이 지속되고, 일부의 경우 청소년기와 성인기가 되어서도 증상이 남게 된다. 이유는 무엇일까. 결과는 원인을 알 수 없다가 정답이다. 적어도 현재까지는 알 수 없음이 정답이다.

특이점은 뇌영상 촬영에서 정상인에 비해 활동과 주의 집중을 조절하는 부위의 뇌 활성이 떨어지는 소견이 관찰되며 구조적 차이도 발견된다는 점이다. 진단받은 아이의 부모들은 자책과 비난받을 가능성이 높다. 하지만 부모의 책임이 아니다. 원인은 육아 방법에 의하기보다는 유전적인 경향과 더 연관된 것으로 보인다. 가족력이 있으며 몇몇 유전자가 질환의 발병과 관련 있을 것으로 보인다. 특히, 카테콜아민 대사의 유전적인 불균형이 가장 중요한 역할을 하는 것으로 보인다. '카테콜아민 대사의 유전적인 불균형'은 전문적인 내용으로 들어가면 이해가 어려워진다.

증상을 살펴보자. ADHD 아동들은 자극에 선택적으로 주의 집중하기 어렵고, 지적해도 잘 고쳐지지 않는다. 선생님의 말을 듣고 있다가도 다른 소리가 나면 금방 시선이 옮겨가고, 시험을 보더라도 문제를 끝까지 읽지 않고 문제를 풀다 틀리는 등 한곳에 오래 집중하는 것을 어려워한다. 또 ADHD 아동들은 허락 없이 자리에서 일어나고, 뛰어다니고, 팔과 다리를 끊임없이 움직이는 등 활동 수준이 높다. 생각하기 전에 행동하는 경향이 있으며 말이나 행동이 많고, 규율을 이해하고 알고 있는 경우에도 급하게 행동하려는 욕구를 자제하지 못하기도 한다. 학교 또는 작업장, 가정에서 사회적, 학업적, 직업적 기능에 임상적으로 심각한 장해가 초래된다.

미국 소아정신과학회의 통계에 따르면 평균 학령기 소아의 ADHD 유병률은 약 3~8% 정도다. 남자아이가 여자아이보다 약 3배 정도 더 높고, 서울시와 서울대학교병원에서 시행한 국내 역학조사 결과에 따르면 유병률이 6~8%로 나타났다. 심각하지 않은 경우까지 포함하면 13%가 조금 넘는다. 유병율은 소아정신과 관련 질환 가운데 가장 높은 것에 속한다. 청소년기 이후 성인기까지 지속되는 경우도 30%에서 많게는 70%에 이르는 것으로 밝혀졌다.

치료는 약물치료가 효과적이다. 80% 정도가 분명한 호전을 보이는데, 집중력, 기억력, 학습능력이 전반적으로 좋아진다. 또 과제에 대한 흥미와 동기가 강화되어 수행능력이 좋아진다. 더불어 주의 산만함, 과잉 활동과 충동성은 감소되고, 부모님과 선생님에게도 잘 따르고 긍정적인 태도를 보이게 된다. 하지만 약물치료로만 모든 것이 해결되는 것은 아니다. 약물치료의 한계는 완치가 되지 않는다는 약점이 있다. 그럼에도 현재까지 대안이 없는 것으로 알려져 있다.

하지만 대안이 있다. 어린 6세 여자아이의 사례다. 둘째 딸이 다니는 유치원을 그만두었다. 가슴이 아팠다. 사회적응의 첫 단계인 유치원에서 적응을 제대로 하지 못하니 답답했다. 선생님과 면담을 했다. 친구들이 나쁜 말을 하면 힘들어하고, 몸도 약해서 유치원 생활을 힘들어한다고 했다. 아이의 엄마는 나이 40세에 낳아 늦둥이를 키우면서 몸도 마음도 지쳐 있었다.

"유치원만 다니면 좀 편해지겠지."

도리어 걱정거리가 생겼다. 선생님을 만나고 와서 밤새 잠을 이룰 수가 없었다. 그리고 다짐을 했다.

"그래. 지금까지도 몸이 약한 아이를 힘들게 키웠는데 다시 한번 해보는 거야."

"유치원을 그만두게 하고 몸이 건강해지면 친구들 말에 힘들어하지 않고 잘 이겨낼 거야."

힘들 것이라는 예상은 했지만 마음을 다잡았다. 나름 계획표를 짜고 유치원에 가지 않는 시간에 무엇을 할까 고민했다. 힘들 것이라는 생각을 했지만 내 자식이기에 감수해야 한다고 다짐했다.

평소에 가지고 있던 생각이 떠올랐다. 전에 아동 관련 책을 읽다가 기억나는 단어가 떠올랐다. '아동 뇌파검사'였다. 그리고 연관되는 생각이 이어졌다.

"우리 아이 뇌를 건강하게 한다면 친구 관계의 어려움도 덜 받을 것이다. 집중력과 기억력도 높아지면 다른 어려움도 이겨낼 수 있을 것이다."

인터넷으로 검색하기 시작했다. 일반적인 뇌 운동과 뇌 훈련을 해주는 곳을 찾았다. 급한 마음에 전화를 걸어 날짜를 잡았다. 남편에게 뇌

훈련을 하는 곳에서 검사를 받는다고 했다.

"사회성이 부족한 아이는 친구들 속에 들어가서 부딪혀야지, 뇌 훈련이라니…"

부정적인 남편의 말이 마음에 쓰였다. 그래도 검사라도 받아봐야겠다는 생각이 들었다. 검사일이 기다려졌다. 조바심이 생길 정도로 기다려졌다. 검사일이 되어 검사를 받았다. 결과가 나왔다.

"좌뇌가 발달을 많이 하고, 우뇌가 상대적으로 덜 발달하여서 산만하고 집중하는 것을 어려워할 것입니다."

아이의 증세를 그대로 말하는 것을 듣고 놀랐다. 이어서 말했다.

"좌뇌와 우뇌 균형이 되도록 하는 훈련을 하시면 됩니다."

어렵지 않게 상담 결과와 조치 방법을 말했다.

집에서도 훈련했고, 방문 훈련도 병행했다. 열심히 6개월 동안 훈련을 했음에도 별다른 조짐을 보이지 않았다. 아이는 집에 있어서 몸도 많이 좋아졌음에도 산만함과 예민한 성격은 달라지지 않았다. 그리고 매일 한 시간씩 숲을 산책했다. 집에서만 놀릴 수가 없어서 다시 유치원을 보냈다. 유치원은 아이가 놀고 싶은 교구들을 가지고 마음대로 놀게 하는 자유로운 분위기의 유치원이었다. 재미있게 놀고 적응을 이제 잘한다 싶었다.

"엄마. 유치원에서 나 혼자 놀아."

"동생이 내 얼굴을 때렸어."

"친구들은 좋은데 동생들이 내 말을 안 듣고 자꾸 괴롭혀."

잘되어가고 있다는 생각이 들어 안심하고 있을 때 유치원을 그만 다니겠다는 선언이었다. 아이의 이야기를 듣고는 하늘이 무너지는 기분이었다. 아이를 어떻게 키워야 하나 막막했다. 그동안 아이를 위해 들인 정성과 시간이 한순간에 무너졌다. 절망감이 밀려들었다.

마침 친구에게서 전화가 왔다. '뇌를 알면 건강이 보인다. 칭찬은 뇌도 춤추게 한다.'는 뉴로피드백 훈련이 있으니 검색해 보라고 했다. 마지막이라는 심정으로 살펴보았다. 뇌과학을 기반으로 뇌의 건강과 뇌의 능력을 최적화한다는 문구에 마음이 박혔다. 뇌의 능력을 극대화하고 뇌기능을 최적화해서 건강을 유지하게 하는 과학적인 방법이라고 소개되어 있었다.

"그래. 바로 이거야. 내가 찾던 곳이야."

이야기를 나누다 보니 친정집 작은 오빠도 예민해서 어려움을 가지고 있다고 했다. 관심이 있어 하는 친정 여동생의 아이가 공부를 제대로 하지 않아서 걱정이라며 동행하기로 했다. 세 사람이 함께 갔다. 검사를 하는 데 불과 5분이 걸렸다. 성의가 없어 보이고 부실하게 느껴졌다. 불과 5분이라는 짧은 시간이 주는 거부감이었다. 결과가 나왔다.

"고집이 무척 세고, 스트레스를 많이 받아 예민하고 뇌파가 느립니다."

이어서 아이의 증세를 설명했다.

"엄마 말을 못 들은 척하는 게 아니라 듣고는 뇌가 움직이지 않아 반응이 느린 것입니다."

놀라웠다. 내 아이에 대해 나보다 더 정확하게 짚어서 말하고 있었다. 기르고 있는 엄마보다 더 정확하고 어떤 면에서는 내가 몰랐던 점까지 콕 집어내었다. 다른 기관에서 검사했던 결과와 마찬가지로 정확하게 짚어냈지만, 이곳에서는 아이의 행동까지 그대로 설명하고 있었다. 아이가 하는 행동에 대한 원인까지 정확하게 진단하고 있었다. 엄마는 안타까웠다. 내 아이를 내가 몰랐구나 싶었다. 미안했다. 그러면서 아이가 산만하고 부정적이라고 설명해 주었다. 친정오빠와 조카도 검사 결과를 듣고 놀라워했다. 정확하게 진단을 하는 것에 놀랍다.

결과는 3개월이 되면서 보이기 시작했다. 아이의 집중력이 향상되는 것을 느낄 수 있었다. 아이가 명랑해지고 상대를 대하는 것이 호의적으로 변하기 시작했다.

"엄마. 나 키우면서 힘들지. 내가 엄마 많이 도와줄게."

"생전 엄마 마음을 이해하지 못하던 아이가 자기 자신만 생각하던 아이가 엄마 마음도 들여다보네."

아이의 말에 엄마의 가슴에 뛰었다. 고맙고 감사했다. 이런 일이 일어나다니. 아이가 너무나 달라지고 있었다. 그밖에도 심부름을 잘하고. 매일 싫다는 말을 입에 달고 다니던 아이였다.

"엄마 내가 할게."

"오늘은 기분이 좋아."

이런 말을 듣게 될 줄은 몰랐다. 행복했다. 아이의 변화를 보고서 큰 딸에게도 권유해 함께 하고 있다. 많은 변화가 왔다. 아이는 공부를 하기 시작했고, 성격도 밝아졌다. 긍정적인 아이가 되어가고 있었다. 뉴로피드백은 놀라운 치유력을 가지고 있다.

병원에서 의사가 못 고친다는 난치병과 성격의 변화를 주도하는 것이 현실이고, 새로운 의학계의 대안이 뉴로피드백이다. 이 책을 처음으로 쓰면서 앞부분에 적었던 내용을 그대로 옮겨 적는다. 상징성을 보여주기 때문이다.

"뇌는 만들어진다. 영재와 범죄자도 만들어진다. 기본적인 인식의 틀을 바꾸어놓는 발언이다. 더욱더 놀라운 것은 실제로 확인되고 결정되는 것을 체험할 수 있다는 점이다. 두뇌 훈련으로 영재가 만들어질 수 있을까를 실험한 내용이다. 일반적인 생각인 똑똑한 아이는 태어난 것이라는 생각을 뒤집어 놓는다. 경북대학교 체육교육과에서 실험을 했다. 대구 지역에 거주하는 유아들을 상대로 뉴로피드백Neurofeedback 두뇌 훈련이 지능에 미치는 결과를 실험하기 위해 광고를 냈다. 많은 아이들이 응시를 했다. 5세에서 7세 사이의 유아들로 선별 구성을 맞췄다. 지능분포를 다양하게 해 30명을 선발했다. 훈련에 들어가기 전에 아이큐 검사를 했다. 선발된 30명의 평균 아이큐는 115점이었다. 훈련은 한국 정신과 연구소에서 뉴로피드백 장치인 뉴로하모니를 가지고 두뇌 안정성을 높이는 훈련을 이틀에 15분간씩 실시했다. 시행 기간은 3개월이었다.

30명 중에는 아이큐가 100 이하의 아이들도 있었고, 130 이상인 아이들도 있었다. 또한 주의력이 부족해 산만한 아이들도 있었다. 어떤 아이는 성인과 비슷할 정도의 집중력을 가진 아이들도 있었다. 결과가 놀라웠다. 예상은 했지만, 결과가 보여주는 수치는 확실했다. 아이큐가 평균 10점이 올랐다. 많이 오른 아이는 20점이 올랐다. 불과 3개월 만에 평균 10점이 올랐다는 것은 경이로운 일이었다. 어디에서도 실현해내지 못한 대단한 결과였다. 지금까지 어떤 연구에서도 없었던 결과였다. 사람의 뇌는 태어나는 것이 아니라 개발되는 것이라는 확실한 증거였다."

인간을 인간답게 만드는 유일한 곳이 뇌다. 뇌는 육체의 한 부분으로 정신을 생산하는 곳이다. 또한 육체를 조정하고, 육체를 살아있는 생명체로서 존재하게 하는 장소다. 뇌에서 감정이 생기고, 뇌에서 이성이 생긴다. 뇌의 한 부분을 제거하면 감정이 없는 인간이 되고, 뇌의 한 부분을 제거하면 이성을 잃어버린다. 또한 뇌의 한 부분을 제거하면 신체의 한 부분이 마비되거나 정지된다.

최종적으로 정리한 결과는 이렇다. 뇌는 인간을 출발하게 하는 출발지이자 인간답게 하는 중심지다. 뇌로 모든 신경이 집합되어 있고, 뇌에 의해 호르몬이 만들어지고 공급된다. 뇌가 정상적으로 작동하면 몸은 정상 작동한다. 뇌에 문제가 생기면 몸이 고장 나고, 마음은 우울증이나 조울증 또는 치매가 오고, 균형이 깨져 주저앉게 된다.

생명체로서 존재하는 인간에게 뇌는 만사다. 손가락이 마비되었다면 뇌와 손가락 사이의 신경계통에 문제가 생겼을 가능성이 크다. 말을 갑자기 못하게 되었다면 뇌의 문제일 가능성이 크다. 언어와 관계가 깊은 중추신경에 문제가 생기면 말을 하지 못한다.

인간에게는 적당한 건강수치로서의 작동수치를 설명한 바 있다. 인체가 가진 대부분의 건강을 측정하는 기준 작동치는 타고난 체질에 따라 다른 값을 가지기도 하지만 평균치는 분명 있다. 뇌파는 10Hz를 유지해야 하고, 체온은 36.5℃를, 심장박동수 1분에 70회, 혈압은 80과 120을, 그리고 혈당 80㎎/100㎖를 유지해야 하며 혈액은 ph7.4, 혈중염도는 135~145를 가져야 하고 수분함량 70%를 맞춰야 한다. 어느 것 하나 정상에서 벗어나면 문제가 발생하고 질병으로 이어지며 지나치게 되면 생명에 지장을 준다. 무엇 하나도 소홀히 할 수가 없다. 이들을 정상범위로 유지하게 하는 것은 누가 담당하고 있는가. 누가 뭐라고 해도 뇌다. 뇌의 역할은 그만큼 크다.

이번에는 호르몬을 만들어 분비하는 조직이나 기관으로 사람의 몸에 존재하는 내분비샘은 총 5곳이 있다. 내분비샘 5곳을 살펴보자. 뇌하수체에서 분비하는 생장 호르몬, 갑상샘자극호르몬, 항이뇨호르몬이 있다. 생장호르몬의 경우에는 우리 몸의 뼈와 근육 등의 생장을 촉진하는 역할을 하고, 갑상샘자극호르몬은 갑상샘을 자극하여 티록신의 분비를 촉진하며, 항이뇨호르몬은 콩팥에서 물의 재흡수를 촉진해 수분량을 일정한 상태로 유지한다.

갑상샘에서 만들어지는 티록신 세포호흡을 촉진하는 역할을 한다. 또한 부신에서 분비하는 아드레날린은 위급할 때 심장박동을 빠르게 하고, 혈압과 혈당량을 높여주어 위험을 준비하게 한다. 모두 뇌에서 명령을 내리고 뇌에서 작동명령을 내린다. 모자라면 결핍증이, 넘치면 과다증으로 몸에 이상증세가 나타난다. 티록신이 결핍하면 갑상샘 기능

저하증이 나타나고, 티록신이 넘치면 갑상샘 기능 항진증이 발생한다. 모자라고 넘치는 것 모두 문제가 생긴다.

뇌가 생명을 만들어주고, 뇌가 생각을 주관하며, 뇌가 건강을 책임져준다. 뇌를 건강하게 하는 것으로 현대과학에서 뉴로피드백이다. 뇌가 정상을 유지하도록 하면 만사가 해결되는 기본이 된다. 다시 말하면 뇌를 정상가동 하도록 하면 상당 부분의 병이 치유된다. 정신병은 물론 육체적인 병까지도 치료된다. 뇌를 알면 인간이 보이고, 인간의 육체가 작동하는 원리를 알게 된다. 아이가 공부를 못하는 것이 부모책임이었지만 이제는 뇌 공부를 통해서 둔재가 인재가 될 수 있는 세상이 왔다. 아이가 공부를 못하는 것이 부모의 책임이 될 수 있는 시대가 왔다. 뉴로피드백은 새로운 길을 열어주고 있다. 내가 먼저 뉴로피드백을 만나면 인간사에서 일어나는 정신질환과 육체질환을 개선시킬 수 있다. 앞에서 설명했고, 실천하는 길만 남았다. 뇌과학은 한국이 선도하고 있다. 뉴로피드백의 최고 기술력은 한국에서 선도하고 있다. 가능성이 현실이 되는 시대를 먼저 만나 보시라.

<부록>

인간에게는 적당한 건강수치로서의 작동수치가 있다. 인체가 가진 대부분의 건강을 측정하는 기준 작동치는 타고난 체질에 따라 다른 값을 가지기도 하지만 평균치는 분명 있다.

평균치	
뇌파 10Hz	혈당 80mg/100㎖
체온 36.5℃	혈액 ph7.4
심장박동수 1분에 70회	혈중염도 135~145
혈압 80, 120	수분함량 70%

호르몬을 만들어 분비하는 조직이나 기관으로 사람의 몸에 존재하는 내분비샘은 총 5곳이 있다. 내분비샘 5곳을 살펴보자.

1.'뇌하수체' : 간뇌 아래쪽에 위치
2.'갑상샘' : 목에 위치
3.'부신' : 콩팥 위
4.'이자' :배에 위치
5.'난소' 여자와 '정소' 남자

이번에는 내분비샘에 따라 분비되는 호르몬 종류와 역할을 살펴볼 차례다.

1. 뇌하수체 : 생장 호르몬, 갑상샘자극호르몬, 항이뇨호르몬 분비

- 생장호르몬의 경우에는 우리 몸의 뼈와 근육 등의 생장을 촉진하는 역할을 한다 .
- 갑상샘자극호르몬은 갑상샘을 자극하여 티록신의 분비를 촉진한다.
- 항이뇨호르몬은 콩팥에서 물의 재흡수를 촉진해 수분량을 일정한 상태로 유지한다.

2. 갑상샘 : 티록신 분비

- 티록신은 세포호흡을 촉진하는 역할을 한다.

3. 부신 : 아드레날린 분비

- 아드레날린은 위급할 때 심장박동을 빠르게 하고, 혈압과 혈당량을 높여준다.

4. 이자 : 인슐린, 글루카곤 분비

- 인슐린은 혈당량을 낮춰준다
- 글루카곤은 혈당량을 높여준다.

5. 난소와 정소

- 난소에서 에스트로젠이 2차 성징을 발현시키는 역할을 한다.
- 정소에서 테스토스테론이 남녀 2차 성징을 발현시키는 역할을 한다.

모자라면 결핍증이, 넘치면 과다증으로 몸에 이상증세가 나타난다. 티록신이 결핍하면 갑상샘 기능 저하증이 나타나고, 티록신이 넘치면 갑상샘 기능 항진증이 발생한다. 모자라고 넘치는 것 모두가 문제가 생긴다.

시냅스

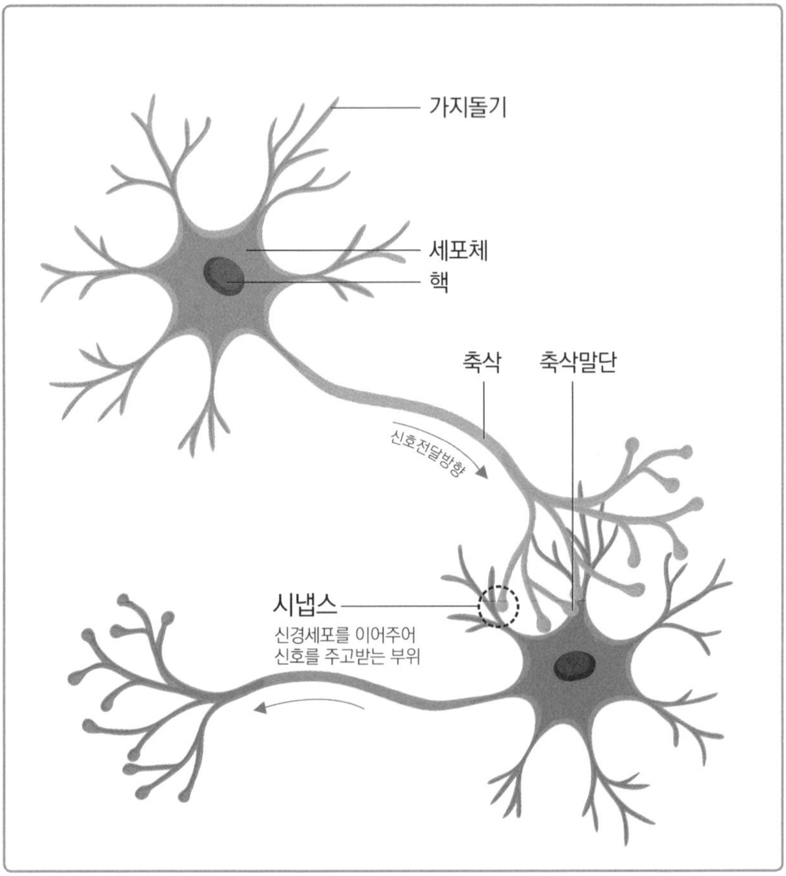

시냅스

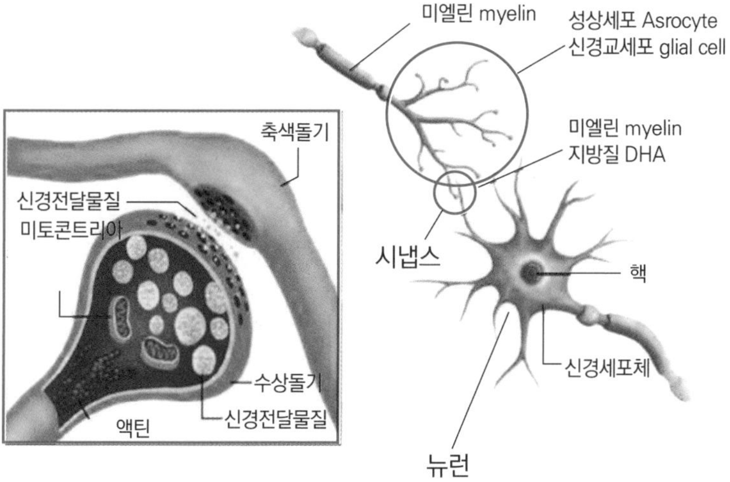
축색돌기
신경전달물질
미토콘트리아
수상돌기
액틴
신경전달물질
미엘린 myelin
성상세포 Asrocyte
신경교세포 glial cell
미엘린 myelin
지방질 DHA
시냅스
핵
신경세포체
뉴런

대뇌

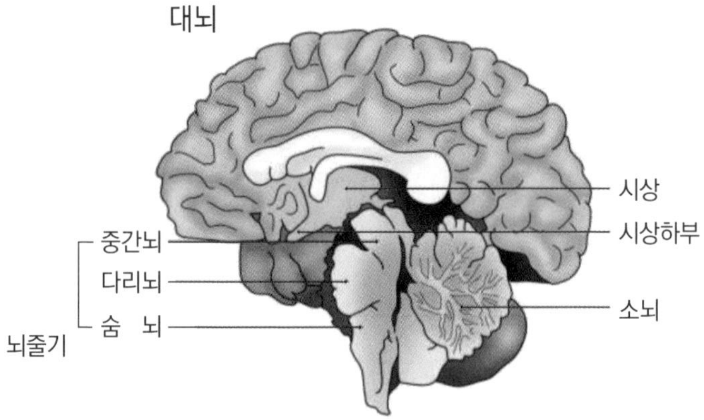

신경계

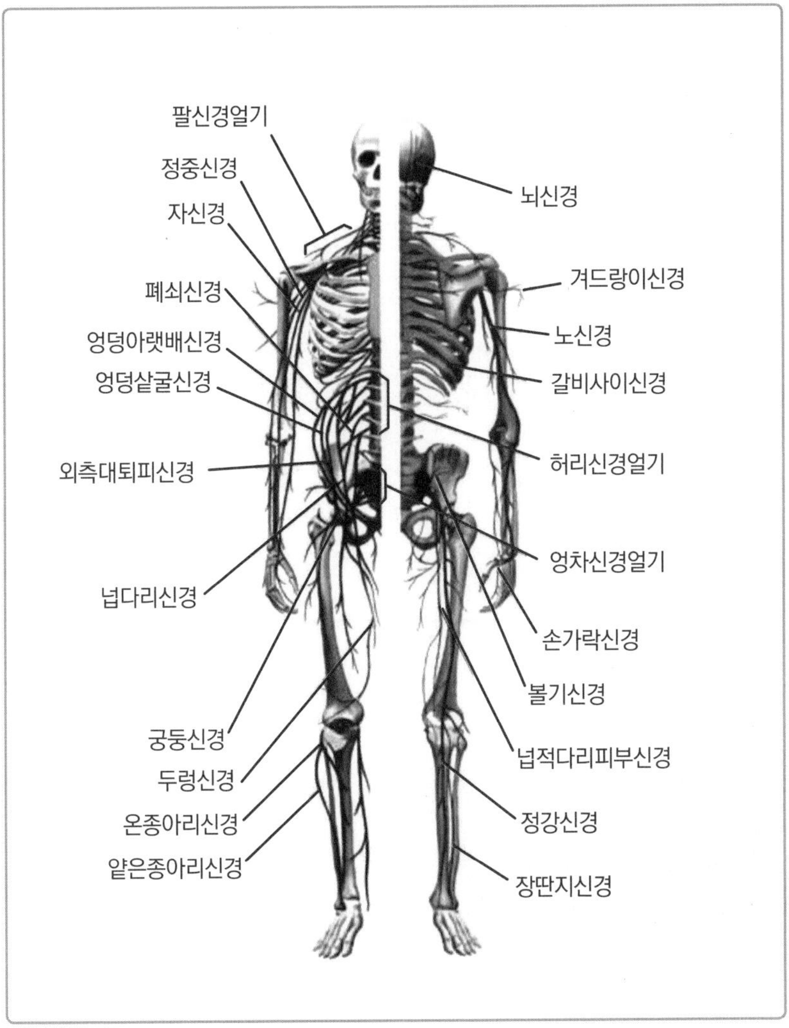
팔신경얼기
정중신경
자신경
폐쇠신경
엉덩아랫배신경
엉덩샅굴신경
외측대퇴피신경
넙다리신경
궁둥신경
두렁신경
온종아리신경
얕은종아리신경
뇌신경
겨드랑이신경
노신경
갈비사이신경
허리신경얼기
엉차신경얼기
손가락신경
볼기신경
넙적다리피부신경
정강신경
장딴지신경

중추신경계의 구조와 기능

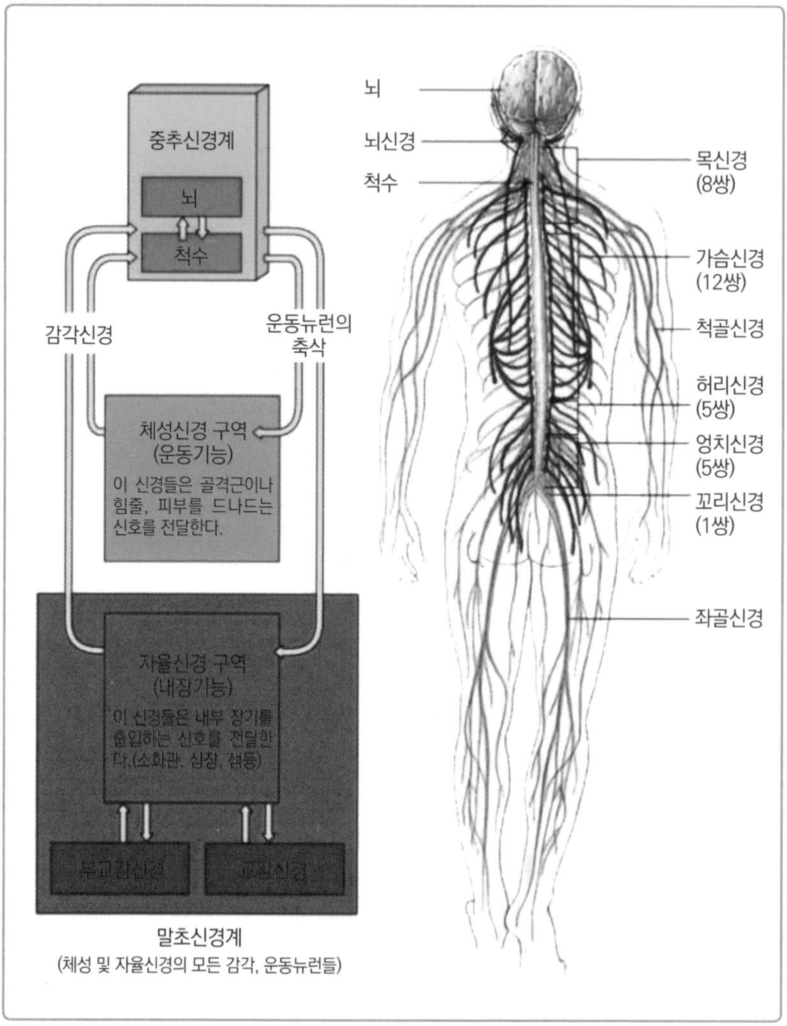

감각신경섬유

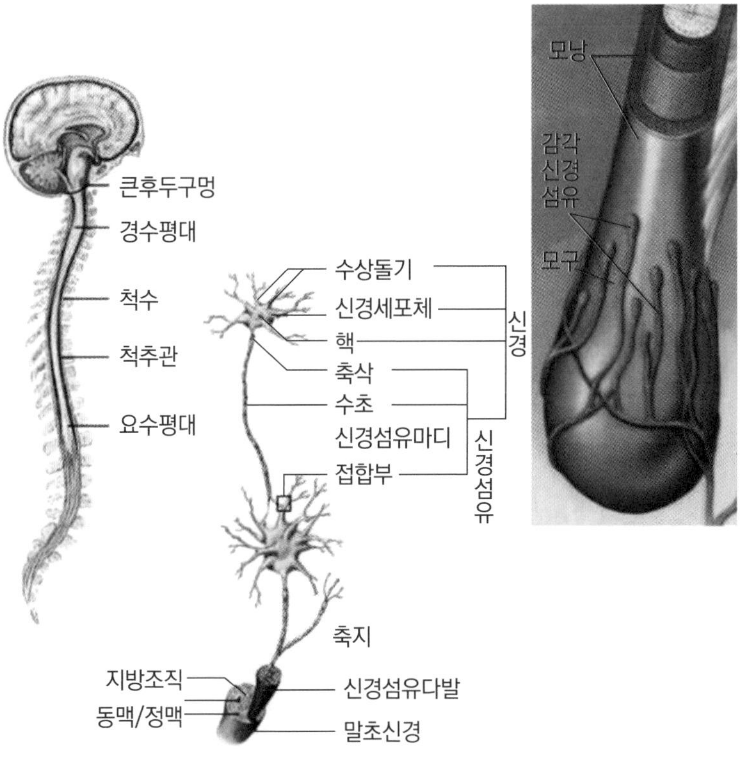

큰후두구멍
경수평대
척수
척추관
요수평대
수상돌기
신경세포체
핵
축삭
수초
신경섬유마디
접합부
신경
신경섬유
축지
지방조직
동맥/정맥
신경섬유다발
말초신경
모낭
감각
신경
섬유
모구

뇌를 뉴로피드백 Neurofeedback 아니?

초판 1쇄 발행 2022년 4월 11일

지 은 이 정은아 외
펴 낸 이 김희경
기획편집 이영희
디 자 인 오세은

펴낸 곳 느티나무가 있는 풍경
주소 경기도 남양주시 가운로4길 6-8 302호(다산동)
전화 031 · 555 · 6405 **FAX** 031 · 564 · 6405
출판등록 제399-2020-000042
ISBN 979-11-971341-7-3